Verbindungen des Bleis mit Sauerstoff,

vergleiche Seite 510.

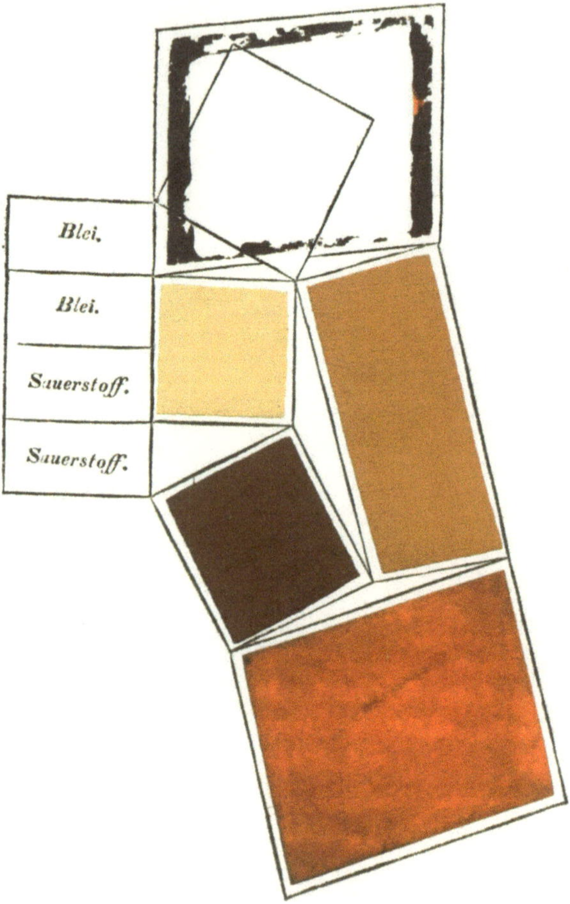

1. *Gelbes Bleioxyd.* 2. *Braunes Bleioxyd.* 3. *Röthliches Bleioxyd.* 4. *Krystallisirte Mennige.* 5. *Rothes Bleioxyd.* 6. *Graues Bleioxyd.*

Technische Chemie

der

nützlichsten Metalle

für

Jedermann.

Von

Dr. F. F. RUNGE,
ausserordentlichem Professor der Technologie an der Universität
zu Breslau.

Zweite Abtheilung,

enthaltend

Uran, Eisen, Nickel, Kobalt, Blei, Zinn, Kupfer, Quecksilber, Silber, Gold und **Platin,**

mit 108 im Text befindlichen Tafeln,
worauf die chemischen Verbindungen in Natur dargestellt sind.

Berlin, 1839.
Verlag der Sander'schen Buchhandlung.
(G. E. Reimer.)

Inhalt der zweiten Abtheilung.

Vom Uran und seinen Verbindungen.

Das Uran findet sich vorzugsweise in einem Mineral, welches **Pechblende** genannt wird. Seine Anwendung in der Technik ist noch so gut wie Null, ausser das man sich des Uranoxyds in der Porzellanmalerei bedient. Dieses wird am wohlfeilsten folgendermassen dargestellt. Man mengt

8 Pfund feines Pechblendepulver mit
10 Pfund Schwefelsäure

in einem gusseisernen Gefäss, und erwärmt dies mehrere Tage lang mässig und hierauf stärker, um die überschüssige Schwefelsäure zu verjagen und eine trockne Masse zu bekommen. Diese wird gepulvert und von Neuem bis fast zum Glühen erhitzt, wodurch noch Schwefelsäure entweicht. Hierauf laugt man die Masse mit siedendem Wasser aus und lässt in die Auflösung, nachdem sie sich geklärt hat, Schwefelwasserstoffgas strömen, welches die fremden Metalle niederschlägt. Nun verjagt man den Ueberschuss desselben durch Erhitzen und versetzt die wieder erkaltete, klare Auflösung mit kohlensaurem Ammoniak im geringen Ueberschuss, wodurch noch solche Metalle geschieden werden, die im kohlensauren Ammoniak nicht auflöslich sind. Nachdem nun wieder alles klar geworden, erhitzt man die Flüssigkeit bis zum Kochen, wodurch das Ammoniak ausgetrieben und das Uranoxyd niedergeschlagen wird.

Vom Eisen und seinen Verbindungen.

Unter allen Metallen, deren bis jetzt 42 bekannt sind, ist das Eisen unstreitig das nützlichste, also auch das werthvollste. Es ist uns durchaus unentbehrlich geworden und es würde mit unserer ganzen Civilisation sehr schlecht stehen, wenn es kein Eisen gäbe.

Auch haben die Menschen sehr früh die Bekanntschaft des Eisens gemacht, da man nicht die Zeit weiss, wann es zuerst in Gebrauch gekommen ist. Hierzu trug nun zwar viel bei, dass es keinen Platz auf der Erde giebt, wo sich kein Eisen befände; es kommt in den ältesten Gebirgsarten z. B. im Granit vor, wie in den jüngsten Produkten der Erde, dem Raseneisenstein. Aber es ist doch nicht in der Form vorhanden, die seine Anwendung möglich macht: als gediegenes Metall, sondern meistens vererzt d. h. in Verbindung mit Sauerstoff, Schwefel u. s. w. Von diesen muss es erst durch einen Schmelzprozess mit Kohle geschieden werden.

Das meiste gediegene Eisen, welches sich jedoch nur selten auf der Erde findet, hat wahrscheinlich seinen Ursprung aus dem Monde, denn es kommt in den sogenannten Meteorsteinen vor, die bei vulkanischen Eruptionen aus jenem ausgeworfen wurden. In unserer Atmosphäre sind keine solche Bestandtheile enthalten, wie man in den Meteorsteinen aufgefunden, es ist daher auch nicht anzunehmen, dass sie ein Erzeugniss derselben sind;

der feste Theil des Mondes dagegen kann sehr wohl aus solchen Stoffen zusammengesetzt sein, wie sie in den Meteorsteinen angetroffen werden.

Stabeisen.

Die unter dem Namen Eisenerze bekannten Mineralien enthalten das Eisen in Verbindung mit Sauerstoff und zwar in solcher Reinheit und Menge, dass es daraus mit Vortheil ausgeschmolzen und verarbeitet werden kann. Die vorzüglichsten sind der Magneteisenstein, der Eisenglanz, der Rotheisenstein, der Brauneisenstein, der Raseneisenstein und der Spateisenstein; die je nachdem sie ausser Sauerstoff noch Schwefel und Phosphor und andere Metalle enthalten, ein Eisen von verschiedener Güte und Reinheit geben.

Die Gewinnung des Eisens aus diesen Erzen ist ein besonderer Zweig der chemischen Technik, der in der Eisenhüttenkunde gelehrt wird und erst durch unzählig viele mühsame Versuche ist diese Kunst auf den Standpunkt gekommen, worauf sie sich jetzt befindet. Das Wesentliche der Eisenerzeugung beruht darauf, dass man die Eisenerze bei starker Hitze mit Kohle, in grossen hohen Oefen, in Berührung bringt, wodurch das in ihnen enthaltene Eisenoxyd seinen Sauerstoff an die Kohle abtritt und nun noch Kohle aufnimmt, wodurch es in leicht schmelzbares Kohlenstoffeisen das sogenannte Roheisen oder Gusseisen verwandelt wird, welches von den Schlacken abfliesst.

Dieses Roheisen ist so spröde als es leicht schmelzbar ist, und lässt sich mit dem Hammer zerschlagen. Sein grosser Gehalt an Kohlenstoff ist hieran hauptsächlich schuld. So wie dieser und einige andere Stoffe entfernt werden, entsteht das geschmeidige Eisen. Es geschieht durch einen Prozess, welchen man das „Frischen" nennt. Er beruht der Hauptsache nach darauf, dass man das Roheisen bei Luftzutritt schmilzt, wo ein Theil Kohlenstoff und Eisen zu Kohlensäure und Eisenoxyd verbrennen. Jene geht davon, das Eisenoxyd aber wirkt auf das noch unveränderte Eisen und entzieht ihm noch mehr Kohlenstoff, bis endlich ein Punkt kommt, wo die Entkohlenstoffung so weit vorgeschritten ist, dass die Eisenmasse bei derselben Hitze anfängt dickflüssig und breiartig zu werden und endlich gar erstarrt. Mit der Verminderung des Kohlenstoffs nimmt also auch die Schmelzbarkeit ab oder die Strengflüssigkeit zu.

Nach dem verschiedenen Gehalt der Eisenerze an fremden Bestandtheilen ändern die Eisenhütten diesen Prozess verschiedenartig ab. Auch bedienen sie sich mancherlei Zusätze z. B. des Kalks, des Kochsalzes und dergl., um die Reinigung des Eisens zu befördern.

Das gefrischte Eisen wird aus dem Heerde genommen und unter grossen, durch Wasser getriebenen Hämmern ausgeschmiedet. Bei jedem Hammerschlage wird eine grosse Menge der in der Masse noch befindlichen Schlacken ausgepresst. Sobald das rein metallische Eisen durch diese Arbeit hinlänglich an einander gebracht ist, wird es zusammengeschweisst und zu Stangen und Stäben verarbeitet. Es kommt nun unter dem Namen „Stabeisen" in den Handel.

Um ein völlig reines Eisen darzustellen, bringt man etwas von einem Gemenge aus

4 Pfund Stabeisenfeile mit
1 Pfund schwarzem Eisenoxydul

in einen hessischen Tiegel, bedeckt es mit einem Pulver von grünem Glase (welches keine Metalloxyde enthält), verkittet ihn und setzt ihn eine Stunde lang einem Gebläsefeuer aus, welches mit Koks unterhalten wird. Bei einer guten Regulirung der Hitze kann man hierbei das Eisen in einem geschmolzenen Zustande erhalten.

Das Glaspulver dient dazu, den Sauerstoff der Luft abzuhalten, indem es flüssig wird und das Gemenge bedeckt, sonst würde das Eisen verbrennen. Das Eisenoxydul dagegen wirkt chemisch. Sein Sauerstoff wirkt auf die fremden Stoffe ein, welche das Stabeisen enthält, namentlich auf den Kohlenstoff, und verbrennt ihn zu Kohlenoxyd. Auch Silicium und Mangan etc. werden oxydirt und gehen als Schlacke mit in das Glas über.

Das reine Eisen ist äusserst zähe und dabei weicher, als gewöhnliches Stabeisen, welches noch Kohlenstoff enthält. Seine Farbe ist weiss, dem Silber ähnlich.

Die Eigenschwere dieses reinen geschmolzenen Eisens ist = 7,843 d. h. ein Gefäss, welches voll wird von

1000 Pfund Wasser, kann:
7843 Pfund Eisen

aufnehmen, wenn es im geschmolzenen Zustande hineingegossen wird.

Wird ein solches Eisen zu sehr dünnen Platten ausgewalzt, so vermindert sich seine Eigenschwere zu 7,600, so dass also von demselben, wenn es möglich wäre, oben erwähntes Gefäss anzufüllen, 243 Pfund Eisen weniger hineingehen würden. Fast dasselbe Verhalten zeigt es beim Drathziehen.

Da alle übrigen Metalle durch Walzen und Ziehen dichter werden, also auch an Eigenschwere zunehmen, so ist diese Abweichung beim Eisen sehr merkwürdig. Es ist bis dahin noch nicht möglich, einen genügenden Grund dafür anzugeben.

Die Eigenschwere des gewöhnlichen Stabeisens ist im Mittel dem des gewalzten reinen Eisens gleich, also 7,600. Da nun ein Kubikfuss Wasser 66 Pfund wiegt, so wiegt ein Kubikfuss Stabeisen $501\frac{6}{10}$ Pfund.

Durch Ausziehen zu Drath wird die Festigkeit und Zähigkeit des Eisens vermehrt. Durch Glühen eines solchen Draths werden dieselben wieder um etwas vermindert. Die Ursache dieses Verhaltens liegt in der Eigenschaft des Eisens und anderer Metalle, bei gewissen Temperaturen von der Faserigkeit zur Krystallisation überzugehen. Faserig und zäher wird es aber durchs Ausziehen zu Drath; krystallinisch und brüchiger durchs Glühen. Was die Schmiede beim Schweissen des Eisens verbrannt nennen, besteht in einem ähnlihhen Uebergang zum Krystallinischen, indem das Eisen in der Nähe der geschweissten Stelle zu lange erhitzt wurde.

Die bekannte Thatsache, dass rasch abgekühltes Glas sehr spröde ist, langsam gekühltes Glas dagegen zähe, beruht gleichfalls darauf, dass in dem einen Fall die Struktur mehr krystallinisch, in dem anderen mehr faserig ist.

Wird ein hängender Eisendraht mit hinlänglichem Gewicht belastet, so verlängert er sich nach und nach, ehe er reisst. Auch dann ist diess der Fall, wenn man nur halb so viel Gewicht daran hängt, als er tragen kann; nur ist dazu eine längere Zeit erforderlich. Bei einer Belastung mit $\frac{1}{4}$ des Gewichts findet keine Verlängerung Statt, wenn alle Erschütterungen des Draths vermieden werden. Diess ist für Hängebrücken wichtig, die von Eisendrathketten getragen werden. Sind daher die Ketten mit mehr als $\frac{1}{4}$ ihrer Tragkraft belastet, so verlängern sie sich, besonders bei der zitternden Bewegung der Brücke von Jahr zu Jahr, die Brücke senkt sich und stürzt zuletzt ein.

Die vielfältigen Benutzungen des Eisendrahts bedürfen hier keine besondere Erwähnung. Er hat, zu feinen Geweben verarbeitet, wie andere Metallgewebe, die Eigenschaft, der Flamme den Durchgang zu versperren, so dass ein solches Gewebe wie ein Schild wirkt, welches aber zugleich die Durchsicht gestattet. Hierauf beruht die Construction der Davyschen Sicherheitslampe. Man hat auch wollen bei Feuersbrünsten hiervon Gebrauch machen und die Löschenden mit grossen Schilden versehen, um sie in den Stand zu setzen, in Räume einzudringen, welche in Flammen stehen. Auch hat man sie mit solchen Geweben bekleidet. Diess ist wohl alles recht schön, aber die Flamme ist nicht der grösste Feind beim Feuer, der erstickende Rauch ist es und hiergegen hilft kein Drathgewebe.

Durch die Wärme ist das Stabeisen lange nicht so den räumlichen Veränderungen unterworfen wie andere Metalle, namentlich Zink S. 5. Die Ausdehnung von 0° R. bis 80° R. beträgt $\frac{1}{800}$, d. h. würde man einen Eisenstab, der bei 0° R. 800 Fuss lang ist, bis zum Siedpunkt des Wassers, also bis zu 80° R. erhitzen, so würde seine Länge nur um 1 Fuss zunehmen, indess diese Zunahme beim Zink mehr als das Doppelte beträgt. (Vgl. S. 5).

Eine vorzügliche Eigenschaft des Stabeisens ist die *Schweissbarkeit*, die darauf beruht, dass das Eisen, bevor es schmilzt, *erweicht*, und sich nun mit einem andern ebenso erweichten Stück Eisen durch Hämmern so verbindet, dass sie gleichsam zusammenkleben und eins ausmachen. Man kann diess in jeder Schmiede sehen und zugleich beobachten, dass der Schmied auf die weissglühenden Enden, welche zusammengeschweisst werden sollen, Sand streuet. Dieser dient dazu, mit dem Glühspahn oder Hammerschlag, welcher sich beim Erhitzen auf der Oberfläche bildet, zusammenzuschmelzen und eine Schlacke zu geben, die beim Hämmern ausgepresst wird, so dass nun die dadurch gereinigten metallischen Flächen sich innig berühren und zusammenhaften können.

Zur Verfertigung von *Eisenblech* wird ein recht zähes *Stabeisen* genommen und sie wird auf eigenen Walzwerken ausgeführt. Die Anwendungsarten des Blechs sind bekannt genug. In jüngster Zeit hat man jedoch noch eine neuere aufzufinden gewusst, nämlich um Schiffe zu bauen Sie sind bei gleicher Stärke viel weniger schwer, als hölzerne. Auch zeichnete sich ein solches Schiff bei einer Reise in die Tropenländer dadurch vortheilhaft aus vor einem von Holz, dass es auf der ganzen Fahrt kein Wasser gezogen hatte und man also nicht von dem widerlichen Gestank belästigt wurde, welcher sich in dem Bodenraum gewöhnlicher Schiffe häufig entwickelt.

Bei Schmelzöfen, die Tag und Nacht gehen und mit Steinkohlen geheizt werden, verbrennen die Roste sehr leicht. Ebenso die Roste unter Dampfkesseln. Man hat, um diess zu verhüten, sie stellenweise durchlöchert, in der Meinung, dass die Luft, welche durch die Löcher zieht, den Rost beständig abkühlt und so das Verbrennen verhindert. Ich weiss nicht, ob sich diess im Grossen praktisch bewährt; man sollte fast glauben.

Eisen und Kohlenstoff.

Als allgemeine Regel gilt, dass ein Metall, so fern es als solches in Anwendung kommt, dazu um so geeigneter ist, je reiner es ist; also je weniger fremde Beimischungen es enthält. Das Eisen macht hievon eine sehr merkwürdige Ausnahme. Hätten wir keine andere Eisensorte als das S. 315 beschriebene reine Eisen, so stände es um unsere Handwerke und Gewerbe äusserst schlecht und alle die vortrefflichen und jetzt unentbehrlich gewordenen Instrumente existirten nicht.

Ein wesentlicher Bestandtheil alles gebräuchlichen Eisens ist der Kohlenstoff. Er verbindet sich leicht und in den verschiedensten Verhältnissen mit ihm und eine jede dieser Verbindungen unterscheidet sich von der anderen durch andere Eigenschaften.

Es giebt kein Metall, worauf der Kohlenstoff so verändernd einwirkt, als das Eisen; denn schon ein Mehr oder Minder ist im Stande, ihm ganz verschiedene, ja entgegengesetzte Eigenschaften mitzutheilen. Die gleich zu beschreibenden Unterschiede zwischen Stabeisen, Stahl und Gusseisen werden diess aufs Deutlichste beweisen.

Es ist schon oft darauf aufmerksam gemacht, dass die chemische Verbindung zweier Körper eine Durchdringung ist, in deren Folge ganz neue Eigenschaften, die beide einzeln nicht besassen, sich entwickeln. Bei dem Eisen und dem Kohlenstoff waltet dasselbe ob, zum sichersten Beweise, dass ihre Verbindung eine chemische genannt zu werden verdient. Diess zeigt vorzüglich der folgende Versuch.

Ein Stück Kohle ist durch wiederholtes Streichen mit einem Magnet nicht magnetisch zu machen. Eben so wenig kann man einen Stab aus reinem Eisen durch ähnliches Streichen in einen wirklichen Magnet verwandelu. Sind dagegen beide in dem Verhältniss mit einander verbunden, wo sie Stahl geben, so erhält man einen sehr kräftigen Magnet. Dem Kohlenstoff ähnlich wirken Sauerstoff und Schwefel, uud hier ist es keinem Zweifel unterworfen, dass die Verbindungen dieser mit dem Eisen chemische sind.

Man kann zwei Hauptabtheilungen des Kohlenstoffeisens unterscheiden:

1) mit Ueberschuss an Eisen,

2) mit Ueberschuss an Kohlenstoff.

Das Kohlenstoffeisen mit Ueberschuss an Eisen hat stets ein metallisches Gefüge und metallischen Glanz, die sich um so mehr dem reinen Eisen nähern, je weniger Kohlenstoff darin enthalten ist. Es giebt hiervon drei Arten, die auch ihre Verschiedenheit ihrer Koblenstoffmenge verdanken.

Das Eisen mit der geringsten Menge Kohlenstoff heisst weiches Eisen oder Stabeisen. Es enthält meistens nicht mehr als auf

1000 Pfund Eisen

2 Pfund Kohlenstoff

und oft noch weniger und ist das, welches unsere Schmiede verarbeiten und wovon ich bereits S. 313 bis S. 319 gesprochen habe. Wird ein Draht von solchem Eisen, welcher so geschmeidig ist, dass man ihn nur nach langem Hin- und Herbiegen zerbrechen kann, bis zur Rothglut erhitzt und alsdann schnell ins Wasser getaucht, so wird man finden, dass er nicht federt, sondern jede Gestalt annimmt, die man ihm giebt.

Sehr abweichend dagegen verhält sich ein Kohlenstoffeisen, welches zwölfmal mehr, also auf

1000 Pfund Eisen

25 Pfund Kohlenstoff

enthält. Man nennt es Stahl. Wird hievon ein Draht rothglühend gemacht und dann schnell im Wasser abgekühlt, so wird man eine grosse Veränderung gewahr werden. Vor dem Glühen und Abkühlen liess er sich nämlich fast wie weiches Eisen biegen, jetzt dagegen federt er stark und nimmt immer wieder die frühere Gestalt an, die er vor dem Biegen hatte. Die bekannten Uhrfedern sind ein solches Kohlenstoffeisen.

Ein drittes Kohlenstoffeisen ist das Gusseisen. Es enthält ein solches, welches man Spiegeleisen nennt und welches am reichsten an Kohlenstoff ist, auf

1000 Pfund Eisen
50 Pfund Kohlenstoff.

Es besitzt keine von den eben erwähnten Eigenschaften; es biegt sich nicht, wie weiches Eisen, und federt nicht, wie der Stahl, sondern bricht und lässt sich zu Pulver stossen. Auch ist es leicht schmelzbar und in Formen zu giessen.

Alles Eisen, welches aus den Erzen gewonnen wird, ist ursprünglich ein an Kohlenstoff reiches Gusseisen. Denn die Erze enthalten das Eisen in Verbindung mit Sauerstoff. Dieser wird ihm durch Erhitzen mit Kohle entzogen und geht als Kohlensäure oder Kohlenoxydgas weg. Da hiezu nun im Grossen eine sehr hohe Temperatur erforderlich ist, die in besonderen Oefen den sogenannten Hohöfen hervorgebracht wird, so ist dadurch zugleich dem Kohlenstoff der Kohle Gelegenheit gegeben, sich mit dem Eisen zu verbinden und zwar in dem Verhältniss, wo es das leicht schmelzbare Gusseisen bildet; welches sich dann von den Schlacken trennt und abfliesst.

Diesem Gusseisen wird nun, durch verschiedene Prozesse, die man im Grossen auf den Eisenhütten ausführt, mehr oder minder Kohlenstoff entzogen, je nachdem man Stabeisen oder Stahl bereiten will.

Das beste Mittel, diess zu bewirken, ist Eisenoxydul oder Eisenoxyd. Das Eisen wird damit umgeben und erhitzt. Wenn sie rein sind, bringen sie nichts Fremdes in das Eisen, indem ihr Sauerstoff den Kohlenstoff anzieht und sich damit verflüchtigt. Durch mehrmalige Wiederholung dieses Prozesses kann man das Eisen ganz vom Kohlenstoff befreien. (Vergl. S. 315.)

Sobald einem Kohlenstoffeisen, z. B. Stahl nicht aller, sondern nur ein bestimmter Theil Kohlenstoff entzogen werden soll, so ist dieser Prozess nicht anwendbar, weil man das Mehr oder Weniger nicht in der Gewalt hat. Man kewirkt in diesem Fall die Entziehung des Kohlenstoffs durch Vertheilung, indem man den Stahl in Eisenfeile von weichem Eisen einpackt und erhitzt. Hier entzieht das weiche Eisen dem Stahl so viel Kohlenstoff, bis beide ins Gleichgewicht kommen, natürlich ist die Menge beider hierbei zu berücksichtigen.

Wie man dem Eisen den Kohlenstoff willkührlich nimmt, so kann man ihm denselben auch willkührlich geben. Diess geschieht dadurch, dass man es mit Kohlenpulver umgiebt und einer anhaltenden Hitze aussetzt. Es verwandelt sich alsdann in Stahl.

Um Eisen in Stahl zu verwandeln, ist ein bestimmter Hitzgrad erforderlich. Bei Rothglühhitze nimmt ein ganz mit Kohlenpulver umgebenes Eisen keinen Kohlenstoff auf, selbst bei monatlanger Einwirkung nicht, wie man in Glashütten erprobt hat. Dagegen ist bei Weissglühhitze nur eine kurze Zeit erforderlich, um die Kohlenstoffung des Eisens zu bewirken.

Das Verhalten des Schwefels zum Eisen ist

ähnlich. Ein rothglühender Eisenstab wird durch Berühren mit einem Stück Schwefel nicht verändert, der Schwefel schmilzt und läuft ab; indess ein weissglühender sich sogleich mit ihm verbindet und schon im Moment der Berührung als Schwefeleisen heruntertropft.

Soll mit dem Eisen nur ein bestimmter Theil Kohlenstoff verbunden werden, so ist ein Glühen mit Kohlenpulver nicht anwendbar, weil man das Mehr oder Weniger nicht in der Gewalt hat. Man bewirkt diess durch Stahl oder Gusseisen, deren Gehalt an Kohlenstoff man durch chemische Untersuchung kennt, und schmilzt damit das Eisen zusammen. Auf diese Weise kann man eine Menge Zwischenverhältnisse hervorbringen.

Wird Einfach-Chlorkupfer mit Chlorwasserstoffsäure versetzt, so lösst es im Kochen Gusseisen auf, ohne dass sich Kupfer ausscheidet, und ohne dass der Kohlenstoff des Gusseisens sich als Kohlenwasserstoffgas verflüchtigt. Dieser bleibt demnach unverändert zurück und wird, um sein Gewicht zu bestimmen, nach dem Auswaschen mit kohlensaurem Natron gekocht, wieder ausgewaschen und getrocknet. Diess ist die sicherste Methode, um den Kohlenstoffgehalt einer Sorte Eisen zu erfahren. Bei den vielen anderen Methoden, welche man hat, geht meistens ein Antheil Kohlenstoff verloren, theils als Kohlenwasserstoffgas (z. B. beim Auflösen in Säuren), theils auch, indem sich ein stinkendes Oel bildet, in welches der Kohlenstoff mit als Bestandtheil eingeht.

Stahl.

Der Stahl existirt in zwei Zuständen, weich oder hart, ohne dass darum seine innere chemische Natur eine andere ist. Es ist diess auch wieder eine von den oft erwähnten Thatsachen, die an Diamant und Kohle, schwarzgrünes und grünes Chromoxyd, rothes und schwarzes Schwefelquecksilber etc. erinnern.

Da die Stahlhärte durch eine rasche Abkühlung hervorgebracht wird (S. 321), so ist es sehr einleuchtend, dass der Hitzgrad, bei welchem sie vorgenommen wird, nicht gleichgültig ist. Es wird behauptet, dass Stahl im braunrothglühenden Zustande abgekühlt nicht nur nicht hart, sondern weicher werde, als durch langsames Erkalten; und durch Ablöschen im weissglühenden Zustande nicht so hart werde, als ein hellrothglühenden. Ein mit diesem Gegenstand durch Erfahrung Vertrauter kann diess leicht an einigen Uhrfedern erproben.

Man macht nicht allen Stahl gleich hart. Für Rasirmesser gehört der härteste, für Federmesser ein weicherer, für Schneidewerkzeuge ein noch weicherer und der weichste für Wagenfedern.

Beim Hartmachen des Stahls werden allerlei Vorsichtsmaassregeln nöthig, die nach der Art des Stahls und nach der Beschaffenheit des daraus Gefertigten verschieden sind. Besonders kommt es darauf an, dass sich die Stücke nicht werfen. Man hat gefunden, dass Stahlplatten und länglichte Stahlstücke, wenn sie behufs des Härtens in kaltes Wasser getaucht werden, sich, in senkrechter Lage oder nach der Richtung ihrer

Länge in dasselbe eingeführt, weniger werfen, als in jeder anderen.

Scharfschneidige Instrumente werden besser und zweckmässiger durch einen schnellen, kalten Luftstrom gehärtet, als durch Eintauchen in Wasser. Bei dickeren Stücken zu härtenden Stahls ist diess jedoch nicht anwendbar.

Dünner Stahldraht wirft sich beim Härten im Wasser am leichtesten. Man taucht ihn daher nicht ein, sondern legt die gehörig erhitzten Gegenstände aus Stahldraht auf einen Block von Gusseisen mit vollkommen ebener Oberfläche und walzt sie mit einer geraden Eisenplatte hin und her. Unter diesen Umständen bleiben sie gerade und werden hinlänglich hart.

Einen sehr grossen Härtegrad ertheilt man kleinen Gegenständen, wenn man sie mit dem leichtflüssigen Metallgemisch in einen Flintenlauf thut, ihn mit einem eisernen Stöpsel verschliesst, hierauf bis zum Weissglühen erhitzt und dann schnell in kaltes Wasser taucht. Durch kochendes Wasser trennt man hernach die Stahlwaaren von dem Metallgemisch.

Man setzt dem Wasser, welches zum Härten bestimmt ist, sehr zweckmässig etwas Eiweiss zu. Dadurch behält der Stahl seinen Glanz und es findet keine solche Dampfentwicklung statt, wie bei blossem Wasser, indem das Eiweiss gerinnt und sich an das Eisen anlegt.

Nach genau angestellten Versuchen ist ungehärteter Stahl bedeutend stärker als Stabeisen. Eine Stange Steyerisches Eisen von einem Quadratzoll Durchmesser zerriss durch 400 Centner

Gewicht. Eine Stange Stahl dagegen, aus demselben Eisen und von derselben Dicke erst bei 749 Centner!

Wendete man demnach gemeinen guten Stahl statt des Eisens zu Schienen für Kettenbrücken, zu Ketten für Ankertaue etc. an, so würde der Vortheil bedeutend sein, denn man kann bei gleicher Haltbarkeit die Sachen viel dünner machen. Auch ist Stahl dem rosten viel weniger unterworfen, als Eisen.

Durch das gründliche Studium der Legirungen des Eisens mit andern Metallen hat man eine Menge verschiedener Stahlsorten darzustellen gelernt, unter denen die, welche ausser dem Kohlenstoff Alumium, Chrom oder Silber enthalten, von ganz vorzüglichen Eigenschaften sind.

Eine solche Stahlsorte ist das ostindische Wootz, welches Alumium enthält und aus Eisenerzen bereitet wird, die Thonerde eingemengt haben. Dadurch kommt es, dass diese gleichzeitig mit dem Eisen zu Alumium reduzirt wird und mit demselben und dem Kohlenstoff in Verbindung tritt.

Wird dieser Stahl zu Platten ausgehämmert und mit einer schwachen Säure benetzt, so kommen allerlei Figuren in dunklen und hellen Adern zum Vorschein, welche man Damasc nennt, weil in Damascus solche Klingen verfertigt werden. Gegründet ist diese Erscheinung zum Theil in einem Blosslegen der Krystalle, woraus der indische Stahl besteht, gerade so wie das Zinnmoirée, welches seine Entstehung der Krystallisation des Zinns auf dem Eisen und seine Sichtbarwerdung der Säure zu danken hat, die die oberflächlich unkrystallisirte Schicht Zinn auflöst. (Vergl. beim Zinn.)

Aus dem Umstand jedoch, dass bei der Damascirung helle und dunkle Adern zum Vorschein kommen, folgt, dass das Wootz kein gleichförmiges Gemisch ist. Es ist diess durch einen direkten Versuch bewiesen worden, der auch zugleich zeigt, dass Alumium nicht die Ursache der Damascirung ist.

Werden nämlich gleiche Theile weiches Stabeisen und gutes Gusseisen zusammengeschmolzen, so geht ein Theil Kohlenstoff des Gusseisens an das weiche Eisen über und bildet Stahl, indess ein anderer unzersetzt gebliebener Theil Gusseisen mit diesem gebildeten Stahl in Verbindung bleibt, doch so, dass sie durch eine langsame Abkühlung in innigst verschlungenen Schichten sich neben einander lagern. Taucht man nun diese Legirung in verdünnte Schwefelsäure, so tritt die Damascirung hervor, indem die Theilchen des reinen Stahls schwarz, die des Gusseisens weiss erscheinen. Die Schwärzung rührt von der Blosslegung des Kohlenstoffs durch die Säure her, was beim Stahl leichter als beim Gusseisen geschieht, welches überhaupt schwieriger durch die Schwefelsäure angegriffen wird.

Auch aus einem weichen Eisen und Kohle kann man einen Stahl darstellen, der damascirt, wenn man nämlich mehr Kohle anwendet, als nöthig ist um Stahl zu bilden. In diesem Fall nimmt ein Theil Stahl mehr auf und wird zu Gusseisen. Um die Damascirung recht deutlich zu erhalten, ist ein langsames Abkühlen der geschmolzenen Verbindung Hauptbedingung, denn nach einer schnellen Abkühlung erhält man eine kaum sichtbare Damascirung.

Die wichtigste mechanische Erfindung neuerer Zeit für Schriftsteller: die sogenannten Stahlfedern hat zu einer andern Erfindung, zu einer ganz neuen Stahlsorte geführt, die ihre vorzüglichen Eigenschaften nicht den chemischen Bestandtheilen, sondern einer eigenthümlichen mechanischen Bearbeitung verdankt. Die wichtigste Operation bei der Verfertigung der Stahlfedern ist das Spalten. Diess geschieht mittelst eines stählernen Meissels, dessen Schneide feiner ist als die eines Rasirmessers und ausserdem viel härter, da dieselbe nach 8 bis 12stündigem Gebrauch (wobei sie $\frac{2}{3}$ in die Substanz der zu spaltenden Federn eindringt), oft noch nicht des Schleifens bedarf. Diese ausgezeichnete Eigenschaft soll dem Stahl durch ein vielstündiges, gleichmässiges Hämmern mitgetheilt werden.

Eine Kupferbeimischung ist dem Stahl sehr schädlich. Schon durch einen Gehalt von

1 Pfund Kupfer auf
2 — 300 Pfund Stahl

erhält er Neigung zum Rothbruch, welche sich dadurch äussert, dass beim Ausschmieden zu breiten und dünnen Schienen die Kanten rauh und feinrissig werden. Der Kupfergehalt rührt von der Anwendung solcher Eisenerze her, die Kupferkies oder auch Fahlerz eingesprengt enthalten.

Eine Mischung von

1 Pfund Schwefelsäure und

6 Pfund Wasser

löst nicht nur Eisen, sondern auch Stahl auf, ohne dass man zu erwärmen brauchte. Diess kann vortheilhaft benutzt werden, um aus einer Eisen- oder Stahlplatte Allerlei auszuschneiden, wie Sägeblätter, Ringe etc. Wünscht man z. B. schnell eine solche Platte in zwei Theile zu theilen, so überzieht man diese an beiden Seiten mit Wachs und nimmt, wo die Theilung erfolgen soll, mittelst einer Nadel das Wachs hinweg, so dass hier das blosse Eisen zum Vorschein kommt. Ein mehrstündiges Einlegen in die obige saure Flüssigkeit reicht nun hin, so viel Eisen an dieser Stelle aufzulösen, dass man eines geraden und reinen Bruchs versichert sein kann, selbst bei Platten von beträchtlicher Dicke. Auch kann man auf diese Weise Namen und Verzierungen in Klingen ätzen.

Wenn man eine weissglühende Eisen- oder Stahlplatte mit einer Schwefelstange berührt, so entsteht auf der Stelle ein rundes Loch. Man hat auch hiervon Gebrauch machen wollen, um des Bohrens überhoben zu sein, indem die Grösse des Lochs sich nach dem Durchmesser der Schwefelstange richtet. Diess ist wohl wahr, aber doch nicht ganz. Die Löcher werden ungleich. Auch ist das Erhitzen bis zum Weissglühen ein grosser Uebelstand, daher man nur bei kleineren Gegenständen, denen das öftere Erhitzen nicht schadet, diese Durchlöcherungsmethode anwenden kann. Die mit Hülfe von Säure ist also besser.

Gusseisen.

Das **Gusseisen**, auch **Roheisen** genannt, ist meistens ein noch mit Phosphor, Schwefel, Mangan, Chrom, Kupfer, Calcium etc. verunreinigtes **Kohlenstoffeisen** von einem blättrigen oder körnigen Gefüge. Selten sind diese Beimischungen seiner vielfachen Anwendung hinderlich, wiewohl sein Gefüge, was mit denselben in Verbindung steht, bei manchen Anwendungsarten sehr in Betracht kommt und oft sonderbaren Veränderungen unterworfen ist.

So erhalten z. B. gusseiserne Gefässe durch wiederholtes Erhitzen eine bleibende Zunahme ihres Umfangs. Eine gusseiserne Retorte, die bei 21° R. $9\frac{13}{100}$ Kubikzoll Quecksilber fasste, nahm

nach dem ersten Erhitzen $9\frac{64}{100}$ Kubikzoll,

nach dem dritten Erhitzen $10\frac{16}{100}$ Kubikzoll

auf; hatte also bedeutend an Grösse zugenommen, was besonders beim Einmauern gusseiserner Gefässe, die einer starken Hitze ausgesetzt werden, zu beachten ist.

Auch ergiebt sich aus diesem Verhalten des Gusseisens für den Schmied die Regel, niemals Gusseisen mit Schmiedeeisen zu verbinden, wenn sie dem Wechsel der Hitze ausgesetzt sind. Wenn auch alles anfangs recht gut passt, so tritt doch bald nach mehrmaligem Erhitzen die Umfangsvergrösserung des Gusseisens ein. Ich habe Seifenkessel von Eisenblech gesehen, die einen Sturz von Gusseisen hatten. Sie entsprachen ihrem Zwecke nicht, denn durch noch so oft wiederholtes Kitten waren die Vereinigungsfugen beider Eisensorten doch nicht dicht zu machen.

Aus gleichem Grunde sind viereckige Gefässe von Gusseisen ganz unbrauchbar über dem Feuer. Vermöge der ungleichen Ausdehnung springen sie bald. Von Gusseisen muss daher alles rund sein.

Man unterscheidet ein schwarzes, ein graues und ein weisses Gusseisen. Das schwarze hat zu viel Kohlenstoff und taugt weniger als das graue. Das weisse Gusseisen, welches viel Schwefel und Mangan enthält, ist sehr hart und spröde und berstet leicht durch den Wechsel von Hitze und Kälte. Die beste Sorte ist das graue Gusseisen, es lässt sich feilen, drehen, bohren und ist selbst ein wenig hämmerbar.

Im rothglühenden Zustande ist das Gusseisen so weich, dass es sich mit einer gewöhnlichen Holzsäge zersägen lässt wie trocknes Holz. Es ist dabei dreierlei zu beachten: das Eisen muss im kirschrothglühenden Zustande, der Sägenschnitt nur schmal sein und die Säge muss mit Geschwindigkeit geführt werden.

Man kann Eisen und Stahl mittelst einer kreisförmigen Scheibe weichen Eisenblechs, die man an einer Drehbank schnell umtreibt, durchschneiden, wenn man das zu Schneidende daran hält. Auf Gusseisen äussert dagegen die Scheibe keine Wirkung.

Einen ähnlichen auffallenden Unterschied im Verhalten von Eisen und Stahl und Gusseisen zeigt sich im Bezug auf den Schwefel. Es giebt nämlich ein altes Kunststück unter dem Namen: „Eisen zu schmelzen, dass es wie Butter fliesst" und was darin besteht, dass man an eine weissglühende Eisenstange ein Stück Schwefel hält. Es bildet sich auf der Stelle Schwefeleisen № 165, das in einem dünnen Stahl abfliesst. Stahl zeigt dasselbe Verhalten, nicht aber Gusseisen; diess verbindet sich nicht so leicht uud so schnell mit dem Schwefel.

Durch weiches Eisen kann dem Gusseisen ein Theil Kohlenstoff entzogen werden. Packt man Eisengusswaaren in einer eisernen Büchse nebst gut passendem Deckel, mit Eisenfeilspänen zusammen und setzt sie 4 Stunden lang der Glühhitze aus, so giebt das Gusseisen Kohlenstoff an die Eisenfeilspäne ab, verliert dadurch bedeutend an seiner Sprödigkeit und nähert sich dem Stahl. Gleichzeitig ist nun auch ein bedeutender Theil der Eisenfeilspäne in Stahl verwandelt.

Kehrt man den Prozess um und behandelt aus weichem Eisen gearbeitete Sachen auf gleiche Weise, indem man sie aber anstatt mit Eisenfeilspäne mit Gusseisenbohrspänen umgiebt, so werden jene ebenfalls durch Vertheilung des Kohlenstoffs zu Stahl. Diess Verfahren ist da anwendbar, wo man kleine aus Eisendraht verfertigte Sachen in Stahl verwandeln will. Die Bohrspäne von grauem Gusseisen passen hierzu am besten.

Gusseisen ist schwieriger zu verzinnen, als weiches Eisen und Stahl. Man kommt nicht oft in den Fall, jedoch ist es gut bei gusseisernen Gewichten, damit sie nicht so leicht rosten. Es hat aber einige Schwierigkeit, sie durch Scheuern mit Schwefelsäure so blank zu machen, dass sie das

Zinn leicht annehmen. Hierbei kann man sich durch Kupfervitriol helfen, den man in der verdünnten Schwefelsäure auflöst. Diese Auflösung wirkt viel rascher ein, als die Säure allein, und das Eisen bekommt einen Ueberzug von Kupfer, worauf das Zinn sehr gut haftet, wenn man es mit möglichst wenig Salmiak auf die gewöhnliche Weise verzinnt. Die Verzinnung soll noch dauerhafter sein, wenn man ein Zinn anwendet, worin 3 p. C. Kupfer aufgelöst sind und dieses in Form eines Bades gebraucht.

Gusseiserne Gefässe sind, seit man sie sehr dünne giesst und mit einem weissen Email überzieht, unentbehrliche Küchengeräthe geworden. Sie entsprechen ganz vollkommen ihrem Zweck, da das Email beim Kochen selbst die stärkeren Säuren verträgt, ohne angegriffen zu werden oder sich aufzulösen. Manchmal ereignet sich aber doch das letztere: das Email blättert stellenweise ab und das blosse Eisen kommt zu Tage. Ein solcher Topf ist nun als entzwei zu betrachten, und darf nicht mehr, wie bisher, zum Kochen salziger oder saurer Speisen benutzt werden. Leider lässt diess aber die sonst so lobenswerthe Sparsamkeit unserer schönen Hausfrauen nicht zu, und viele glauben, dass wenn nur noch etwas Email vorhanden ist, so sei diess hinreichend, der Auflösung des Eisens entgegen zu wirken. Diess ist ein grosser Irrthum, der daher entstanden sein mag, dass verzinnte kupferne Gefässe, in denen stellenweise, durch Abscheuern des Zinns, das Kupfer durchblickt, dennoch nicht von Säuren angegriffen werden. Diese Thatsache beruht wie die bereits S. 219

beim Zink angeführten, auf einer eigenthümlichen chemischen Wechselwirkung zwischen Zinn und Kupfer, die aber zwischen dem Email als einer glasartigen Mischung, und dem Eisen, als einem Metall, nicht Statt haben kann.

Im Wasser, welches auf 500 Pfund 1 Pfund Kali enthält, rostet auch das Gusseisen nicht. (Vergl. Einleitung in die technische Chemie Berlin 1836. S. 417.) Ist der Kaligehalt geringer und es befindet sich Gusseisen darin, so wird dieses nicht so rasch wie im gewöhnlichen Wasser angegriffen, und nur vorzugsweise an gewissen Stellen, wo fremdartige Körper einen chemischen Gegensatz erregen. Dasselbe findet nun in manchen Wässern, welche Kalksalze enthalten, statt, und die Wechselwirkung ist manchmal so bedeutend, dass förmlich knollenartige Auswüchse von Eisenoxydhydrat entstehen.

Das sicherste Mittel hiergegen ist, die Röhren inwendig mit einem Ueberzug von bleioxydhaltigem Leinöl zu versehen, das man durch einen starken Druck in die Poren eintreibt.

Das Gusseisen ist in hohen Temperaturen sehr zerbrechlich, daher kann es zum Umrühren schmelzender Massen, z. B. bei der Fabrikation des Cyaneisenkaliums und der Soda nicht gebraucht werden. Man muss sich des theureren Schmiedeeisens bedienen.

Die zweite Abtheilung des Kohlenstoffeisens mit einem Ueberschuss an Kohlenstoff begreift solche Verbindungen in sich, in denen die

Metallität des Eisens völlig erloschen ist. Daher erscheinen sie in der Form von schwarzem Pulver. Man kennt bis jetzt ein Einfach-, Zweifach- und Anderthalb-Kohlenstoffeisen.

Ein Einfach-Kohlenstoffeisen bestehend aus

1 M. G. oder 27 Pfund Eisen und
1 M. G. oder 6 Pfund Kohlenstoff

bildet sich, wenn man Gussstahl mit weniger Jod behandelt, als zum völligen Auflösen des Eisens erforderlich ist. Es hat trotz des lockeren Zusammenhangs die Form des angewendeten Stahlstücks und wird so lange vom Jod nicht zersetzt als im Innern noch eine Portion Stahl unzerlegt ist. Eiserne Kanonen, die lange auf dem Boden des Meeres gelegen hatten, fand man in eine ganz ähnliche Masse verwandelt.

Ein Zweifach-Kohlenstoffeisen entsteht, wenn man bei Ausschluss der Luft Cyaneisenammonium erhitzt. Es bleibt ein sehr lockeres schwarzes Pulver, welches bei Luftberührung Feuer fängt und wie Schwamm verbrennt.

Durch Erhitzen von Pariserblau № 121 kann man ein Anderthalb-Kohlenstoffeisen darstellen, welches ähnlich aussieht und ähnliche Eigenschaften hat.

Diese verschiedenen Kohlenstoffverbindungen des Eisens sind zur Zeit noch ohne Bedeutung. Dass sie es immer bleiben werden, ist nicht wahrscheinlich, da sich mit ihnen und reinem Eisen jede beliebige Sorte Stahl und Gusseisen im reinsten Zustande darstellen lässt.

Verhalten des Eisens.

Aus der eben beendigten Beschreibung der verschiedenen Sorten Kohlenstoffeisen ergiebt sich, dass man es im gemeinen Leben nie mit reinem Eisen zu thun hat, sondern immer mit einem mehr oder minder gekohlenstofften. Die nun folgende Darstellung des allgemeinen Verhaltens des Eisens gilt auch nur von einem solchen und unter Eisen schlechthin ist, so fern es zu Versuchen dient, immer Stabeisen zu verstehen, dessen Kohlenstoffgehalt äussert selten in Betracht kommt, wenn es sich um die chemische Wirkung handelt. Bei Stahl und Gusseisen ist diess anders, daher sind sie auch stets besonders genannt.

Im Ganzen erfolgen die chemischen Veränderungen, welche das Eisen bewirkt oder erleidet, ziemlich rasch, wiewohl es darin vom Zink bei Weiten übertroffen wird. Besonders ist diess bei der Wechselwirkung mit Säure der Fall. Hängt man in dasselbe Gefäss zwei gleichgrosse Bleche von Zink und Eisen in gleicher Höhe auf, ohne dass sie sich berühren, und giesst es nun voll Schwefelsäure, welche mit dem 8fachen ihres Gewichts Wasser verdünnt ist, so zeigt schon die verschiedene Menge Gas welche sich entwickelt, dass das Zink weit rascher verzehrt wird, als das Eisen, wie sich auch nachher aus dem Gewichtsverlust ergiebt. Denn in derselben Zeit (in 45 Minuten) hatten sich von dem Eisenblech, welches 188 Gran wog, nur 3 Gran aufgelöst, vom Zinkblech dagegen, welches 156 Gran wog, 150 Gran. Da die M. G. beider Metalle nicht sehr verschieden sind, so folgt hieraus, dass das Zink in gleicher Zeit eine viel grössere Menge Wasserstoffgas entwickelt, als das Eisen, und man hat daher mit Recht dem Ersteren den Vorzug bei den Feuerzeugen und zur Füllung der Luftballons gegeben. Zum Gelingen des eben angeführten Versuchs ist es nothwendig, dass die Bleche mit Sand und Wasser möglichst blank gescheuert sind und nicht mit fettigen Fingern berührt werden, sonst wirkt die Säure nicht gleichförmig ein.

Das Mischungsgewicht des Eisens ist durch die Zahl 27 ausgedrückt, so dass es in allen Verbindungen mit den andern Stoffen in diesem Verhältniss enthalten ist. So z. B. vereinigen sich:

27 Pfund Eisen mit
8 Pfund Sauerstoff

27 Pfund Eisen mit	27 Pfund Eisen mit
16 Pfund Schwefel	$35\frac{4}{10}$ Pfund Chlor

zu Sauerstoffeisen, Schwefeleisen und Chloreisen, die im Folgenden an ihrem Orte abgehandelt sind.

Da nun, wie wir aus dem Frühern wissen, das M. G. des Sauerstoffs = 8, das M. G. des Schwefels = 16, das M. G. des Chlors = 35,4 ist und diese drei verschiedenen Mischungsgewichte dennoch dasselbe Quantum, nämlich 27 Eisen aufnehmen, so muss 27 das M. G. des Eisens sein.

Dieses M. G. ist das kleinste von allen in diesem Buche abgehandelten Metallen, woraus folgt, dass das Eisen das grösste chemische Wirkungsvermögen besitzt. Diess zeigt sich bei seiner Einwirkung auf die Metallsalze, da es zunächst dem Zink und Kadmium die meisten Metalle aus ihren Auflösungen niederschlägt, nämlich 16 und zwar mit einem Aufwand, der um 5 geringer ist, als beim Zink. Denn wenn nach S. 6 die Zahl 32,2 das M. G. oder chemische Wirkungsvermögen des Zinks beim Fällen anderer Metalle ausdrückt, so gebraucht man nur

27 Pfund Eisen um:
32 Pfund Kupfer
48 Pfund Platin
59 Pfund Zinn
66 Pfund Gold
101 Pfund Quecksilber
104 Pfund Blei und
108 Pfund Silber

aus ihren Auflösungen abzuscheiden und in den metallischen Zustand zurückzuführen oder zu reduziren.

Bei diesem Prozess ereignet sich dasselbe, wie beim Zink §. 7: der Sauerstoff des Matalloxyds und die Säure, welche mit diesem verbunden ist, geht an das Eisen über, welches in dem Maasse verschwindet oder sich auflöst, als das dadurch entsaurestoffte und entsäuerte Metall erscheint oder sich abscheidet.

Ein sehr schönes Beispiel für diesen Austausch der Bestandtheile giebt das schwefelsaure Kupferoxyd ab, wenn man in seine Auflösung einen blanken Eisenstab stellt. Er wird alsbald roth von Kupfer, das sich immer mehr und mehr anhäuft bis es zuletzt von dem zerfressenen Eisenstab herunterfällt und sich als rothes Pulver am Boden lagert.

Stellt man diesen Versuch im Kleinen an, so wird man finden, dass auf

125 Gran kryst. schwefelsaures Kupferoxyd
27 Gran Eisen

hinlänglich sind, um eine vollständige Zerlegung zu bewirken, denn es en hält jenes Salz:

32 Gran Kupfer in Verbindung mit
8 Gran Sauerstoff und
40 Gran Schwefelsäure, die sich mit
27 Gran Eisen
zu 75 Gran schwefelsaurem Eisenoxydul

vereinigen und in der Auflösung bleiben, indess die 32 Gran Kupfer sich abgeschieden haben.

Hiebei bleibt demnach, bis auf Kupfer und Eisen, alles unverändert; bloss diese beiden wechseln ihre Plätze. in Folge dessen das frühere Kupfersalz jetzt nach vollendeter Zerlegung sich in das entsprechende Eisensalz umgesetzt hat.

Nicht bei allen Salzen der S. 339 aufgeführten Metalle stellt sich das Verhältniss so rein und klar hin. Meistens ist mehr als 27 Eisen erforderlich, um die dem M. G. entsprechende Menge eines Metalls zu fällen. Diess hat seinen Grund nicht in einer Ausnahme des aufgestellten Gesetzes, sondern darin, dass das Eisen nicht jedes Metallsalz mit gleicher Leichtigkeit zerlegt, wie das Kupfersalz, und dass, um den Zersetzungsprozess einzuleiten, meistens ein kleiner Säureüberschuss vorhanden sein muss. Dieser veranlasst dann einen stärkern Verbrauch von Eisen, als es nach der Quantität des ausgeschiedenen Metalls sein sollte.

Auch das eigenthümliche Verhalten des Eisens zur Salpetersäure, wie es weiter unten angeführt ist, kann diese Gesetzmässigkeit scheinbar trüben. So gebraucht man z. B. nicht mehr als

27 Gran Eisen um:

108 Gran Silber

aus dem salpetersauren Silberoxyd zu scheiden. Allein es gelingt nicht immer, ja es kann sogar kommen, dass gerade das Gegentheil eintritt von dem was man erwartet. Enthält nämlich die Silberauflösung etwas freie Salpetersäure, so schlägt sich beim Eintauchen des Eisens in dieselbe zuerst ein Theil Silber daran nieder, dann ändert sich das Verhalten. Das Silber löst sich wieder mit Heftigkeit auf und das Eisen bleibt blank und unangegriffen liegen. (Vergl. unten Eisen und Salpetersäure.)

Wenn es gegründet ist, dass das Eisen die Metalle Kupfer, Zinn, Blei, Silber etc. aus ihren Auflösungen fällt (S. 339) so schliesst diess, wie beim Zink (S. 9), auch die Eigenschaft in sich, diese Metalle durch Berührung unangreifbar durch Säure zu machen, worin sie sich sonst bei der Nichtanwesenheit des Eisens aufgelöst hätten.

So z. B. löst sich Zinn in Chlorwasserstoffsäure unter Bildung von Chlorzinn und Entwickelung von Wasserstoffgas. Keines von beiden geschieht dagegen, wenn das Zinn in der Säure mit einem Stück Eisen in inniger Berührung ist, denn nun trifft allein das Eisen das Loos des Aufgelöstwerdens unter Bildung von Chloreisen und Entwicklung von Wasserstoffgas. Wenn endlich das

Eisen verzehrt ist, dann kommt die Reihe auch an das Zinn.

Die Erklärung dieses Verhaltens des Eisens zu dem anderen Metall ist in dem S. 11 und 12 entwickelten Grundgesetz der Chemie schon ausgesprochen, nach welchem eine jede Berührung zweier Metalle, die unter dem Einfluss chemisch wirkender Körper z. B. der Säuren stattfindet, in diesen Metallen den chemischen Gegensatz von Säure einerseits und von Basis andererseits aufruft und sie auch danach handeln lässt.

Dieses chemische Handeln tritt nun, wie bereits erwähnt, so in die Erscheinung, dass das Metall, welches die Säure oder den sauren Pol repräsentirt, (was hier mit dem Zinn der Fall ist), das Saure oder die Säure als gleichnamig abstösst, also sich nicht damit verbindet, sich nicht auflöst, dafür aber das basische anzieht. Das andere Metall dagegen, das Eisen, ist die Basis, der basische Pol, zieht folglich sein Ungleichnamiges, das Saure oder die Säure an, verbindet sich damit, löst sich auf, stösst aber das Basische ab.

Daher geht das Chlor der Chlorwasserstoffsäure zum Eisen, nicht zum Zinn, der Wasserstoff aber zum Zinn, nicht zum Eisen. Das Schema auf S. 13 kann auch hier zur Versinnlichung des Gesagten dienen, wenn dort anstatt Eisen: Zinn und anstatt Zink: Eisen gesetzt wird. Denn gegen Zinn verhält sich das Eisen umgekehrt, wie gegen Zink, weil es hier selbst die Rolle des Zinks übernimmt. Man muss nämlich nie vergessen, dass das chemische Verhalten der Stoffe stets ein Produkt ist, hervorgerufen oder erzeugt durch die Wechselwirkung von zwei verschiedenen Stoffen; daher müssen denn auch Eisen und Zink sich ganz anders zu einander verhalten, als Zinn und Eisen, eben weil Zink und Zinn so verschieden sind.

Auf gleiche Weise verhalten sich Kupfer und Eisen, wenn man sie in verdünnte Salpetersäure legt. Getrennt von einander, lösen sich beide auf; in inniger Berührung aber nur das Eisen. Eben so Silber und Eisen.

Wenn sich das Eisen in Berührung mit den erwähnten Metallen z. B. mit Kupfer in einer Säure befindet, die nur das Eisen, nicht aber das Kupfer anfzulösen vermag, z B. verdünnte Schwefelsäure so ist es freilich kein Wunder, dass das Eisen verschwindet und das Kupfer bleibt. Allein auch hier ist das nicht angreifbare Metall nicht ohne Einfluss, es befördert und beschleunigt vielmehr die Auflösung des Eisen, wie folgender Versuch beweist.

Löthet man ein Stück Eisenblech mit einem ebenso grossen Stück Kupferblech an den äussersten Enden zusammen und hängt sie nun (nachdem sie von allen Schmutz gereinigt worden) gleichzeitig mit einem anderen Stück Eisenblech (ohne Kupfer) von gleicher Schwere und Grösse in ein Gemisch aus 4 Loth Schwefelsäure und 24 Loth Wasser, so werden beide Eisenbleche von der Säure aufgelöst, aber mit ungleicher Stärke und Geschwindigkeit. Dies ergiebt sich aus dem verschiedenen Gewichtsverlust, welchen beide nach mehrtägiger Einwirkung der Säure erfahren.

Bei diesen Versuchen stösst man manchmal auf sehr merkwürdige Ausnahmen, die ihren Grund in besonderen, noch unbekannten Zuständen des Eisens haben. So ist mir Eisenblech vorgekommen, welches selbst in Verbindung mit Kupfer, sich, auch bei 2stündiger Berührung, fast gar nicht in verdünnter Schwefelsäure oder Chlorwasserstoffsäure auflöste, indess diess bei einem anderen Stück Eisen in derselben Säure unter den gewöhnlichen Erscheinungen erfolgte.

Aus gleichen Gründen wird Eisen schneller von einer Schwefelsäure aufgelöst, die Kupferoxyd enthält, als von einer solchen, ebenso starken, wo diess nicht der Fall ist. Denn da das Eisen sogleich metallisches Kupfer ausscheidet, so ist es so gut, als ob man von vorne herein Kupfer damit in Berührung gesetzt hätte.

So ruft es also das ins Dasein, was seine eigene Zerstörung beschleunigt. Aber es ist nicht nöthig, dass die Säure bloss kupferhaltig sei, sie kann auch ganz mit Kupferoxyd gesättigt sein und der Erfolg ist derselbe. Die Nichtbeachtung dieser Thatsache hat den so sehr brauchbaren Stahlfedern den Eingang erschwert. Eine gute Stahlfeder ist das vorzüglichste Schreibmaterial, was sich nur denken lässt; aber wie bald ist sie unbrauchbar, wenn die Dinte Kupfervitriol enthält. Da diess nun früher bei der meisten verkäuflichen Dinte der Fall war, so schrieben die Federn sehr bald äusserst schlecht, sie waren zerfressen und diess gab man ihnen schuld, da doch die schlechte Dinte die Ursache davon war. Eine gute Dinte für Stahlfedern darf sie gar nicht angreifen, daher wird jeder Vielschreiber erst gehörig prüfen, welche Dinte die probehaltigste ist. Ich habe die sogenannte Tuschdinte als die beste gefunden. Sie bekommt jedoch leicht Bodensatz und wird dick, diess beseitigt Umrühren und Zusetzen von Wasser. Andere Flüssigkeiten, wie Thee, Kaffee, taugen dazu nicht.

Wenn gleich in obigem Beispiel das Kupfer als Chemischwirkendes äusserst nachtheilig erscheint, so ist es unter andern Umständen und für andere Verhältnisse auch wieder sehr nützlich, wo es sich eben um ein bestimmtes, gleichsam systematisches Zerfressen des Eisens handelt, wie z. B. beim sogenannten Aetzen in Stahl.

Als das Aetzen in Stahl aufkam, fand man bald, dass Schwefelsäure und Salpetersäure, obwohl sie den Stahl leicht auflösen, doch nicht dazu taugen, die Zeichnung rein auszuätzen. Man versuchte Vielerlei und fand endlich, dass die mit Kupferoxyd gesättigte Salpetersäure, also eine salpetersaure Kupferoxydauflösung die besten Dienste thut, und zwar in dem Verhältniss, dass auf

1 Loth kryst. salpetersaures Kupferoxyd
50 — 60 Loth Wasser

kommen, dem man einige Tropfen Salpetersäure zugesetzt hat.

Dies Aetzmittel darf nicht höher als $\frac{1}{6}$ Zoll auf der Platte stehen.

2 Minuten sind zu einem Umrisse hinreichend, wenn er nicht stark sein soll,
in 10 Minuten ist ein Mittelton fertig,
in 40 Minuten der stärkste Schatten. Hier muss

aber das Aetzmittel, das in 10 Minuten erschöpft ist, mehrmals durch neues ersetzt werden.

Zusätze von Essigsäure und salpetersaurem Quecksilberoxyd zu dieser Kupferbeize sind schädlich, denn sie stumpfen die Kanten der Linien ab. (Vergl. salpetersaures Silberoxyd.)

Eine schwefelsaure Kupferoxydauflösung ist auch oft sehr anwendbar und ätzt leichte Tinten sehr schön aus, macht aber, wenn es länger einwirkt, die Linien rauh.

Fliesst Brunnenwasser, welches vielen kohlensauren Kalk aufgelöst enthält, durch Bleiröhren, so bildet sich bald eine Kalkkruste, die sich ans Blei ansetzt und die Röhren verstopft. Ist Eisen in diesen Röhren vorhanden und gleichzeitig mit dem Blei und dem Wasser in Berührung, so findet zuerst eine Eisenoxydhydratbildung und dann die Kalkablagerung auf diesem Statt und das Blei bleibt frei.

Man hat von dieser recht interessanten Erfahrung eine eben solche Anwendung im Grossen bei bleiernen Wasserleitungsröhren gemacht. Man steckt in Entfernungen von 16 bis 20 Fuss eiserne Pfropfen in die Röhren, die tief in dieselben hineingehen und so eingepasst sind, dass sie mit Leichtigkeit herausgehoben werden können. In diesem Fall bleibt das Blei rein, alles Erdige setzt sich an die eisernen Pfropfen, die man von Zeit zu Zeit herausnimmt und reinigt.

Von diesem hier besprochenen allgemeinen Verhalten des Eisens giebt es nun aber auch seltsame Ausnahmen, die durch sehr verschiedene Umständen herbeigeführt werden. Schon des Einflusses der Salpetersäure ist S. 341 gedacht. Hier drängt sich uns ein anderer auf, der des Platins. Dieses Metall verwirklicht in Berührung mit allen anderen Metallen den sauren chemischen Gegensatz, daher verhalten sie sich zu ihm basisch und folglich anziehend gegen eine Säure. Daher befördert Platin ihre Auflösung am meisten. Mit dem Eisen allein ist diess nicht der Fall, wenn gleichzeitig Salpetersäure dabei im Spiel ist. Eine vergleichungsweise auch mit dem Kupfer angestellter Versuch wird diess recht deutlich machen.

Taucht man das eine Ende eines Kupferdrahts in eine schwache Platinauflösung, so wird diess weiss gefärbt von einem Platinüberzug. Legt man nun den Draht in eine Salpetersäure von 1,35 Eigenschwere, so wird man finden, dass er sich schneller auflöst, als ein anderer ganz gleicher Kupferdraht ohne Platinüberzug an dem einen Ende.

Ganz das Entgegengesetzte erfolgt mit zwei Eisendrähten, von denen das Ende des einen mit Platin überzogen ist, das des andern nicht. Der erste wird in einer Säure von oben angegebener Stärke gar nicht angegriffen, der andere jedoch sogleich.

Man hat hier also dieselbe Erscheinung, wie die S. 341 angeführte. Was dort die Einwirkung der Salpetersäure thut, das geschieht hier durch den Platinüberzug. Es ist diess um so bemerkenswerther, da Platin nicht nur, wie gesagt Kupfer, sondern auch eine Menge anderer Metalle bestimmt, sich leichter in der Salpetersäure aufzulösen, wenn es mit ihnen in innige Berührung gesetzt wird.

Nur das Eisen macht hier eine Ausnahme. (Dem Platin ähnlich wirkt das Suboxyd des Eisens, womit es sich beim sogenannten Blauanlaufenlassen überzieht. Vergl. daselbst).

Eine Nutzanwendung dieser Thatsache für die Technik liegt sehr nahe. Man befeuchte die innern Wandungen einer gewöhnlichen Eisenschale mit schwacher Platinauflösung so erhält sie einen dünnen Platinüberzug, wodurch sie befähigt wird, der Einwirkung der Salpetersäure zu widerstehen. Es geschieht diess in einem so hohen Grade, dass eine Salpetersäure, die schwächer ist, als eine von 1,35 Eigenschwere, bis auf 60° R. erwärmt sein kann ehe irgend eine Einwirkung geschieht. Bei stärkeren Salpetersäuren erträgt das Platin-Eisengefäss eine noch grössere Hitze. Denn die Unangreifbarkeit nimmt mit der Stärke der Säure zu, mit der Schwäche ab.

Eisen und Sauerstoff.

Beide haben eine so grosse Anziehung zu einander, dass sehr fein zertheiltes Eisen sich selbst in kalter Luft entzündet und verbrennt. Man kann diese Erscheinung wahrnehmen an einem Eisenpulver, welches dadurch erhalten wird, dass man Eisenoxydul in einer Glasröhre gelinde erhitzt und Wasserstoffgas darüber leitet. Es bildet sich Wasser und das entsaurestoffte Eisen bleibt höchst fein zertheilt zurück, vorausgesetzt dass die Hitze nicht stärker war, als zur Zerlegung nothwendig ist, welche noch nicht den Kochpunkt des Quecksilbers übersteigt. So wie nun dieses

Eisenpulver die Luft berührt, so verbindet es sich mit den Sauerstoff derselben unter den Erscheinungen des Feuers. Ein stärker erhitzt gewesenes Eisenpulver entzündet sich nicht von selbst, weil es sich in einem minder lockeren, zusammengesinterten Zustande befindet.

Wirken Rothglühhitze und Luft gleichzeitig ein, so bedarf es zum Verbrennen des Eisens keiner feinen Zertheilung. Man sieht diess beim Schmieden. Die vielen Funken, welche beim Hämmern des glühenden Eisens abspringen, sind glühendes, verbranntes Eisen welches man **Hammerschlag** oder **Glühspan** nennt.

Hammerschlag

139 oder Glühspan.

Steigert man die Hitze des Eisens bis zum Weissglühen und lässt dann die kalte Luft des Blasebalgs darauf einwirken, so nimmt die Verbrennung einen sehr raschen Gang unter sehr lebhafter Feuerentwicklung und die Hitze ist hierbei oft so gross, dass das Eisen schmilzt.

Auch im Kleinen kann man sich die Verbrennung des Eisens veranschaulichen. Hält man eine eiserne Claviersaite № 10 in eine Spiritusflamme bis sie weiss glüht, und zieht sie alsdann schnell heraus, damit sie mit der Luft in Berührung komme, so entzündet sie sich und brennt einige Augenblicke mit heller Flamme.

Wie auf die Luft, ebenso wirkt auch das Eisen aufs Wasser, wenn beide im glühenden Zustande zusammentreffen. Das Eisen verbrennt mit dem Sauerstoff des Wassers zu Eisenoxydul und der dadurch in Freiheit gesetzte Wasserstoff entweicht als Gas. Das Experiment kann leicht gemacht werden, wenn man einen Flintenlauf mit feinem Eisendraht füllt, in der Mitte zum Glühen bringt und nuu Wasserdampf hindurch jagt. Man erhält am andern Ende das Wasserstoffgas und kann es auffangen. Hat man vorher das Eisen gewogen, so findet eine Gewicht z u n a h m e durch den Sauerstoff statt, die mit der Menge Wasserstoff, welche man erhält in einem solchen Verhältniss steht, dass beide vereinigt gedacht wiederum Wasser geben. (Vergl. Einleitung in die techn. Chemie. Berlin 1836. S. 92.)

Diese Thatsachen sind von grossem historischen Interesse, denn von ihrer richtigen Auffassung und ächt philosophischen Würdigung datirt sich die eigentliche neuere Chemie und eine Menge von Erscheinungen traten glänzend aus ihrem bisherigen mystischen Nebel hervor und fanden ihre so lange gesuchte Erklärung. Das Wasser, welches bisher für u n v e r l e t z l i c h, für ein Element gegolten hatte, wurde als etwas Z u s a m m e n g e s e t z t e s nachgewiesen und erhielt nun seinen richtigen Platz bei andern gleichfalls zusammengesetzten Körpern und die bisher ihm erwiesene Ehre ging auf seine Erzeuger den Sauerstoff und Wasserstoff über. Mit diesen machte man jetzt in Folge der Wasserzerlegung genaue Bekanntschaft und eine Anzahl der schönsten, folgenreichsten Entdeckungen war das Resultat.

Eine andere Art von Verbrennung oder Sauerstoffung des Eisens sehen wir alle Tage; es ist die

130 Eisenrost.

Rostbildung in feuchter Luft, die grösste Feindin aller unserer baulichen Unternehmungen. Luft und Wasser und Kohlensäure haben daran gleichen Antheil, daher ist auch von allen dreien etwas in dem Roste als Bestandtheil enthalten. Eine chemische Analyse dieses Rostes ergiebt: kohlensaures Eisenoxydul, Eisenoxydhydrat und kohlensaures Ammoniak als das Resultat der Untersuchung. Das Ammoniak wird aus dem Stickstoff der Luft und dem Wasserstoff des zerlegten Wassers gleichzeitig mit dem Roste gebildet.

Sehr genaue Versuche haben gezeigt, dass Eisen mit völlig gleichförmiger blanker Oberfläche selbst in feuchter Luft nicht rostet. Sobald sich aber Wasser in Tropfen darauf niederschlägt erfolgt, das Rosten bald. Ebenso wenn es Ungleichheiten z. B. Risse und Sprünge hat. Von hier geht dann die Bildung des Rostes aus und verbreitet sich bald über die ganze Oberfläche. Je besser also Eisenwaaren polirt sind, desto weniger ist ihre Oberfläche diesen Veränderungen unterworfen.

Noch anders ist der Rost, welcher sich bei Gegenwart von mehr Wasser erzeugt z. B. wenn man Eisenfeile, mit so viel Wasser vermengt als nöthig ist, um sie gehörig feucht zu machen.

Es entsteht alsdann der sogenannte Eisenmohr,

Eisenmohr.

141

ein in den Apotheken vor Zeiten gebräuchliches Präparat. Seine Bestandtheile sind Eisenoxydul und Eisenoxydhydrat und er entsteht gleichfalls indem theils das Wasser zerlegt wird, unter Entwickelung von Wasserstoffgas und theils die Luft den Sauerstoff hergiebt. Er geht bei längerer Einwirkung der Luft und des Wassers in den gewöhnlichen gelben Eisenrost № 140 S. 351 über.

Das Eisen rostet um so leichter, je reiner und weicher es ist, das weichste Stabeisen daher am leichtesten; schwerer hartes Stabeisen. Dann folgt der weiche, dann der harte Stahl und endlich das weiche und harte Gusseisen.

Immer, wo der Sauerstoff der Luft und das Wasser gleichzeitig wirken, ist das Rosten am stärksten. Daher rostet Eisen auf feuchtem Holz liegend, viel eher, als unter Wasser. Ebenso im feuchten Sande eher, als in solchem, der unter Wasser steht.

Wirken dagegen trocknes Sauerstoffgas oder ein sauerstofffreies Wasser in verschlossenen Gefässen auf das blanke Eisen ein, so verändert es sich gar nicht. Man sieht also, worauf es ankommt, wenn Eisen vor dem Rosten bewahrt werden soll: es müssen solche Körper angewendet werden, die entweder die Feuchtigkeit oder den Sauerstoff von demselben abzuhalten im Staude sind.

In verschiedenen Erdarten verhält sich das Eisen, in Bezug auf sein Rosten, verschieden. Am schnellsten rostet es unter der Erde in einem sandigen Grunde. Es wird hier gleichsam wieder in Erz verwandelt und nimmt ein strahliges Gefüge von seinem Mittelpunkt aus an.

Im thonigen Boden geschieht das Rosten des Eisens dagegen langsamer und blättert sich bloss ab.

Man bewahrt das Eisen, welches in die Erde kommt, am besten vor dem Rost, wenn man es warm mit einem heissen Gemisch von

2 Pfund Steinkohlentheer mit

1 Pfund Kalkpulver

überstreicht.

Ein vor dem Rosten schützender Eisenfirniss bei Stücken, die nicht mehr gefeilt werden dürfen, bildet sich, wenn man es rothglühend erst in Wasser und dann in Leinöhl taucht. Durch das Eintauchen in Wasser schuppt sich die entstandene Oxydhaut des Eisens ab und die Hitze, die dann noch übrig bleibt, verwandelt das Leinöhl in einen fest haftenden Firniss.

Dem Rosten blanker Eisenwaaren beugt man durch einen dünnen Oehlfirniss vor, den man am besten dadurch hervorbringt, dass man das Eisen mit einem in Leinöhl getauchten wollenen Lappen so lange reibt, bis die Oberfläche desselben trokken erscheint. Die hiedurch erzeugte äusserst dünne Oehlschicht, ist hinreichend den Einfluss der feuchten Luft abzuhalten; da sie sich aber beim Gebrauch abnutzt, muss sie öfter erneuert werden.

Dem Rosten des Eisens im lufthaltigen Wasser beugt man durch Kali vor. Enthält es nämlich auf:

500 Pfund Wasser

1 Pfund Kali,

so kann man blanke Eisenarbeiten hineinlegen ohne dass irgend ein Rostfleck sich bildet. Daher eiserne Laugenäscher nie rosten. Zur Erklärung dieser auffallenden Wirkung dient hauptsächlich, dass die Oxyde des Eisens mit dem Kali keine Verbindung bilden, also keine oxydirende Anforderung des Kalis Statt hat, wie z. B. beim Zink, dessen Auflösung in Kali noch durch Berührung mit Eisen bedeutend beschleunigt wird (Vergl. S. 20).

Wer von dieser rostabwehrenden alkalischen Flüssigkeit im Grossen Gebrauch macht, kann auch Pottasche anwenden, nur muss er alsdann mehr nehmen. Ueberhaupt ist es gut mit dem Alkali nicht zu sparsam zu sein, sonst kann leicht das Entgegengesetzte eintreten: denn wenn das Alkali Gelegenheit hat, sich in zweifach-kohlensaures Salz zu verwandeln, so hört seine schützende Wirkung auf.

Da hydraulische Pressen sehr vom Roste leiden so entsteht die Frage ob hier nicht auch ein Pottaschenzusatz zum Wasser anwendbar wäre? Er wird sich gewiss da sehr zweckmässig erweisen, wo der Eisenguss nicht ganz fehlerfrei ist, so dass Wasser eindringt und es durch die Rostbildung unter gleichzeitiger Einwirkung des Drucks zersprengt wird.

Da sich die geröstete Stärke mit Pottaschenauflösung vermischen lässt, ohne zu gerinnen und die Breiform zu verlieren, so hat man hierin ein sehr brauchbares Mittel, eiserne Kessel, die öfter gebraucht werden, vor dem Rosten zu bewahren. Besonders ist diess Mittel den Apothekern zu empfehlen, um so mehr, als ein geöhlter Kessel sich nur sehr schwierig reinigen lässt, indess der alkalische Stärkeanstrich mit Wasser leicht abzuwaschen ist.

Diess Verhalten gegen Oehl und Lauge und nicht die Härte ist es, welche den Stahl so geschickt zum sogenannten Stahlstich macht. Denn man ist längst davon zurück gekommen, wirklichen Stahl anzuwenden, da man von ganz weichem Eisen fast ebenso viele Abdrücke erhalten kann, wie von Stahl, und dieses aus den eben angeführten chemischen Gründen.

Beim Zink ist S. 41 schon angeführt, dass es selbst nur bis zu einem gewissen Punkt dem Rosten unterworfen ist (nach stattgehabter Bildung des Suboxyds) und es das Eisen nur dann vor dem Rosten schützt, wenn es innig mit ihm in Berührung getreten z. B. zusammengelöthet ist (S. 19). Je vollkommener man diese Bedingung erfüllt, desto vollkommener ist auch der dadurch gewährte Schutz, daher wird ein Verzinken d. h. ein Ueberziehen mit Zink noch vielmehr leisten als blosse einseitige Berührung. Man hat ganz kürzlich diese Idee in Frankreich in Ausführung, und ein solches verzinktes Eisen in den Handel gebracht und ihm den Namen galvanisirtes Eisen gegeben. So viel man bis jetzt über seine Darstellungsweise erfahren konnte, besteht sie in folgendem.

Das Eisen wird zuerst in Salzsäure getaucht,

um alle Spuren von Oxyd auf seiner Oberfläche zu beseitigen; nachdem es dann mittelst künstlicher Wärme gehörig abgetrocknet worden ist, taucht man es in ein kochendes Bad von Zink. Dieses Bad enthält ausser dem Zink noch eine geringe Menge einer Legirung, deren Zusammensetzung noch geheim gehalten wird. Das Zinkbad muss in einem Tiegel aus feuerfestem Thon enthalten sein, denn bei Anwendung eines gusseisernen Tiegels würde sich eine Legirung von Zink und Eisen bilden, worauf man die Operation nicht mehr länger fortsetzen könnte. Bei jeder Eintauchung wird dem Bad eine geringe Menge Salmiak zugesetzt, um die Oxydation der obern Schicht des Bades zu verhindern. Nachdem das Eisen ganz in das Zink getaucht worden ist, zieht man es augenblicklich wieder heraus; die Zinkschicht, womit es überzogen ist, zeigt dann schwarze Flecken, welche durch Salmiak entstehen und die man nicht mehr wegbringen könnte, wenn man sie nicht sogleich mit gewöhnlichem Wasser abwaschen würde. Jetzt ist das galvanisirte Eisen fertig, es wird sodann in sehr trockene Sägespäne gesteckt, um ihm alle Feuchtigkeit zu benehmen. Durch diese Zubereitung, welche sowohl bei Roheisen, als bei Stahl, Blech und selbst Gusseisen anwendbar ist, wird das Metall vollkommnn gegen alles Rosten geschützt.

Chemisch betrachtet steht der Wahrscheinlichkeit dieser Angaben nichts entgegen und wenn sich wirklich ein solches verzinktes Eisen ganz unveränderlich an feuchter Luft zeigen sollte, so wäre diess von unberechenbaren Folgen, besonders für

Industrie und Baukunst. Für die chemischen Gewerbe ist es von geringerem Werth; denn das Zink ändert hierbei seine Natur nicht, es bleibt nach wie vor auflöslich in Säuren und es würde ein sehr unvortheilhafter Tausch sein, wenn man anstatt eines eisernen verzinnten Küchengeräths ein verzinktes sich anschaffen wollte, weil ersteres rostet, letzteres nicht. In ersteren Fall erhält man nur Eisen in die Speisen, im letztern Zink, das wie oft genug erwähnt, viel schädlicher ist. Also so viel steht fest, das verzinnte Eisenblech wird durch dieses galvanisirte Eisen nicht verdrängt werden.

So unangenehm und hinderlich das Rosten des Eisens im allgemeinen auch ist, so wichtig und nützlich ist es doch wiederum in anderen Fällen. So könnte man keine grosse eisernen Kessel z. B. Dampfkessel machen, die ohne Kupferlöthung dicht wären. Nun aber, da das Eisen rostet, niethet man die Bleche aufeinander, begiesst den fertigen Kessel mit Wasser und überlässt ihn sich selbst in offner Luft, wo dann alle feine Ritzen bald mit undurchdringlichem Roste geschlossen sind.

Sind grössere Oeffnungen zu verschliessen, so reicht die Eisenmasse des Kessels selbst nicht hin, den nöthigen Rost zu liefern und man hilft nun aus mit Eisenfeile, der man so viel Schwefelpulver und Salmiak zu mischt, dass auf

32 Pfund Eisenfeile
1 Pfund Schwefel und
1 Pfund Salmiak

kommen. Zum Gebrauch rührt man diess Gemenge mit Wasser zu einem Brei an und verstreicht damit die Stellen. Schwefel und Eisen vereinigen sich bald zu Schwefeleisen, das sich später in basisch schwefelsaures Eisenoxyd verwandelt; der Salmiak bildet ein eisenoxydhaltiges Chloreisen, genug es entsteht des Rostes so viel, dass alles zu einer festen Masse erhartet.

Zu einem ähnlichen Kitt für Wasserröhren, der sehr gut binden und erharten soll, wird folgende Vorschrift gegeben:

98 Pfund Gusseisenspäne
1 Pfund Schwefel und
1 Pfund Salmiak.

Die Anwendung ist wie oben.

Man wird, wenn die Bestandtheile dieser beiden Kitte im feuchten Zustande auf einander zu wirken beginnen, einen unangenehmen Geruch bemerken. Er rührt vom unreinen Wasserstoffgas her, welches sich hiebei entwickelt. Da die Dampfkessel vorzugsweise inwendig gekittet werden und dazu oft ziemlich viel Kitt verwendet wird, so ist die Wasserstoffgasentwicklung mitunter sehr bedeutend, und es sind Fälle vorgekommen, dass Arbeiter, die zu lange in einem solchen Kessel verweilten, darin erstickt sind.

Schwefel und Salmiak können in diesen Kitten auch durch Säuren ersetzt werden. So bereitet man einen sehr brauchbaren Kitt für Wasserbehälter, indem man Eisenfeile mit Essig zu einem Blei anrührt und damit die Steinfugen verstreicht. Die schwarze, breiige Masse wird bald rostgelb und dichtet vollkommen.

In Paris, wo dieser Kitt besonders zu den Trinkwasserfiltrirbehältern in grosser Menge gebraucht wird, fand man, dass die Stelle des dort theuren Essigs sehr gut durch verdünnte Schwefelsäure ersetzt werden kann. Man rührt demnach die Feilspäne mit einer Flüssigkeit zum Brei an, die aus

2 Pfund Schwefelsäure und
70 Pfund Wasser

besteht und hat alsdann eine sehr dauerhafte Rostbildung zu erwarten.

Da Eisen nur in lufthaltigem Wasser rostet, nicht aber in reinem, so folgt daraus, dass es den Sauerstoff nicht dem Wasser, sondern der darin enthaltenen Luft entzieht, so dass, wenn sich beide in einer verschlossenen Flasche befinden, endlich aller in Wasser aufgelöst gewesene Sauerstoff verschwunden ist. Man kann diess daran sehen dass ein von Neuem hierin gelegtes blankes Stück Eisen nun blank bleibt und nicht mehr rostet.

Das Eisen ist demnach ein Mittel das Wasser, vom beigemengten Sauerstoff zubefreien, und passt dazu um so mehr, als der Rost oder das Oxydhydrat welches sich in Folge dessen bildet, im Wasser unauflöslich ist, so dass also dem Wasser nichts Fremdartiges mitgetheilt wird. Diess ist äusserst wichtig. Denn ein Wasser, das kein Sauerstoffgas enthält, fault nicht und so mit ist Eisen das einfachste, wohlfeilste Mittel, das Wasser auf Seereisen unverdorben trinkbar zu erhalten. Es ist genug, es anstatt in Fässern, in Behältern von Schwarzblech aufzubewahren. Gusseisen ist nicht so gut. Selbst, wenn das Wasser sich in hölzernen Fässern befindet, müssen hineingestellte eiserne Stangen von Wirksamkeit sein. Diess habe ich noch erst kürzlich zuerproben Gelegenheit gehabt. In einem hölzernen Gefäss, welches zur Speisung eines kleinen Dampfkessels diente, wurde das Wasser oft sehr übelriechend. Ich legte Eisenabschnitzel von Schwarzblech hinein und nun erfolgte es nicht mehr. Das Wasser blieb geruchlos. Dieses Mittel findet auch Anwendung in Brennereien, die nicht immer im Gange sind und das Wasser nicht selten einen unerträglichen Geruch verbreitet. Man umwickelt das kupferne Kühlrohr mit Eisenabschnitzel und kann des Erfolgs gewiss sein. Noch besser ist es, man löthet sie daran, dann wird zugleich das Kupfer vor jedem Rosten geschützt.

Von dieser fäulnisswidrigen Kraft des Eisens habe ich mich auch noch durch folgenden Versuch überzeugt. In ein kleines Gefäss mit 6 Loth Wasser schüttete ich $\frac{1}{4}$ Zoll hoch Eisenfeile und setzte Blutegel hinein. Das Wasser wurde binnen 6 Monaten nicht gegen frisches vertauscht, sondern nur das verdunstende ersetzt. Die Blutegel waren die ganze Zeit über (nur so lange wurden sie beobachtet) frisch und gesund und das Wasser zeigte nicht die geringste Neigung zum Faulen. Die Eisenfeile war sehr gerostet und der Schleim, den die Blutegel von sich gelassen, hatte sich auf diese niedergeschlagen.

Von diesen Erfahrungen kann man in noch vielen andern Fällen Gebrauch machen. So wird es z. B. Jedem bekannt sein, welch unerträglichen Geruch oft das Wasser in Zimmern verbreitet, worin abgeschnittene Blumen gestellt sind. Wäre das Gefäss inwendig mit Schwarzblech gefüttert, oder befänden sich nur einige eiserne Nägel darin, so würde diess entweder gar nicht, oder in einem viel geringeren Grade eintreten.

Die sehr verbreitete, aber unrichtige Meinung, dass Eisen der Gesundheit nicht schade, könnte jedoch Manchen veranlassen, in der Anwendung des Eisens zu den angegebenen Zwecken, zu weit zu gehen. Eisen in Wasser schadet nicht, weil es sich darin nicht auflöst; aber Flüssigkeiten, die Eisen aufgelöst enthalten, sind dem Gesunden immer nachtheilig und wenn auch dieses nicht wäre, so erhalten doch die Speisen einen sehr unangenehmen Geschmack. Dies geschieht z. B. mit der Milch, welche in eisernen Gefässen aufbewahrt wird. Es entsteht milchsaures Eisenoxydul. Man darf sich also nie eiserner Gefässe bedienen, wenn es auch wahr ist, dass in solchen während der Sommerzeit die Milch sich besser hält und später gerinnt, als in Glas oder Steingut. Da diess seinen Grund in der Ableitung der Elektricität hat, so kann man mit demselben Erfolg Gefässe von Weissblech anwenden. Sie theilen der Milch nichts mit, wenn nur darauf gesehen wird, dass die Verzinnung gleichmässig das Eisen bedeckt und eine schadhafte durch eine neue ersetzt wird.

Unser immerwährender Verkehr mit Eisen lässt eine Menge oft unangenehmer Spuren zurück, unter denen die Rost- oder Eisenflecke zum grossen Verdruss unserer lieben Hausfrauen sich besonders bemerklich machen. Sie entstehen gar leicht. Ein Messer, womit eine Citrone zerschnitten, eine Gabel, womit Sallat gegessen, erzeugen in der Serviette, womit sie abgewischt werden, einen Rostfleck. Ein feuchtes Handtuch an einem eisernen

Nagel aufgehängt wird rostfleckig. Wäsche, die in Wannen liegt, worin sich eiserne Nägel befinden wird es gleichfalls.

Nach dem, was S. 351 über den Eisenrost gesagt ist, besteht er hauptsächlich aus Eisenoxydhydrat. Die Mittel zur Rostvertilgung müssen demnoch dieselben sein, die das Eisenoxydhydrat aufzulösen vermögen, also Schwefelsäure und Salzsäure, und doch kann man diese nicht anwenden weil sie mit Wasser verdünnt nicht wirken und ohne diese Verdünnung das Zeug zerfressen. Man wählt daher minder schädliche Säuren und unter diesen die Kleesäure, auch Oxalsäure genannt. Sie wird in Pulverform auf den mit Wasser befeuchteten Fleck gestreut und dieser über den Dampf von siedendem Wasser gehalten, oder auch an die Aussenseite eines Theekessels, worin Wasser kocht. Nach dem Ausspülen ist meistens das Eisenoxyd aufgelöst und der Fleck entfernt. Hat man jedoch das trockne Erhitzen zu lange fortgesetzt, so zeigen sich auch von der Kleesäure nachtheilige Wirkungen auf das Zeug und es entsteht dann später, wo der Fleck war, ein Loch.

Wegen des theuren Preises der Kleesäure ist ihre Anwendung beschränkt, besonders wenn es sich um grössere Mengen handelt. So ist mir der Fall vorgekommen, dass durch ein Versehen beim Büken anstatt Pottasche Eisenvitriol mit der Wäsche in Berührung gebracht wurde, wodurch 300 Servietten und viel anderes Tischzeug eine vollkommen rostgelbe Farbe bekamen. Hier war an Kleesäure gar nicht zu denken und Salz- und Schwefelsäure wirkten nur äusserst unvollkommen ein, weil das Fett der Seife sich theilweise mit dem Eisenoxyd verbunden hatte. Ein 4 bis 5tägiges Einlegen in ziemlich starker Schwefelsäure war daher ohne allen günstigen Erfolg und man war schon auf dem Punkt, die Wäsche verloren zu geben, als ich mich früherer Versuche erinnerte, nach welchen ein Eisenfleck sehr leicht aus Wäsche gebracht werden kann, wenn man ihn vorher mit Cyaneisenkalium blau färbt. Von diesem Salz wurde demnach etwas zur Schwefelsäure zugemischt und das Zeug darin herumgearbeitet, welches bald hell- und dunkelblau sich färbte, wie № 188 und № 192, und ebenso die saure Flüssigkeit. Hierauf wurde es gespült und durch Pottaschenlauge genommen und siehe da, das Zeug war wieder weiss. Bei einigen Stücken, die sehr gelb waren, musste das Blaufärben u. s. w. wiederholt werden. Angegriffen wird die Wäsche bei diesem Bleichverfahren nicht.

Mit Bestimmtheit hat man die Existenz zweier Sauerstoffungsstufen des Eisens ermittelt: Eisenoxydul und Eisenoxyd, die sich zueinander wie Basis und Säure verhalten und sich daher zu einer neuen Verbindung vereinigen, die man Eisenoxydoxydul nennt. Das Anlaufen des Eisens in mässiger Hitze, wobei es verschiedene Farben, meistens aber die schöne blaue der Stahlfedern annimmt, ist wahrscheinlich auch eine bestimmte Sauerstoffungsstufe des Eisens, eine Art Suboxyd wie sich aus seinen eigenthümlichen Wirkungen ergiebt, die ich sogleich anführen werde.

Eisensuboxyd.

Die Unmöglichkeit, den blauen Ueberzug, welcher sich auf Eisen und Stahl beim sogenannten Anlaufen bildet, so herunterzunehmen, dass man kein Eisen mitbekommt, ist Ursache, dass man diese Sauerstoffverbindung des Eisens noch nicht genau kennt. Aber aus dem Einfluss, welchen es unter gewissen Umständen ausübt, ersieht man, dass es vom Oxydul und Oxyd verschieden sein müsse.

Es ist eine alte Erfahrung, dass blauangelaufenes Eisen und eben solcher Stahl weniger dem Rosten unterworfen ist, als gewöhnliches, gerade so wie ein mit Suboxyd überzogenes Zink S. 42; neu dagegen und äusserst merkwürdig sind folgende Thatsachen.

Legt man eine blau angelaufene Uhrfeder, wie sie im Handel zu haben ist, in Salpetersäure von gewöhnlicher Stärke, so wird man die merkwürdige Erfahrung machen, dass gar keine Einwirkung erfolgt. Die Stahlfeder löst sich nicht auf. Diess rührt von ihrem blauen Ueberzug her, welchen sie durch das sogenannte Anlaufenlassen erhalten hat. Denn eine Stahlfeder ohne denselben löst sich sogleich auf.

Wahrscheinlich ist der blaue Ueberzug des blau angelaufenen Eisens ein Eisensuboxyd d. h. eine Verbindung von Eisenoxydul mit Eisen. Dass eine solche in Salpetersäure unauflöslich ist, ist nicht wunderbar da andere, durch Glühen entstandene Oxyde es oft auch sind, und es könnte seine schützende Wirkung so erklärt werden, dass es wie ein Firniss das darunter liegende auflösliche

Eisen bedeckte und dadurch die Einwirkung der Säure hemmte. Allein es verhält sich nicht so. Der Einfluss ist anderer Art und beruht auf einer Wechselwirkung, deren Grund man noch nicht hat erforschen können. Es ist nämlich gar nicht nöthig, dass die Uhrfeder auf ihrer ganzen Oberfläche blau angelaufen sei, es genügt schon, wenn diess nur theilweise der Fall ist, um sie dennoch ganz unauflöslich zu machen.

Diess beweist folgender Versuch. Es wurde das eine Ende einer Eisenstange von 16 Fuss Länge und 4 Linien Dicke bis zum Blauanlaufen geglüht und hierauf die Stange zur Gabel umgebogen. Beim Eintauchen des geglühten Endes in Salpetersäure von 1,35 Eigenschwere, zeigte sich dieses unauflöslich wie nach dem oben Angeführten zu erwarten ist, aber das ungeglühte Ende war es nun gleichfalls, wenn man es gleich darauf in dieselbe Säure tauchte. Diess ist gewiss sehr merkwürdig, da zwischen beiden Enden der Stange ein Zwischenraum von circa 16 Fuss liegt. Zum Gelingen dieses Versuchs gehört aber nothwendig dieses: das geglühte Ende muss zuerst in die Säure getaucht werden; macht man es umgekehrt und taucht das ungeglühte Ende zuerst ein, so beginnt dieses sich aufzulösen und dann schützt das Eintauchen des geglühten Endes nicht mehr. Auch ist es nöthig, dass beide Enden sich in derselben Säure befinden, denn stellt man zwei Gefässe mit Säure neben einander und taucht in jedes derselben ein Ende, so erfolgt die Auflösung des ungeglühten sogleich.

Eisenoxydul.

Das Eisenoxydul ist die erste Sauerstoffungsstufe des Eisens. Es ist nur mittelst des Sauerstoffs des Wassers bei Ausschluss der Luft rein von Oxyd zu erhalten. Diess geschieht, wenn man in einer eisernen Röhre Eisenfeile zum Glühen bringt und Wasserdampf darüber leitet. Das Wasser wird zerlegt: der Sauerstoff geht ans Eisen, und der Wasserstoff entweicht als Gas. Diess geschieht in einem solchen Verhältniss, dass

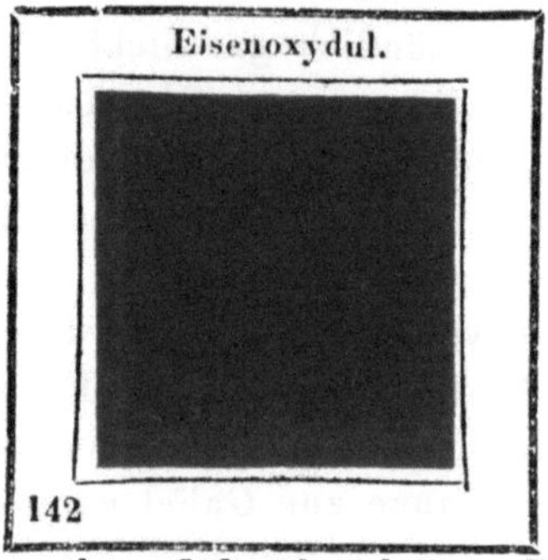

1 M.G. oder 27 Pfund Eisen

1 M.G. oder 9 Pfund Wasser zerlegen und daraus

1 M.G. oder 8 Pfund Sauerstoff

aufnehmen, um 35 Pfund oder ein M.G. Eisenoxydul zu bilden. So dass es also ein Einfach-Sauerstoffeisen ist und mit dem Zink- und Kadmiumoxyd und den Mangenoxydul ein gleiches Bestandtheilverhältniss hat.

Es löst sich langsam und bei abgehaltener Luft unverändert in Säuren auf. Wird zu einer solchen Auflösung eine Kali- oder Natronauflösung gemischt, so fällt das Oxydul wieder nieder, aber nicht mit der Farbe von № 142 sondern weiss gefärbt. Diess rührt daher, dass es jetzt in Verbindung mit Wasser getreten, also ein Hydrat ist.

Durch Kochen in einem verschlossenen Gefässe kann man dieses chemisch gebundene Wasser abscheiden und das Weiss geht alsdann in Schwarz über. Ist jedoch die Luft nicht ausgeschlossen, so entsteht Gelb, zum Beweise dass es sich in Eisenoxydhydrat verwandelt hat.

Eisenoxydulhydrat

143 und Lufteinwirkung.

Aus diesem Grunde ist es nun nicht möglich, das weisse Oxydulhydrat im trocknen Zustande zu erhalten, und ich bin auch selbst mit Hülfe einer Kautschukauflösung nicht im Stande gewesen, es aufs Zeug zu fixiren.

Diese kräftige Sauerstoffenziehung des Eisenoxydhydrats giebt den Eisenoxydulsalzen, besonders dem schwefelsauren Eisenoxydul ihren Werth. Es beruht darauf die Darstellung der kalten Küpe, das ist ein Gemenge aus Indig, Kalk und schwefelsaurem Eisenoxydul, welches nach dem Klären eine Auflösung des entfärbten Indigs in Wasser mit Hülfe des Kalks bildet. Die Entfärbung des Indigs geschieht hier durch Sauerstoffentziehung abseiten des Eisenoxydulhydrats, welches dadurch in Oxydhydrat № 143 übergeht.

Eisenoxydulsalze.

Das Eisenoxydul ist eine sehr starke Basis, welche die Säuren ebenso vollkommen neutralisirt, wie das Zinkoxyd und das Manganoxydul. Es sind hauptsächlich zwei seiner Salze, die von Bedeutung fürs gemeine Leben sind, das kohlensaure und schwefelsaure Eisenoxydul.

Die Oxydulsalze des Eisens entwickeln, in Berührung mit der lebendigen Haut, z. B. an den Fingern einen äussert unangenehmen Geruch, was die Eisenoxydsalze nicht thun. Mit Zinnoxydulsalzen ist es dasselbe. Andere sind mir nicht bekannt. Ich weiss keinen Grund dafür anzugeben und führe es nur an, um es an andere ähnliche Erfahrungen anzuknüpfen. So entwickeln Zinn und Eisen denselben Geruch, wenn man sie mit der Hand reibt. Diess beweist, dass sie mit der Säure der Handfeuchtigkeit Oxydulsalz bilden. Ferner bekommen Kupfer und Messing Geruch durch Handberühren, besonders aber wenn sich etwas Talg auf ihnen befindet. Daher bilden Talglichte mit messingenen Leuchtern die schlechteste Gemeinschaft.

In sauren Flüssigkeiten kann das Eisenoxydul schnell aufgefunden werden durch rothes Cyaneisenkalium. Es wird die dunkelblaue Verbindung № 186 niedergeschlagen. Gelbes Cyaneisenkalium fällt es mit weisser Farbe, die an der Luft in blau übergeht (№ 189). Chlorkalkauflösung färbt oder fällt eine Eisenoxydulsalzauflösung gelb № 143 S. 367, indem sie eben so wie die Luft wirkt.

Kohlensaures Eisenoxydul.

Die sogenannten Stahlwässer, deren Namen der Charlatanismus erfunden hat, um die stählende, soll heissen stärkende Kraft derselben hervorzuheben, enthalten Eisen als Bestandtheil. Es ist aber darin nicht als Stahl oder Kohlenstoffeisen, sondern als kohlensaures Eisenoxydul vorhanden und zwar aufgelöst durch einen Ueberschuss von Kohlsnsäure.

Diese Wässer werden auf Flaschen gezogen weit verschickt, es kommt demnoch darauf an, dass sie nichts an ihrem Eisengehalt einbüssen, was, wenn das Oxydul in Oxyd übergeht, stets geschieht. Es hat viel Mühe und Versuche gekostet, ehe man diess erreichte, weil schon ein Wenig atmosphärische Luft in der Flasche hinreicht, das Eisen zu fällen indem es sich in Oxydhydrat verwandelt, wie man an der entstehenden Trübung und dem gelben Niederschlag gewahr wird. Es war daher ein äusserst glücklicher Gedanke, der auch vollkommen dem Zweck entspricht, die Flasche vor dem Füllen mit dem Wasser, mit Kohlensäuregas zu füllen, so dass die hernach in der Flasche vorhandene Luft nur dieses Gas ist, also frei von allem Sauerstoff. Nun erfolgt keine Zersetzung.

Die neutrale Verbindung von Kohlensäure und Eisenoxydul kommt im Mineralreich vor in weissen Krystallen und heisst Eisenspat.

Mit Wasser verbunden lässt sie sich auch künstlich darstellen als weissen Niederschlag durch Zusammenmischung der Auflösungen von

1 M.G. oder 129 schwefelsaurem Eisenoxydul und
1 M.G. oder 143 kohlensaurem Natron

Auswaschen mit ausgekochtem kalten Wasser bei Ausschluss der Luft. Denn wenn diese Zutritt hat, entsteht Eisenoxyd und die Kohlensäure entweicht. (Vergl. № 143 S. 367.)

Das kohlensaure Eisenoxydulhydrat ist ein Arzneimittel, aber nach dem, was eben angegeben, schwer aufzuwahren und auch nicht in eine trockne Form zu bringen. Ein Zusatz von Zucker macht beides möglich und es wird somit dem Arzte in dieser Verbindung ein in vielen Fällen recht wirksames Arzneimittel geboten. Man setzt dem frisch gefällten dicken Brei so viel Zuckerpulver zu, dass ein steifer Teig entsteht (etwa auf ein 1 Pfund Brei 2 Pfund Zuckerpulver), den man schnell zur Trockne verdunstet und dann zu Pulver zerreiben kann. In Säuren geworfen entwickelt diess viel Kohlensäure, zum Beweise dass der Zucker die Zersetzung des kohlensauren Eisenoxyduls verhindert hat.

Schwefelsaures Eisenoxydul.

Ist das dem schwefelsauren Zinkoxyd (S. 35) und dem schwefelsauren Marganoxydul (S. 65) entsprechende Eisensalz, welches auch Eisenvitriol, grüner Vitriol und Kupferwasser genannt wird.

Seine Darstellung aus Eisen und Schwefelsäure beruht auf einer Zersetzung des Wassers. Denn die Schwefelsäure vermag nicht Eisen, sondern nur Sauerstoffeisen oder Eisenoxydul aufzulösen, und dieses entsteht durch die chemische Anforderung der Schwefelsäure an das Eisen, in deren Folge Wasser zerlegt wird. Daher geschieht nichts, wenn man Eisen mit wasserfreier Schwefelsäure zusammen bringt, indess es sich sogleich auslöst unter Entwicklung von Wasserstoffgas, wenn man Wasser hinzufügt.

Durch Auflösen eiserner Nägel in verdünnter Schwefelsäure erhält man reines Oxydulsalz in Krystallen, wenn man vor dem Krystallisiren noch etwas Säure zusetzt. Es ist mehr blau als grünlich und röthet nicht Lackmus. Geschieht letzteres, so ist daraus zu schliessen, dass es nicht rein oder mit Oxydsalz gemengt ist, oder dass es freie Säure enthält.

Nur wenn man altes, sonst unbrauchbares Gusseisen hat, bereitet man den Eisenvitriol auf direktem Wege im Grossen. Der meiste wird aus Schwefelkies № 168 gewonnen, wie diess daselbst angegeben ist.

Das gewöhnliche schwefelsaure Eisenoxydul krystallisirt sehr leicht und bildet alsdann ein Salz von hellgrüner Farbe, welches, wenn gut bereitet, völlig neutral ist, denn es besteht aus:

1 M.G. oder 35 Pfund Eisenoxydul
1 M.G. oder 40 Pfund Schwefelsäure
6 M.G. oder 54 Pfund Wasser

hat demnach 129 zum M.G.

Von den gebräuchlichen schwefelsauren Metallsalzen ist es am leichtesten auflöslich, denn

100 Pfund kryst. schwefelsaures Eisenoxydul lösen sich in
143 Pfund Wasser von 12° R. und in
30 Pfund Wasser von 80° R.

woraus folgt, dass die Auflösungen sehr stark eingekocht werden müssen, wenn sich das Salz durch Krystallisation abscheiden soll.

Kommt Eisen mit einer Auflösung von schwefelsaurem Kupferoxyd in Berührung, so entsteht ebenfalls schwefelsaures Eisenoxydul. Es erfolgt nämlich ein Austausch der beiden Metalle gegen einander, alles Uebrige bleibt sich gleich: in dem

Verhältniss wie das Eisen sich auflöst, wird Kupfer ausgeschieden und diess dauert so lange, bis endlich die Auflösung ganz frei von Kupfer ist, so dass sie nun nichts als Eisen enthält. Wärme beschleunigt diesen Prozess.

Auf diese Weise gewinnt man Kupfer im Grossen aus kupferhaltigem Eisenvitriol, welches man Cämentkupfer nennt. Die kupferfreie Auflösung wird auf Eisenvitriol versotten, welchen man daher früher auch Kupferwasser nannte.

Es ist also nicht nur äusserst leicht, einen Eisenvitriol kupferfrei zu machen, sondern auch zu bestimmen, wie viel dieser Kupfergehalt beträgt, wenn man das gefällte Kupfer abwäscht, gelinde trocknet und wägt.

Das Verhalten des Eisens zur Schwefelsäure bietet noch mehrere, der Beachtung des Technikers sehr werthe Thatsachen dar.

Verdünnte Schwefelsäure löst das Eisen, wie oben angeführt, mit Heftigkeit auf; hat man sie aber vorher mit schwefelsaurem Eisenoxydul, also mit demselben Salze, welches bei jenem Auflösen entsteht, gesättigt, so erfolgt keine. Derselbe Fall tritt ein, wenn concentrirte Schwefelsäure mit Eisen in Berührung gebracht wird. Besonders widersteht Gusseisen der Einwirkung der Säure, selbst bei Anwendung von Hitze; daher man sich beim sogenannten Affiniren zum Auflösen des Silbers in concentrirter Schwefelsäure mit grossem Vortheil gusseiserner Kessel bedient, anstatt der platinen.

Ein ganz reiner Eisenvitriol wird für technische Zwecke selten gefordert. Meistens genügt die Reinheit, welche der aus Gusseisen bereitete hat.

Da aber nur der wenigste eines solchen Ursprungs ist, so muss man beim Einkauf vorsichtig sein. Besonders geht diess den Blaufärber an, der ihn zur kalten Küpe braucht. Für ihn ist daher eine leichte chemische Prüfungsmethode wichtig.

Ein Gehalt an Kupfer und Zink ist der Blauküpe am nachtheiligsten. Auf diese ist also vorzugsweise das Augenmerk zu richten. Kupfer wird durch ein blankes Eisen, welches davon roth gefärbt wird, sehr leicht aufgefunden und ausgeschieden, wie es S. 340 angegeben ist.

Die Auffindung des Zinks macht mehr Umstände. Man erhitzt eine bestimmte Menge Eisenvitriol so lange mit Salpetersäure, bis alles Oxydul in Oxyd übergegangen ist, fügt dann Ammoniak im Ueberschuss hinzu, wodurch das Eisenoxyd vollständig gefällt, das etwa vorhandene Zinkoxyd dagegen aufgelöst wird. Dies letztere unterstützt man durch gelinde Wärme. Wenn sich das Eisenoxyd zu Boden gesetzt hat, scheidet man die Zinkoxydhaltige Auflösung davon durch Filtration, versetzt sie mit Chlorwasserstoffsäure im Ueberschuss und fällt nun das Zinkoxyd mit kohlensaurem Natron als kohlensaures Zinkoxyd № 3 S. 31.

Ein Alaungehalt des Eisenvitriols ist bestimmten Farbenüanzen sehr schädlich. So giebt eine damit bereitete Eisenbeize beim Ausfärben in Krapp kein reines Violett oder Lila, sondern mit Rothbraun vermischt, weil Krapp und Thonerde zusammen eine rothe Farbe geben. Zum Schwarzfärben mit Galläpfel taugt ein solcher Vitriol gleichfalls nicht. Die Farbe ist, anstatt rein schwarz zu sein, mit Grau und Braun untermischt.

Kommt es darauf an, das Dasein des Alauns chemisch nachzuweisen, so muss die Thonerde abgeschieden werden. Man kocht zu dem Ende den Vitriol mit Salpetersäure, bis alles Oxydul in Oxyd übergegangen ist, und giesst die Auflösung in eine warme Kaliauflösung, und lässt bei einem Ueberschuss an Kali einige Zeit gelinde Wärme einwirken. Das Kali löst nicht das Eisenoxyd, sondern nur die Thonerde auf, welche man also durch Filtration trennt. Nun fügt man Chlorwasserstoffsäure im Ueberschuss zur alkalischen Thonerdeauflösung hinzu und darauf Ammoniak. Dieses fällt die Thonerde und löst dieselbe auch bei einem Ueberschuss nicht auf. Wenn sich aber von diesem Niederschlag etwas auflöst, so deutet diess auf einen Gehalt an Zinkoxyd.

Fast alle Anwendungen des Eisenvitriols gründen sich auf die Oxydirbarkeit seines Oxyduls, oder man muss doch darauf gefasst sein, weil diess nie ausbleibt, wenn sich nur Gelegenheit dazu darbietet, wie ich durch einige Beispiele zeigen will.

Durch den Sauerstoff der Luft erleidet der Eisenvitriol Veränderungen, welche man kennen muss, um des Erfolgs seiner Anwendung gewiss zu sein. Seine hellblaugrüne Farbe geht nämlich bald ins schmutzig Grasgrüne und Gelblichgrüne über. Nun ist er nicht mehr reines schwefelsaures Eisenoxydul, sondern mit Oxydoxydul № 164 vermischt.

Dieser ist nun zum Ansetzen der kalten Küpe nicht mehr gut geeignet, und es ist bloss ein Vorurtheil mancher Färber, wenn sie gerade einen solchen Vitriol vorziehen. Beim Wollefärben und überhaupt da, wo er als Beize gebraucht wird, mögen sie recht haben, aber auch nur dann, wenn gleichzeitig Weinstein mit in Anwendung kommt, um das Niederschlagen des Eisenoxyds in Pulvergestalt zu verhindern.

Noch weiter gehen die Veränderungen, wenn gleichzeitig *Hitze* einwirkt. Wenn man Eisenvitriolkrystalle in verschlossenen Gefässen, die keine Luft zulassen, gelinde erhitzt, so erleiden sie keine andere Veränderung, als dass sie unter dem Verlust ihres Krysallwassers *weiss* werden. Von Neuem mit Wasser befeuchtet, entstehen dieselben Krystalle wie vorher.

Ganz anders ist es dagegen bei freiem Luftzutritt: er verwandelt sich in ein *gelbes Pulver*, indem das Oxydul in Oxyd übergeht. Man bewerkstelligt diess am Zweckmässigsten in einem flachen, gusseisernen Gefäss. Anfangs schmilzt der Vitriol in seinem Krystallwasser und je mehr diess abnimmt, desto mehr nimmt die gelbe Farbe zu. Man rührt zuletzt beständig und erhitzt so lange, bis sich saure Dämpfe zu entwickeln anfangen. Nun ist das Präparat fertig, welches man *bis zur Gelbe calzinirten Eisenvitriol* nennt.

Es ist aber eigentlich ein ganz anderes Salz, nämlich *schwefelsaures Eisenoxyd.* Diess zeigt sein Verhalten zum Wasser, wodurch es in zwei Theile zerfällt, in einen auflöslichen, der ein Eisenoxyd mit viel Schwefelsäure, und einen unauflöslichen, der

Basisch schwefelsaures

144 Eisenoxyd.

ein Eisenoxyd mit wenig Schwefelsäure ist. Der letztere heisst daher auch **basisch schwefelsaures Eisenoxyd** (№ 144).

Diese Veränderung des Eisenvitriols durch Calziniren in schwefelsaures Oxyd ist besonders für den Zeugdrucker wichtig, indem es die wohlfeilste Art ist, sich ein schwefelsaures Eisenoxyd zu verschaffen, das durch Bleizucker leicht in **essigsaures Eisenoxyd** umgewandelt wird. Man setzt der Auflösung des calzinirten Vitriols so viel Bleizucker zu, als man ursprünglich krystallisirten Eisenvitriol in Arbeit genommen.

Die Auflösung des calzinirten Eisenvitriols in Wasser erfolgt nur langsam, daher ist eine längere gegenseitige Berührung nöthig und man muss nicht zu sehr eilen, sonst bleibt das Beste im Rückstand.

Wird der calzinirte Eisenvitriol einer stärkeren Hitze, nämlich der Rothglut in einer Thonretorte ausgesetzt, so trennt sich die Schwefelsäure fast gänzlich von dem Eisenoxyd und sammelt sich in den Vorlagen als öhlartige Flüssigkeit, die unter dem Namen **nordhäuser Vitriolöhl** bekannt ist. Der Rückstand in der Retorte wird **Kolkothar** oder **caput mortuum vitrioli** genannt und ist im Handel zu sehr wohlfeilen Preisen zu haben. Er ist ein vollkommenes Eisenoxyd, das aber noch ein Wenig Schwefelsäure enthält.

Kolkothar oder

145 caput mortuum.

Diess Verhalten ist geschichtlich wichtig, da es zur Fortbildung der Chemie unendlich viel beigetragen. Denn es war, ehe man wusste, dass die Schwefelsäure ein **verbrannter Schwefel** ist, die einzige Methode, sich diese ganz unentbehrliche Säure zu verschaffen. Sie wurde vorzugsweise in Nordhausen betrieben, daher die bekannte Benennung für dieselbe: Nordhäuser Vitriolöhl.

Durch kohlensaure Alkalien wird das schwefelsaure Eisenoxydul vollständig zerlegt, wenn man z. B. Auflösungen von

1 M.G. oder 129 Pfund schwefelsaurem Eisenoxydul u.
1 M.G. oder 143 Pfund kohlensaurem Natron

zusammenmischt. Es fällt kohlensaures Eisenoxydulhydrat nieder und schwefelsaures Natron verbleibt in der Mutterlauge. Wendet man dasselbe Verhältniss von Natron, aber ohne Verbindung mit Kohlensäure an, so erhält man dieselbe Zerlegungsprodukte, nur mit dem Unterschied, dass jetzt der Niederschlag keine Kohlensäure enthält und blosses Eisenoxydulhydrat ist. Beide Niederschläge gehen durch Lufteinwirkung in Eisenoxydhydrat № 143 S. 367 über.

Kohlensaurer Kalk zerlegt diess Salz nur sehr unvollkommen; reiner dagegen, in Breiform mit Wasser gelöscht, vollständig. Es bildet sich schwefelsaurer Kalk oder Gyps und Eisenoxydulhydrat. Diess geht aber durch Oxydoxydul bald in Oxydhydrat über. Daher

129 Eisenvitriol.

146 28½ Kalk.

wird das Anfangs weisse Gemisch bald grau, grün und endlich gelbbraun wie № 146. Dieses hat nicht die Farbe des Eisenoxydrats № 143, weil es hier mit Gyps vermengt, also durch die weisse Farbe desselben verdünnt ist.

Wenn man anstatt Kalkbrei Kalkwasser zum Zerlegen des Eisensalzes, welches in sehr viel Wasser aufgelöst ist, anwendet, so erhält man den Farbenton von № 146 sehr verdünnt und daher anwendbar um feinen Papieren eine angenehme Chamoisfarbe zu geben. Es wird zu dem Ende das fertige Ganzzeug mit einer Auflösung von Eisenvitriol gemengt und dann klares Kalkwasser hinzugesetzt, bis die Zerlegung geschehen ist.

Eisenoxydhydrat

147 sehr verdünnt.

Da bei dieser Art von Färbung möglichste Gleichförmigkeit die Hauptsache ist, die das Eisenoxydulsalz nicht gewährt, so ist es besser, den Eisenvitriol vorher bis zur Gelbe zu rösten und die klare Auflösung desselben mit dem Ganzzeug zu mengen und durchs Kalkwasser zu zerlegen. Hiebei ist zu merken, dass auf

2 Pfund gerösteten Eisenvitriol
753 Pfund Kalkwasser

zur vollständigen Zerlegung nöthig sind, denn diese enthalten nur 1 Pfund Kalk.

Der Eisenvitriol ist ein sehr nützliches Salz. Es giebt keins, mit welchem die Mehrzahl der civilisirten Menschen so häufig verkehrt, als dieses; denn es macht den Hauptbestandtheil der Dinte aus, die aus Eisenvitriol und Galläpfeln bereitet wird. Die Galläpfel enthalten zwei Säuren, die mit dem Eisenoxyd zwei blauschwarz gefärbte Verbindungen bilden, die man Gallussaures und Gerbsaures Eisenoxyd nennt. Sie entstehen, wenn man einen wässerigen Auszug der Galläpfel mit einer Auflösung von Eisenvitriol vermischt. Anfangs ist das Gemisch nur wenig gefärbt und das damit Geschriebene blass, weil es noch Eisenoxydul enthält. Geht diess aber durch den Einfluss der Luft in Oxyd über, so erscheint eine blauschwarze Farbe.

Man könnte zur Bereitung der Dinte, gleich von Vorne herein ein Eisenoxydsalz z. B. schwefelsaures Eisenoxyd nehmen. Sie erhält alsdann auf der Stelle ihre vollkommene Schwärze, allein es ist damit der Uebelstand verbunden, dass sie sehr an ihren sogenannten Fliessbarkeit verliert. Es bildet sich nämlich in einer solchen Dinte sehr leicht ein starker Bodensatz, was bei Anwendung von Eisenvitriol nicht so der Fall ist.

Hienach wäre eine dnnkelschwarze Flüssigkeit ohne alles Pulverige oder Bodensatz die vollkommenste Dinte, deren Darstellung aber wohl schwerlich ganz gelingen wird. Denn alle tiefschwarzen Farben, welche wir besitzen, sind entweder im Wasser unauflöslich oder verändern ihre Farbe, wenn sie es nicht sind. Am nächsten käme man diesen Forderungen durch Gallussaures Eisenoxyd, welches sich durch Vermischen von Gallussäure mit Eisenvitriolauflösung unter Lufteinwirkung bildet. Diese Verbinbindung lässt keinen solchen Bodensatz fallen, wie gewöhnliche Dinte, weil die Gerbsäure oder derjenige Bestandtheil der Galläpfel, welcher den Leim fällt, dieses bodensatzbildende ist. Die Gallussäure dagegen fällt nicht den Leim und auch nur sehr unvollkommen das Eisenoxyd.

Gallussaures
148 Eisenoxyd.

Es kommt also nun darauf an, die Gallussäure auf eine wohlfeile Weise darzustellen. Diess geschieht dadurch, dass man der Gerbsäure der Galläpfel Gelegenheit giebt, sich mit Sauerstoff zu verbinden, wodurch sie sich in Gallussäure verwandelt. Am besten geschieht diess, wenn man z. B.

4 Pfund Galläpfelpulver mit
32 Pfund kochendem Wasser

übergiesst, 2 Tage unter öftern Umrühren stehen lässt, nun durchseiht und den Rückstand auspresst. Dieser Galläpfelaufguss wird nun 2 Monat in einem leicht bedeckten hölzernen Gefäss an einem mässig warmen Ort sich selbst überlassen, wo er unter Bildung von Schimmel in eine Art Gährung geräth. Nach Verlauf dieser Zeit hat sich nun so viel Gallussäure gebildet, dass man durch Zusatz von

2 Pfund Eisenvitriol und
1 Pfund Gummi

(die in so viel Wasser aufgelöst werden, dass das Ganze 22 Pfund beträgt), eine sehr schöne Dinte erhält. Ehe man jedoch diesen Zusatz macht, wird der Schimmel abgenommen, aber der Bodensatz, welcher sich gebildet hat, muss mit zur Dinte kommen, weil er viel Gallussäure enthält, die sich in Krystallen abgeschieden hat.

Eine so dargestellte Dinte schimmelt nicht, weil das Schimmelbildende schon durch die vorhergegangene Gährung entfernt ist.

Durch die Länge der Zeit wird diese Verbindung zerstört, sie verbleicht und oft zeigen sich nur schwache Spuren einer frühern Schrift durch einen übrig gebliebenen gelblichen Schimmer. Dieser rührt von dem Eisenoxyd her, welches auf dem Papier zurück geblieben ist und womit von Neuem wieder Dinte gebildet und folglich die Schrift wieder hergestellt werden kann, wenn man sie wieder mit einer Auflösung der Gerbsäure der Galläpfel in Berührung bringt.

Soll dieselbe aber eine möglichst schnelle und sichere Wirkung hervorbringen, so muss sie mit Essigsäure vermischt angewendet werden und zwar in dem Verhältniss von

1 Loth trockner Gerbsäure,
96 Loth destillirtem Essig und
100 Loth Wasser.

In diese Auflösung wird die wiederherzustellende Handschrift (wenn sie mit einer eisenhaltigen Dinte geschrieben war) gelegt, aber nicht, wie man es gewöhnlich in ähnlichen Fällen zu empfehlen pflegt, damit überstrichen. Denn meistens sind unleserlich gewordene Handschriften so voll Schmutz etc., dass die Flüssigkeit längere Zeit einwirken muss, um gehörig einzudringen und ihre Wirkung zu thun. Ist die Schrift endlich leserlich geworden, so legt man die Handschriften in ein Gefäss mit reinem Wasser, um die überflüssige essigsaure Gerbsäure auszuwaschen, und trocknet sie zwischen Fliesspapier.

Handschriften von Papier müssen getrennt, Blatt für Blatt behandelt und wegen des leichten Zerreissens auf einer Glasplatte liegend in die Flüssigkeit und aus derselben gebracht werden.

Ueberhaupt erfordert diese Behandlungsart einige Uebung, die man sich leicht durch vorläufige Versuche mit einer werthlosen, künstlich mit Chlorkalk gebleichten oder mit blosser Eisenvitriolauflösung geschriebenen Handschrift verschaffen kann.

Der von Manchen statt der Galläpfel-Gerbsäure empfohlene Galläpfelabsud taugt wegen seiner dunkeln Farbe nicht und die Gallussäure kommt zu theuer zu stehen, hat auch keine Vorzüge vor der weissen Gerbsäure.

Man stellt diese Gerbsäure dar, indem man Galläpfelpulver mit Aether extrahirt und den Aether durch Destillation wieder gewinnt; was zurück bleibt, ist die Gerbsäure.

Mit schwefelsaurem Eisenoxydul verbindet sich sowohl die Holz- als Thierkohle. Sind daher andere Salzauflösungen z. E. schwefelsaure Zinkoxydauflösung damit verunreinigt, so genügt ein Kochen mit Kohlenpulver. Diess passt aber nur für Arbeiten im Kleinen, z. B. für Apotheker, wo man durch Papier filtriren kann. Im Grossen, wo an ein Filtriren nie zu denken ist, begleitet die Anwendung der Kohle der grosse Uebelstand, dass die Flüssigkeit sich sehr schwierig klärt und man mit Kohlenpulver verunreinigte Produkte erhält.

Alle Eisensalze haben eine fäulnisswidrige Kraft; besonders dient der Eisenvitriol, als das wohlfeilste, dazu, Holz vor Moder, Schwamm und dergleichen zu bewahren. Es wird mit der Auflösung möglichst durchdrungen. Dieses Mittel ist durchaus unschädlich und verdient allen jenen vorgezogen zu werden, die man ohne Rücksicht auf die Folgen oft so leichtsinnig anpreisst wie Arsenik, Sublimat etc.

Der Geschmack des Eisenvitriols ist sehr zusammenziehend. Bestreut man Blutegel, Schnekken und dergleichen Thiere damit, so krümmen sie sich, ballen sich zusammen und sterben oft unter heftigen Zuckungen, wie z. B. bei der Ackerschnecke der Fall ist.

Da nun Eisenvitriol in kleiner Menge den Pflanzen mehr nützlich als schädlich ist, so bietet er ein sehr sicheres Mittel dar, den Acker von diesen Thieren zu befreien. 30 Pfund Eisenvitriol sind für einen Morgen hinlänglich. Man pülvert ihn und mischt ihn mit trockner Erde oder Sand, um möglichst gleichförmig ausgestreut werden zu können. Das Ausstreuen geschieht am besten vor oder nach Sonnenauf- oder -untergang und zwar bei feuchter Witterung, weil die Schnecken alsdann aus ihren Schlupfwinkeln hervorkommen.

Eisen und Salpetersäure.

Das Verhalten des Eisens zur Salpetersäure ist äusserst merkwürdig und ein genaues Studium desselben kann für die chemische Technik besonders wichtig werden.

Eine sehr starke Säure, z. B. von 1,490 Eigenschwere und eine schwache, z. B. von 1,010 Eigenschwere haben ein ganz entgegengesetztes Verhalten zum Eisen. Die starke löst keine Sorte von Eisen auf, die schwache dagegen eine jede ohne Ausnahme. Nur wenn man zugleich Siedhitze anwendet, wirkt auch die starke Säure auflösend.

Es muss hiebei eine eigenthümliche, bis jetzt noch nicht erforschte Veränderung auf der Oberfläche des Eisens vor sich gehen; denn schon das blosse Befeuchten eines Stückes Eisen mit starker Salpetersäure ist hinreichend, es nun auch unauflöslich in schwacher zu machen. Dagegen wird diese schützende Wirkung sogleich aufgehoben, wenn man das Eisen vor dem Eintauchen in die schwache Säure abwischt oder in Wasser abspült.

Bei der Wohlfeilheit der Salpetersäure, wodurch ihre Anwendung im Grossen häufiger wird, ist man wegen passender Gefässe stets in Verlegenheit, da nur Glas- oder Thongefässe bisher gebraucht werden konnten. Die eben erwähnten Erfahrungen gestatten nun auch die Anwendung des Eisens. Es muss aber hiebei mit grosser Umsicht verfahren werden, da das Eisen, unter mehreren Umständen, aus dem Zustande seiner Unangreifbarkeit durch die Säure in den entgegengesetzten übergeht.

Diess ist z. B. der Fall, wenn man in ein Gefäss von Eisen, welches durch Befeuchten mit starker Säure unauflöslich gemacht worden, schwache Säure giesst. Auch diese wirkt nun nicht darauf, aber es geschieht sogleich, wenn man ein Stück Zink hineinwirft. Sobald dieses nämlich anfängt, sich in der Salpetersäure aufzulösen, geschieht, wie durch Ansteckung, dasselbe mit dem eisernen Gefäss. Kupfer, so wie jedes Metall, welches sich in dieser schwachen Säure auflöst, wirkt auf gleiche Weise.

Salpetersaures Eisenoxydul wird von allen Eisensalzen am schnellsten und leichtesten durch Zink zerlegt, wenn dieses, in Quecksilber aufgelöst, damit in Berührung kommt. Man kann sich diess durch folgenden Versuch veranschaulichen.

Man übergiesst Quecksilber (in welchem nur so viel Zink aufgelöst ist, dass es seine Flüssigkeit behält) mit einer Auflösung von Einfach-Chloreisen. Die Quecksilberfläche bleibt blank, zum Beweise dass das Zink im Quecksilber nicht auf das Eisensalz wirkt. Diess geschieht aber sogleich, wenn man ein Körnchen salpetersaures Kali auf das Quecksilber wirft. Es entsteht ein schwarzer Fleck von reduzirtem Eisen, der mit der Menge des angewandten salpetersauren Salzes in Verhältniss steht. Dieses hat nämlich einen Theil Chloreisen zerlegt, wodurch salpetersaures Eisenoxydul entstanden ist, aus dem sogleich bei seiner Entstehung das Zink das Eisen abgeschieden hat.

Es kann diess als ein Reagens auf salpetersaure Salze benutzt werden, wenn wegen ihrer geringen Menge andere Prüfungsmittel nicht zulässig sind. Zu merken ist aber, dass chlorsaures Kali sich ebenso verhält.

Stellt man eine Zinkstange in eine starke Auflösung von schwefelsaurem Eisenoxydul, so erfolgt auch nach mehreren Tagen keine Reduktion des Eisens. Hat man aber salpetersaures Kali oder Natron darin aufgelöst, so überzieht sich das blanke Zink bald mit einer schwarzgrünen Kruste von reduzirtem Eisen zum Beweis, dass das salpetersaure Eisenoxydul, welches durch den Zusatz des salpetersauren Salzes gebildet worden, vom Zink zerlegt wird.

Eisenoxyd.

Man kennt kein Zweifach-Sauerstoffeisen, welches dem Zweifach-Sauerstoffmangan oder Manganhyperoxyd № 23 S. 69 entsprechend wäre. Was man Eisenoxyd nennt, gleicht in seiner Zusammensetzung dem Chromoxyd № 53 S. 126, dem schwarzen Manganoxyd № 30 S. 85, dem Antimonoxyd № 97 S. 200 und der arsenigen Säure № 122 S. 267, und muss demnach Anderthalb-Sauerstoffeisen genannt werden, indem es aus

2 M.G. oder 54 Pfund Eisen und
3 M.G. oder 24 Pfund Sauerstoff

besteht und die Zahl 78 zum M.G. hat.

Da es ein Zweifach-Schwefeleisen giebt (№ 168), so ist es höchst wahrscheinlich, dass man auch noch ein Zweifach-Sauerstoffeisen entdecken wird, und dieses muss, wenn auch noch unerwiesen, als ein Bestandtheil des Eisenoxyds betrachtet werden. Daher sind auch

2 M.G. oder 70 Pfund Eisenoxydul nöthig, um durch Aufnahme von
1 M.G. oder 8 Pfund Sauerstoff
1 M.G. oder 78 Pfund Eisenoxyd

zu bilden. Hiebei bleibt also 1 M.G. Eisenoxydul unverändert, das andere dagegen nimmt 1 M.G. Sauerstoff auf und beide vereinigen sich und zwar so innig, dass bis jetzt noch kein Mittel zu ihrer Trennung aufgefunden ist, die bei dem ebenso zusammengesetzten Manganoxyd № 30 S. 85 schon durch Behandeln mit Salpetersäure möglich ist.

Das Eisenoxyd hat eine bräunlichrothe Farbe, die jedoch je nach der Darstellungsweise in den Nüanzen abweichend ist, ohne dass davon eine wirkliche chemische Verschiedenheit die Ursache wäre. Ich stelle hier drei nebeneinander.

Eisenoxyd aus:

Basisch-schwefels.

149 Eisenoxyd.

Schwefelsaurem

150 Eisenoxyd.

Salpetersaurem

Eisenoxyd. 151

Diese drei Oxyde sind durch Glühen der genannten Salze erhalten und machen es anschaulich, wie es möglich ist, dass im Handel so viel verschiedene Sorten von Eisenfarben vorkommen können. № 149 stimmt am meisten mit dem Englisch Roth überein, welches bei der Zerlegung eines Gemenges von Eisenvitriol und Kochsalz in einem Flammenofen erzeugt wird. № 150 ist das Caput mortuum der alten Chemiker, welches auch noch heut in grosser Menge beim Glühen des gerösteten Eisenvitriols, Behufs der Vitriolöhlgewinnung, als Rückstand in den Retorten erhalten wird.

Eine genügende Erklärung dieser Verschiedenheiten ist schwer zu geben. Sie werden wohl ihren Grund in der Krystallform der kleinsten Theile haben, die besonders durch Hitze veränderlich zu sein scheint. Beim Chromoxyd S. 126 sind unter № 53 und № 54 ganz ähnliche Verschiedenheiten bei unveränderter chemischer Zusammensetzung angeführt, und beide Oxyde stimmen auch noch ausserdem sehr mit einander überein. So zeigt das Eisenoxydhydrat oft beim Erhitzen dasselbe Verglimmen, wie es S. 130 beim Chromoxydhydrat beschrieben ist.

Da bei den hier aufgeführten drei Eisenoxyden drei verschiedene Salze zerlegt werden, so kann der Grund ihrer Farbenverschiedenheit auch ein rein mechanischer sein. Man kann sagen, dass zwischen den kleinsten Theilen desjenigen Eisenoxyds, von welchem die Salpetersäure durch Hitze vertrieben (№ 151), andere Räume offen bleiben müssen, als bei dem, welches unter gleichen

Umständen der mit ihm verbundenen *Schwefelsäure* beraubt wurde. Wir kommen also hier wieder auf die mehr oder minder feine Zertheilung zurück und können diess sehr wohl in Verbindung setzen mit der Verschiedenheit von Wismuth- und Antimonpulver, je nachdem es durch Reibung oder Fällung dargestellt worden (S. 165 und S. 193).

Im Mineralreich kommt Eisenoxyd vor, welches *Blutstein* heisst.

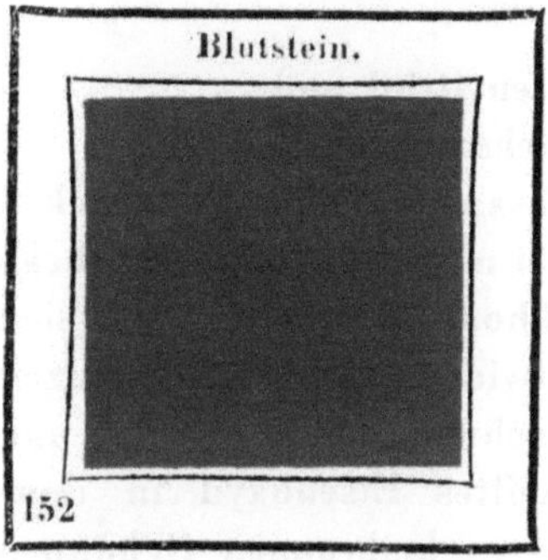

Es besitzt eine braunrothe Farbe und färbt stark ab, dient daher zur Darstellung der rothen Kreide oder des *Röthels*. Man mischt

20 Loth Blutstein mit
1 Loth Gummi,

welches vorher in wenig Wasser vollkommen aufgelöst worden, und formt aus dem Teige die Röthelstifte. Mehr Gummi als die angegebene Menge macht die Stifte zu hart. Ein Zusatz von $\frac{1}{4}$ Loth Seife macht die Schrift haltbarer, ertheilt ihr jedoch eine bräunliche Farbe.

Die verschiedenen Eisenoxyde dienen in manchen Gegenden ganz allgemein zum Häuseranstrich, besonders auf Holz. Es wird behauptet, dass es das Holz vor der Verwesung bewahre. Fäulnisswidrig ist diese Substanz allerdings; allein es ist nicht einzusehen, wie es mit Oehl vermischt anders wirken soll, als andere Malerfarben, indem dabei das Oehl die Hauptsache ist. Ein Anderes wäre es, wenn man das Oxyd oder sein Hydrat ohne ein Zwischenmittel mit dem Holz in innigste Berührung brächte. Diess könnte dadurch geschehen, dass man das Holz in einer Auflösung von schwefelsaurem Eisenoxydul einweichte und es nach dem Trocknen mit dünner Kalkmilch bestriche. Gewiss wird diess von grosser Wirkung sein.

Einer Darstellungsweise des Eisenoxyds muss ich ihrer Anwendung wegen noch erwähnen. Man erhitzt ein Gemenge aus

1 Pfund Eisenvitriol und
2 Pfund Kochsalz

in einem gusseisernen Gefäss so lange bis alles trocken geworden. Hierauf pulvert man die grösseren Stücke und glüht sie in einem Thontiegel so lange, als sich noch saure Dämpfe entwickeln. Beim Auslaugen mit Wasser erhält man schwefelsaures Natron und ein äusserst fein zertheiltes Eisenoxyd in dunkelbraunen Schuppen bleibt zurück. Es eignet sich vor allen bis dahin bekannt gewordenen am besten zum Polir- oder Wetzpulver für Rasirmesser und andere Instrumente. Es wird mit Baumöhl auf den Streichriemen gestrichen.

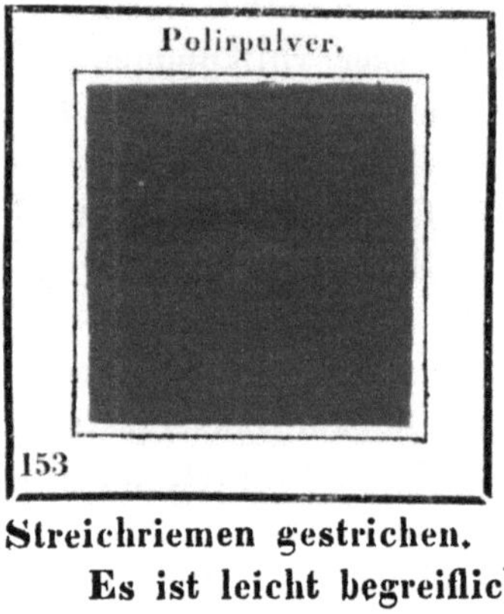

Es ist leicht begreiflich, dass dieses Oxyd von den unter № 149, № 150, № 151 S. 387 aufgeführten hinsichtlich der Struktur seiner kleinsten Theile verschieden ist. Wenn bei diesen Oxyden die Säure entweicht, so treten die kleinsten

Theile näher zusammen, sie erleiden das, was man in einem höhern Grade Zusammensintern nennt. Diess kann nun hier bei № 153 gar nicht eintreten, weil das schwefelsaure Natron nebst dem unzersetzt bleibenden Kochsalz die Eisenoxydtheilchen aus einander hält und sie vielleicht gerade dadurch eine Form annehmen, die sie zum Schärfen des Stahls geschickt macht.

Schon als einen Bestandtheil der Eisenerze und des Eisenrostes № 140 S. 351 haben wir das Eisenoxyd kennen gelernt, das aus jedem auflöslichen Eisenoxydulsalze mit Leichtigkeit darzustellen ist, weil das Oxydul № 142 S. 367 bei einer längern Einwirkung des Sauerstoffs stets in dieses Oxyd übergeht.

Bei einer chemischen Analyse oder bei Ermittlung des Eisengehalts eines bestimmten Eisensalzes stellt man das Eisenoxyd stets auf nassem Wege dar, indem man es aus der Auflösung durch Ammoniak fällt. Nach dem Auswaschen und Trocknen wird es geglüht und sein Gewicht bestimmt, hiernach wird dann der Eisengehalt berechnet, indem (nach S. 386).

78 Gran Eisenoxyd
54 Gran Eisen

anzeigen.

Behufs des Glühens braucht das Eisenoxydhydrat nicht vom Filter herunter genommen zu werden, wie man bei andern Oxyden thun muss, damit die Papierkohle nicht reduzirend wirke. Man thut es vielmehr mit dem Filter in den genau gewogenen Platintiegel und hat nur dafür zu sorgen, dass zu

Ende des Glühprozesses die Luft gehörig Zutritt hat, um die Papierkohle zu verbrennen.

Enthält das zu untersuchende Eisensalz Oxydul oder Oxydoxydul, so gehen diese zwar nach dem Fällen mit Ammoniak in Oxyd über; allein es ist besser, diese durch Kochen mit Königswasser schon vorher darin zu verwandeln, weil alsdann die Fällung vollständiger geschieht und das Filtriren leichter ist.

Beim Glühen über der Weingeistlampe wird das Eisenoxyd nicht zersetzt. In starker Hitze geschieht es aber. Es entwickelt sich Sauerstoffgas und Eisenoxydoxydul № 161 bleibt zurück. Diese Thatsache zeigt, dass man in einen Irrthum verfallen kann, wenn man die Güte des Braunsteins durch Glühen erproben und nach der Menge Sauerstoff beurtheilen will, welche man dabei erhält. Jeder Braunstein, welcher Handelswaare ist, enthält Eisenoxyd, welches, wie gesagt, beim Glühen Sauerstoff ausgiebt, aber nichts zur Chlorbildung beiträgt.

Aus gleichen Gründen der Zersetzbarkeit des Eisenoxyds in hoher Temperatur, erhält man beim Verbrennen des Eisens in Sauerstoffgas kein Eisenoxyd, sondern gleichfalls Oxydoxydul.

Eisenoxydhydrat.

Findet sich im Mineralreich und führt den Namen Brauneisenstein. Es enthält auf

2 M.G. oder 156 Pfund Eisenoxyd:
3 M.G. oder 27 Pfund Wasser,

welches durch Glühhitze abgeschieden werden kann. Ausserdem kommt es als Hauptbestandtheil im Thoneisenstein, dem Wiesenerze und dem

Ockerarten vor. Künstlich wird es durch Fällung des schwefelsauren Eisenoxyduls mit überschüssigem Ammoniak dargestellt. Es erscheint alsdann als ein sehr aufgequollener braunrother Niederschlag, der nach dem Auswaschen zu einer harten glasigen Masse eintrocknet und das Pulver № 154 giebt.

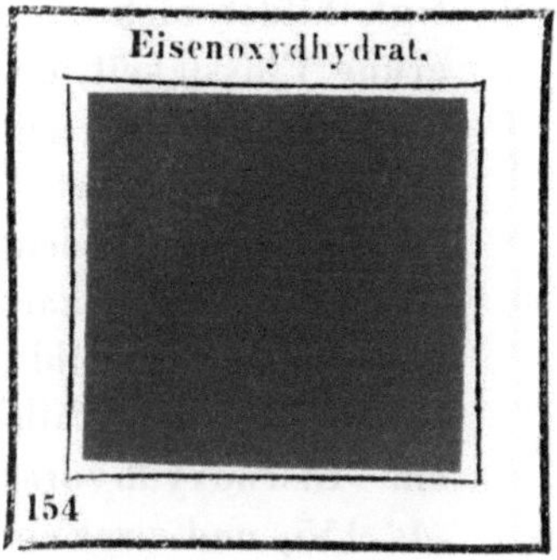

Eisenoxydhydrat.

154

Dieses künstliche Eisenoxydhydrat ist nicht rein, es enthält Ammoniak, welches ihm nicht durch Auswaschen entzogen werden kann. Es rührt von dem angewandten Ueberschuss her, der jedoch nöthig ist, um alle Schwefelsäure von dem Oxydhydrat zu trennen; im entgegengesetzten Fall würde man basisch-schwefelsaures Eisenoxyd № 144 S. 375 erhalten.

Man bekommt es häufig bei chemischen Analysen und es wird durch Glühen zu reinem Eisenoxyd, weil Wasser und Ammoniak davon gehen.

Da das Eisenoxydhydrat durch sein Verhalten zur arsenigen Säure (vrgl. S. 284) zu einem äusserst wichtigen Arzneimittel geworden ist, so fragt es sich, welches den Vorzug verdient, das ammoniakhaltige oder das säurehaltige? Ich glaube für ersteres stimmen zu müssen, schon um deswillen, weil es leichter frei von Kupfer zu erhalten ist, indem diess von dem überschüssigen Ammoniak aufgelöst und ausgewaschen wird.

(Es ist hier noch nachzutragen, dass es, um der Wirkung gewiss zu sein, mit schwachem Essig angeruhrt gegeben werden muss, weil im Fall die arsenige Säure an eine Basis gebunden ware, das blosse Eisenoxyd nichts helfen wurde.)

Wenn man blankes Eisen in Kochsalzauflösung legt, bildet sich eine grüne Flüssigkeit, die bei Luftberührung ein gelbes Pulver absetzt, welches sich nach dem Trocknen sehr zart und locker anfühlt. Es ist diess ebenfalls ein Eisenoxydhydrat № 155, und zwar ein sehr reines, da es, in Salpetersäure aufgelöst mit salpetersaurem Silberoxyd keinen Niederschlag giebt, zum Beweise dass es vom Kochsalz kein Chlor aufgenommen hat. Seine Farbe ist merklich von № 154 verschieden.

Eisenoxydsalze.

Von den bis jetzt abgehandelten Anderthalb-Sauerstoffmetallen ist das Chromoxyd dem Eisenoxyd am ähnlichsten, besonders dadurch, dass sie sich beide meistens wie Basen verhalten und mit den Säuren neutrale Salze bilden. Daher ist auch die Säuremenge, welche sie zu sättigen vermögen, entsprechend, und beträgt bei beiden 3 M.G., so dass also zum Sättigen von

1 M.G. oder 78 Pfund Eisenoxyd
3 M.G. oder 120 Pf. Schwefelsäure

nöthig sind, um 1 M.G. oder 198 schwefelsaures Eisenoxyd zu bilden.

Der Grund für die Nothwendigkeit einer so grossen Menge Säure, um das Eisenoxyd zu sättigen, ist in seiner Zusammensetzung zu suchen. Es sind nach S. 386 enthalten, in

1 M.G. oder 78 Pfund Eisenoxyd:

2 M.G. oder 70 Pfund Eisenoxydul, die

2 M.G. oder 80 Pfund Schwefelsäure

zur Sättigung erfordern. Jetzt bleibt nun noch 1 M.G. Säure übrig, welches scheinbar unnöthig ist. Allein es findet sogleich seinen Platz, wenn man bedenkt, dass das 1 M. G. Eisenoxydul 1 M. G. Sauerstoff mehr enthält, als das andere, also ein Hyperoxyd ist, welches, weil es 2 M.G. Sauerstoff enthält, auch 2 M.G. Säure zur Sättigung bedarf.

Hienach muss man in den neutralen Eisenoxydsalzen stets 3 M.G. Säure vermuthen, es mag diess nun Schwefelsäure, Salpetersäure oder eine andere Säure sein.

Auch folgt hieraus, dass, wenn ein Eisenoxydulsalz in ein Eisenoxydsalz umgewandelt werden soll, man, um ein auflösliches, neutrales Salz zu erhalten stets genöthig ist

2 M.G. Eisenoxydulsalz

1 M.G. Säure

zuzusetzen. Im entgegengesetzten Fall bleibt so viel Eisenoxyd unverbunden oder unaufgelöst, als 1 M.G. Säure entsprechend ist.

Schwefelsaures Eisenoxyd.

Nach dem eben Angeführten werden zur Darstellung dieses Salzes

78 Pfund Eisenoxyd und

147 Pfund gew. Schwefelsäure*)

---

*) Anm. Es ist hiermit die gewöhnliche Schwefelsäure

erfordert; die man in einem gusseisernen Gefässe mengt, wobei schon Erwärmung eintritt und dann so lange unter Umrühren erhitzt, bis keine Wasserdämpfe mehr entweichen und das Salz ganz trocken geworden ist, welches dann 198 Pfund betragen muss. Da man sich hiezu am vortheilhaftesten eines unreinen Eisenoxyds z. B. des Englisch Roths oder des Caput mortuums № 145 S. 376 bedient, so muss man dieses im Ueberschuss anwenden, um keine Schwefelsäure umsonst verdunsten zu lassen.

Wegen der grossen Menge Schwefelsäure kommt dieses Salz dem Färber aber immer noch zu theuer und es liegt sehr nahe, das schon S. 375 erwähnte Verhalten des Eisenvitriols in der Hitze bei seiner Darstellung zu benutzen. Man röstet demnach

2 M.G. oder 258 Pfund Eisenvitriol, bis er gelb ist, und setzt
1 M.G. oder 49 Pfund Schwefelsäure

hinzu, und erhitzt damit so lange, bis diese ihr Wasser verloren und das Ganze sich in ein grauweisses Salz verwandelt hat.

Wenn dieses Salz gut bereitet ist, muss es beim Auflösen im Wasser nur sehr wenig oder gar keinen Rückstand lassen. Die Auflösung geht aber sehr langsam von Statten und man muss sich Zeit lassen, da sie endlich doch ganz erfolgt. Am besten ist, das Salz erst mit wenig Wasser zu Brei anzurühren und wenn dieser zu gestehen anfängt, nach und nach immer mehr Wasser zuzusetzen.

---

gemeint, die auf 40 Pf. 9 Pf. Wasser enthält; so dass also 147 Pfund derselben 120 Pfund wasserfreier Säure gleich zu setzen sind (Vergl. S. 391).

Lässt man einige Tropfen einer sehr starken Auflösung des schwefelsauren Eisenoxyds in concentrirte Schwefelsäure fallen, so sieht man weisse Fäden entstehen, wie von geronnenem Eiweiss. Sie setzen sich bald zu Boden und bilden eine weisse Salzkruste, die wasserfreies schwefelsaures Eisenoxyd ist. Das Salz ist also in Schwefelsäure unauflöslich, eine sehr gute Eigenschaft, da es sonst sehr schwierig sein würde, die Schwefelsäure im Grossen eisenfrei zu erhalten. Nicht selten findet man daher am Boden der Säureballons dieses Salz.

Man sollte glauben, dass das schwefelsaure Eisenoxyd durch Kochen mit Eisen in schwefelsaures Eisenoxydul zurück verwandelt werden könne, indem das Eisen dem Oxyd Sauerstoff entzöge und beide zu Oxydul würden. Dies geschieht nicht. Es entsteht zwar nach langem Kochen etwas Eisenoxydulsalz, indem sich von Neuem Eisen in der Säure auflöst, aber unter Ausscheidung von basisch-schwefelsauren Eisenoxydhydrat № 156. Dasselbe erfolgt, wenn man die Auflösung dieses Salzes mit Eisenoxydulhydrat kocht, womit erwiesen ist, dass das Eisenoxydul die Säure stärker anzieht, als das Oxyd, daher es dieses verdrängt und abscheidet.

Basisch-schwefelsaures

156 Eisenoxydhydrat.

Das schwefelsaure Eisenoxyd ist von den Fär-

bern noch nicht gekannt, da sie sich mit dem calzinirten Eisenvitriol behelfen, der auch im Grunde beim Auflösen in Wasser dasselbe Salz giebt, mit Hinterlassung von Eisenoxyd. Es verdient aber sehr ein Handelsartikel zu werden, indem man daraus mit Hülfe von Baryt- und Bleisalzen durch wohlverwandschaftliche Zersetzung sich jedes andere Eisenoxydsalz im möglichst neutralen Zustande darstellen kann. Nicht zuvergessen ist hiebei aber, dass 1 M.G. 3 M.G. Schwefelsäure enthält man also z. B. auf
1 M.G. oder 198 Pfund schwefelsaures Eisenoxyd:
3 M.G. oder 498 Pfund salpetersaures Bleioxyd,
3 M.G. oder 570 Pfund essigsaures Bleioxyd und
3 M.G. oder 366 Pfund Chlorbarium
anzuwenden hat, um salpetersaures und essigsaures Eisenoxyd und Anderthalb-Chloreisen darzustellen.

Bei der Darstellung des essigsauren Eisenoxyds mittelst essigsauren Bleioxyds oder Bleizuckers ist zu merken, dass die Auflösungen kalt sein müssen, wenn man sie zusammen giesst; auch dürfen sie nicht zu sehr verdünnt sein, sonst entsteht bald Trübung und Eisenoxyd fällt nieder. Diesem kann man durch Zusatz von starkem Essig vorbeugen, wenn anders sich der Säureüberschuss mit der Anwendung verträgt.

Eisenalaun.

Unter „Alaun" verstand man in frühern Zeiten ein Salz, das aus schwefelsaurer Thonerde und schwefelsaurem Kali besteht. Da man später fand, dass schwefelsaures Natron und schwefelsaures Ammoniak, anstatt des Kalisalzes mit der schwefelsauren Thonerde verbunden, Salze von gleicher Form, Eigenschaften und Bestandtheilverhältniss bilden, so nannte man auch diese „Alaune" und unterschied Kali-, Natron- und Ammoniak-Alaun.

Jetzt reicht man nun auch mit diesem Unterschied nicht mehr aus. Es hat sich gezeigt, dass es Metalloxyde giebt, welche in diesen Salzen die Thonerde zu vertreten im Stande sind, nämlich Chrom- und Eisenoxyd, wobei wiederum das Bestandtheilverhältniss und die Form, aber natürlich nicht die chemischen Eigenschaften dieselben bleiben.

Diese Salze nennt man nun auch Alaune und zwar Chromalaun (vergl. S. 135) und Eisenalaun. Diese Benennung ist jedoch nicht richtig, da man hienach glauben müsste, der Hauptbestandtheil sei schwefelsaure Thonerde und nur die schwefelsauren Alkalien seien ersetzt durch Chrom- und Eisensalze.

Man muss daher, will man die Benennung „Alaun" für diese bestimmte Klasse von Salzen beibehalten, sie abändern. Man muss anstatt des gewöhnlichen Alauns: Thonalaun sagen, und seine drei Arten Kali-Thonalaun, Natron-Thonalaun und Ammoniak-Thonalaun nennen. Dann finden Chrom- und Eisenalaun auch ihre richtige Bedeutung, und bekommen ebenfalls die Vornamen Kali-, Natron- und Ammoniak-, je nachdem die schwefelsauren Salze dieser Basen einen Bestandtheil dieser Alaune ausmachen.

Kali-Eisenalaun.

Beim Vermischen der Auflösungen von
1 M.G. oder 198 Pfund schwefelsauren Eisenoxyd u.
1 M.G. oder 87 Pfund schwefelsaurem Kali
und Abdampfen bis zum Krystallisationspunkt, erhält man die Vereinigung beider Salze zum Kali-Eisenalaun mit Amethystfarbe, und in der Form des gewöhnlichen Kali-Thonalauns. Er enthält, wie dieser 24 M.G. Wasser, daher ist die Zahl 501 sein M.G.

Mit dieser Zahl verhält es sich wie mit der Zahl der andern Alaune; sie gilt nur als Ganzes für diese und wollte man z. B. Thon- und Eisenalaun mit einander verbinden, so wäre es ganz recht, es in dem Verhältniss zu thun, dass auf
1 M.G. oder 474 Pfund Thonalaun
1 M.G. oder 501 Pfund Eisenalaun
kommen. Ein Anderes ist es aber, wenn man den Eisenalaun durch andere Salze z. B. Baryt- oder Bleisalze zerlegen will. Hier muss bedacht werden, dass er in 501 Pfund 4 M.G. Schwefelsäure enthält, die auch 4 M G. eines Baryt- oder Bleisalzes zu seiner vollständigen Zerlegung nöthig machen. Ganz so verhält es sich mit dem Kali-Thonalaun, wie Einleitung in die technische Chemie, Berlin 1836 S. 539 gezeigt ist.

Diess ist das Merkwürdigste und Wichtigste, was sich in wissenschaftlicher Hinsicht von diesem Salz sagen lässt. Früher (in meiner Farbenchemie, Berlin 1834 S. 86) habe ich es den Färbern empfohlen als dasjenige, welches für die dunklen Farben dasselbe zu leisten vermag, was der Thonalaun für die hellen leist t und er also der Mühe überhoben ist, sich seine Eisenauflösungen selbst zu machen. Es ist diess auch noch jetzt meine Ansicht, insofern es wohlfeil genug im Handel zu haben ist, wo nicht, so kann es vollständig ersetzt werden durch schwefelsaures Eisenoxyd, wovon S. 396 eine äusssert wohlfeile und sichere Darstellungsweise angegeben ist. Denn man würde sich in der chemischen Technik auch längst schon der schwefelsauren Thonerde (Einleitung in die technische Chemie 1836 S. 534) anstatt des theuren Alauns bedient haben, wenn es möglich wäre, sie wegen ihrer Unkrystallisirbarkeit, so rein, wie den leicht krystallisirenden Alaun zu erhalten, besonders aber eisenfrei. Da diess nun alles beim Eisenalaun wegfällt und es gar nicht schwer hält, reinen Eisenvitriol billig zu bekommen, so spricht diess für die Anwendung des schwefelsauren Eisenoxyds. — Die Auflösung des Eisenalauns hat eieinen sehr zusammenziehenden Geschmack, und wird daher seit einiger Zeit von Aerzten als ein sehr kräftiges blutstillendes Mittel angewendet.

Nächst den Thonsalzen sind die Eisensalze die wichtigsten und unentbehrlichsten in der Färberei, es ist also wohl der Mühe werth, uns ihre Wirkungsweise deutlich zu machen. Das Eisenoxyd vereinigt sich chemisch mit der Pflanzen- und Thierfaser, besonders mit der Baum- und Schafwolle und bildet damit Verbindungen, die man als Salze betrachten kann, die sich wiederum mit Pflanzensäuren zu Doppelsalzen vereinigen. Sind nun diese Säuren gefärbt, so ist es auch die Verbindung, wiewohl meistens anders, eben weil sie eine chemische ist.

Wenn, wie eben gesagt, sich Baumwollenfaser und Eisenoxyd chemisch mit einander verbinden. so kann diess, nichts anders heissen, als sie verhalten sich zu einander wie Säure und Basis, und sich an ziehen, wie diese. Wirklich ist dies hier der Fall. Die Baumwollenfaser ist eine so starke Säure, dass sie selbst bis zu einer gewissen Grenze der Schwefelsäure das Gleichgewicht zu halten vermag, ja sie sogar aus ihren Verbindungen austreibt. Ihr Verhalten zum Eisenalaun zeigt diess aufs deutlichste.

Bringt man baumwollenes Zeug in eine Auflösung von

10 Pfund Eisenalaun in
60 Pfund Wasser,

arbeitet es $\frac{1}{2}$ Stunde lang darin herum, spült es hier-hierauf in kaltem Wasser und nimmt es dann noch durch siedendes, so hat eine chemische Zersetzung des Eisensalzes durch die Pflanzenfaser Statt gefunden. Sie hat der Schwefelsäure des Eisensalauns so viel Eisenoxyd entzogen, dass das weisse Zeug die Farbe von № 157 erhalten hat.

Baumwollenfaser

157 und Eisenalaun.

Ein zweites Stück Zeug thut dasselbe und so ein drittes, bis endlich ein Punkt kommt, wo immer weniger abgeschieden wird und das Zeug immer blässer ausfällt. Diess hat seinen Grund in der Gegenwirkung der Schwefelsäure, denn da, durch die Entziehung des Eisenoxyds, diese in Freiheit gesetzt wird und in dem Wasser verbleibt, so häuft sie sich zuletzt so an, dass ein saures Eisenoxyd entsteht, welches die Baumwollenfaser nicht mehr zu zerlegen vermag.

Bei einem Eisenoxydsalz, welches eine schwächere Säure enthält, als die Schwefelsäure, zeigt sich die chemische Wirkung der Baumwollenfaser in einem noch höhern Grade z. B. beim essigsauren Eisenoxyd. Versetzt man die eben besprochene Auflösung von

10 Pfund Eisenalaun in
60 Pfund Wasser mit
10 Pfund essigsaurem Bleioxyd

oder Bleizucker, so erhält man unter Abscheidung des schwefelsauren Bleioxyds, eine grösstentheils aus essigsaurem Eisenoxyd bestehende Auflösung, der die Baumwollenfaser noch viel mehr Eisenoxyd entzieht, als der Schwefelsäure, weil die Essigsäure eine Säure ist, deren chemische Anziehungskräfte viel geringer sind, als die der Schwefelsäure. Daher wird auch das Zeug noch einmal so dunkel wie № 158 beweist.

Baumwollenfaser und

158 essigs. Eisenoxyd.

Manchen meiner Leser, die in sogenannten Stahlwässern gebadet haben, werden diese Farben etwas sehr Bekanntes sein; da die Badehemden bald dieselben annehmen. Diese Wässer haben verhältnissmässig nur wenig Eisen und doch nimmt die Färbung nach und nach zu. Diess rührt daher, dass hier das Eisen als Oxydul an Kohlensäure, also an eine äusserst schwache Säure gebunden ist, welche die chemische Einwirkung der Zeugfaser bald zu überwinden und auszutreiben vermag.

Noch mehr wird die Anziehung zwischen Baumwollenfaser und Eisenoxyd befördert, wenn man die Säure des Eisensalzes zu entfernen vermag, während die Faser des Eisenoxyd aufnimmt. Diess geschieht durch Tränken des Zeuges, mit einer starken essigsauren Eisenoxydauflösung und Aufhängen an einem warmen Ort. Man wird bald, indem das Zeug trocknet, einen starken Geruch nach Essigsäure wahrnehmen, indem das Eisenoxyd, von der Faser aufgenommen, die Essigsäure fahren lässt, die wegen ihrer Flüchtigkeit verdunstet. Diese Flüchtigkeit macht es dem Färber möglich, die Baumwollenfaser vollständig mit Eisenoxyd zu sättigen, was mittelst anderer Eisensalze, deren Säuren nicht flüchtig sind, nur in sofern angeht, als man das Zeug mit ihrer Auflösung tränkt, trocknet und es nun durch Kali- oder Natronlauge passirt.

Baumwollenfaser

159 gesättigt mit Eisenoxyd.

Diese letztere Verfahrungsart, die bei den Mangansalzen in Anwendung kommt (S. 67), (weil zwischen Baumwollenfaser und Manganoxydnl keine besondere chemische Anziehung obwaltet,) giebt aber hier keine gleichförmige, innige Verbindung mehr zwischen Faser und Oxyd. Vielmehr hat man nun zweierlei auf dem Zeuge: die chemische Verbindung von Baumwollenfaser und Eisenoxyd, und darauf mechanisch haftend: Eisenoxydhydrat. Diess giebt der Farbe ein rauhes Anfühlen und ein pulveriges, todtes Ansehn, indess № 159 glänzend und lebendig erscheint, und selbst unter der Lupe gewahrt man keinen Punkt, wo nicht Faser und Oxyd stets eins ausmachten.

Ich nenne ein mit essigsaurem Eisenoxyd nach S. 401 gebeiztes Zeug, der Kürze wegen Eisenoxyd-Kattun; wollte man es dagegen nach der hier ausgesprochenen Theorie benennen, so müsste es baumwollensaures Eisenoxyd genannt werden, und dann wäre das Färben dieses Zeuges mit Farbsäuren weiter nichts, als die Bildung von Doppelsalzen, die sich durch eine eigenthümliche Farbe auszeichnen.

Die Eigenthümlichkeit dieser gebeizten Zeuge in ihrem Verhalten zu den Pflanzenfarben spricht für diese Ansicht. So erhält man durch Kochen des Eisenoxyd-Kattuns mit Quercitronrinde (Quercus tinctoria) und mit Krapp (Rubia tinctorum).

Quercitronsaures | Klapprothsaures

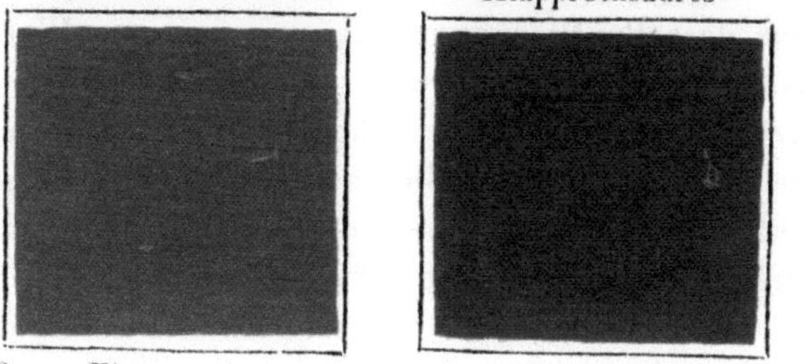

160 Eisenoxyd. | Eisenoxyd. 161

№ 160 und № 161 in Verbindung mit der Faser. Diese hat sich also während des Färbens nicht vom Eisenoxyd getrennt, daher müssen № 160 und № 161 als Doppelsalze von quercitronsaurem und krapprothsaurem Eisenoxyd mit baumwollensaurem Eisenoxyd betrachtet werden.

Nur nach dieser chemischen Ansicht wird es begreiflich, wie die sogenannten Lackfarben (die man ebenso gut mit Eisensalzen als mit Thonerdesalzen darstellen kann) so sehr verschieden sind von den Zeugfarben. Wie ein Scharlach ohne Schafwollenfaser, und ein Türkischroth ohne Baumwollenfaser unmöglich ist, ebenso unmöglich ist ein Galläpfelschwarz und ein Krappviolett ohne dieselbe Faser.

Indem ich diess hier niederschreibe, nehme ich die Sache sehr genau. Ich meine nicht, dass es unmöglich sei durch Kochen von Eisenoxydhydrat mit Galläpfel- und Krappaufguss, schwarze oder violette Niederschläge oder Lacke zu erhalten. Diess geht wohl an, aber man wird nie die Nüanzen von № 148 und № 161 darzustellen vermögen, diess gelingt nur durch die chemische Mitwirkung der Faser.

Besonders beweisend für diese Ansicht ist, dass dasselbe Eisenoxyd, wenn es mit der Flachsfaser verbunden ist, mit denselben Farbsäuren durchaus nicht die Farben hervorzubringen vermag, wie es mit der Baumwollenfaser der Fall ist. (Vergl. Einleitung in die technische Chemie für Jedermann, Berlin bei Sander 1836. S. 510 bis 515.)

Salpetersaüres Eisenoxyd.

Wird von den Kattundruckern gebraucht und von diesen auf eine fehlerhafte Weise bereitet. Sie verdünnen die Säure mit Wasser und werfen nun Eisenstücke hinein. Gewöhniich ist die Einwirkung so heftig, dass eine starke Hitze entsteht und sich schnell das Eisen in Oxyd verwandelt, wovon sich nur ein geringer Theil auflöst. Das andere bleibt als schlammartige Masse am Boden liegen, welche ein basisch salpetersaures Eisenoxyd ist.

Basisch-salpetersaures

162 Eisenoxyd.

Viel zweckmässiger stellt man das neutrale salpetersaure Eisenoxyd aus schwefelsaurem Eisenoxyd oder Eisenalaun und salpetersaurem Bleioxyd dar, deren Verhältniss zu einander S. 398 und S. 400 angegeben ist.

Wenn man etwas Selpetersäure in die starke Auflösung eines Eisenoxydulsalzes giesst und erwärmt, bemerkt man eine eigenthümliche Erscheinung. Die Auflösung, die vorher fast farblos war, bekommt eine beinahe schwarze Farbe. Diess rührt daher, dass ein Theil des Eisensalzes der Salpetersäure so viel Sauerstoff entzieht, dass sie zu Stickstoffoxyd reduzirt wird, welches sich mit dem noch unveränderten Oxydulsalze verbindet, welche Verbindung im concentrirten Zustande schwarz, im verdünnten grünlichbraun erscheint.

Beim Eintauchen eines Eisendrahts in verdünnte Salpetersäure, kann man auch die Entstehung dieser Verbindung beobachten. Man sieht am Draht eine grünlichbraune Flüssigkeit entstehen, die sich in bandartigen Streifen zu Boden senkt. Diess ist salpetersaures Eisenoxydul in Verbindung mit Stickstoffoxyd. Beim Erhitzen wird sie zerlegt. Das Oxydul geht in Oxyd über und das Stickstoffoxyd entweicht in Gasform.

Eisenoxyd mit Thonerde.

Ist Eisenoxyd in Verbindung mit einem grossen Ueberschuss von Kiesel- und Thonerde, so ertheilt es diesen Erden beim Brennen eine reinere rothe Farbe, als es selbst für sich hat. Es zeigt diess die Farbe unserer Ziegeldächer, die bloss vom Eisenoxyd so roth sind.

Eisenoxyd mit

163 Kiesel- u. Thonerde.

Daher wird es auch, besonders in Verbindung mit Thonerde zu einem Roth auf Porzellan benutzt, welches mit einem Flussmittel aufgemalt und eingebrannt wird. Um die Verbindung von Eisenoxyd recht innig und die Farbe recht fein zertheilbar zu haben, mengt man die entsprechenden Salze, z. B.:

50 Loth schwefelsaures Eisenoxydul
16 Loth Alaun
30 Loth Kochsalz

und glüht diess Gemenge, bis sich nichts mehr entwickelt. Es bildet sich anfangs schwefelsaures Natron und Chloreisen nebst Chloralumium, welche letzteren später wieder durch stärkere Hitze zersetzt werden. Die Masse wird fein gepülvert, ausgewaschen und das Feine abgeschlemmt.

Ein helleres Roth, das sich der Fleischfarbe nähert, erhält man durch Zusatz von noch einmal so viel Alaun. Mit Bleiglasur in Berührung verliert es an Schönheit.

Kieselsaures Eisenoxyd.

Setzt man schmelzendem Glase hinlänglich Eisenoxyd zu und steigert nicht zu sehr den Hitzgrad, so kann man ein rothgefärbtes Glas erhalten. Oft ist diese Farbe sehr schön und kommt in den alten Glasmalereien vor.

Dem Glasmacher ist jedoch diese Farbe nicht immer willkommen, daher verdünnt er sie durch Zusatz von eisenoxydfreien Materialien, denn wenig Eisenoxyd färbt das Glas gelblich.

Eisenoxydul giebt dem Glas eine dunkle Farbe, die beim Uebergang in Oxyd verschwindet. Aus diesem Grund wird dem Glase Braunstein zugesetzt, dessen Sauerstoff dieses bewirkt. Gleichzeitig geht nun der Braunstein in Manganoxydul über, welches eine farblose Verbindung mit dem Glase bildet.

Eisenoxyd und Kali.

Das Eisenoxyd, obgleich es in seinen Verbindungen so viel Aehnlichkeit mit denen der Thonerde zeigt, verhält sich nicht, wie diese, zu den Basen.

Es übernimmt zwar auch die Rolle einer Säure gegen sie, aber in einer viel unvollkommneren Weise, als die Thonerde. Es giebt keine dem thonsauren Kali entsprechende Verbindung des Eisenoxyds mit Kali. Beide vereinigen sich nur direkt beim Niederschlagen eines Eisenoxydulsalzes mit Kaliüberschuss, wo man ein mit etwes Kali verbundenes Eisenoxyd erhält. Sonst löst selbst im Kochen Kaliauflösung kein Eisenoxyd auf, auch nicht wenn es Hydrat ist. Durch Vermittelung von anderen Salzen kommt aber eine in Wasser auflösliche Verbindung zu Stande, die schon lange unter dem Namen: **Stahls** alkalische Eisentinktur bekannt ist.

Um dieselbe darzustellen, vermischt man starke Auflösungen von schwefelsaurem Eisenoxyd oder Anderthalb-Chloreisen mit einer ebenfalls starken Auflösung von kohlensaurem Kali. Anfangs wird alles dick, von sich ausscheidendem Eisenoxydhydrat; bei fortgesetztem Hinzufügen von kohlensaurem Kali löst sich dieses zu einer klaren Flüssigkeit auf. Sie erträgt weder Erhitzen, noch Verdünnen mit Wasser. In beiden Fällen scheidet sich Eisenoxydhydrat aus.

Eisenoxydoxydul.

Kommt im Mineralreich gebildet vor und führt den Namen **Magneteisenstein**, weil es in einem ausgezeichnetem Grade magnetisch ist. Es ist meistens krystallisirt.

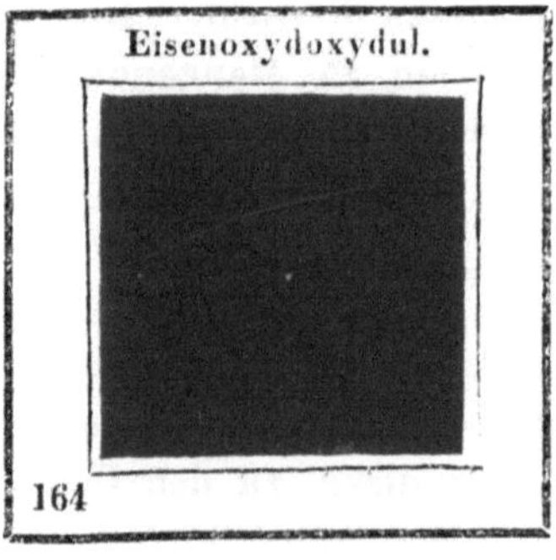

Künstlich kann es in Form eines **schwarzen Pulvers** № 164 erhalten werden, wenn man trocknes Einfach-Chloreisen mit überschüssigem kohlensauren Natron vermischt und in einem Tiegel erhitzt. Nach dem Auswaschen der Salzmasse bleibt es zurück, ohne an der Luft eine Aenderung zu erleiden. Es besteht aus

1 M.G. oder 35 Pfund Eisenoxydul und

1 M.G. oder 78 Pfund Eisenoxyd

entspricht also genau dem Marganoxydoxydul № 36 S. 90.

Der direkte Beweis für die Richtigkeit dieser Zusammensetzung lässt sich so führen. Man löst № 164 in Chlorwasserstoffsäure auf und schüttelt die Auflösung mit einem Ueberschuss von kohlensaurem Kalk. Dieser bewirkt eine Scheidung beider. Es fällt Eisenoxyd nieder, indess die Auflösung Einfach-Chloreisen enthält, woraus man durch Ammoniak Eisenoxydul niederschlagen kann.

Auch das künstliche Eisenoxydoxydul wird vom Magnet stark angezogen. Selbst mit seinem Hydrat ist diess der Fall, welches man dadurch erhält, dass man die Auflösung in Chlorwasserstoffsäure mit Ammoniak fällt. Es ist ein schwarzbraunes Pulver und folgt dem Magnet auch unter Wasser. Diess ist um so merkwürdiger, da seine beiden Bestandtheile einzeln: das Eisenoxydhydrat und das Eisenoxydulhydrat nicht vom Magnet gezogen werden.

Die Verbindungen mit Säuren oder die Eisenoxydoxydulsalze können auf verschiedene Weise erhalten werden. Am einfachsten durch Auflösen des Magneteisensteins, oder durch Zusammenmischen der Auflösungen von 1 M.G. Eisenoxydulsalz mit 1 M.G. Eisenoxydsalz. Sonst entstehen sie auch immer dann, wenn den Oxydulsalzen etwas Sauerstoff gegeben oder den Oxydsalzen etwas Sauerstoff genommen wird. So geht eine Auflösung von schwefelsaurem Eisenoxydul in schlecht verschlossenen Gefässen aufbewahrt, durch Sauerstoffaufnahme in Oxydoxydulsalz über. Man erkennt es daran, dass gelbes Cyaneisenkalium damit einen blauen Niederschlag giebt, da er mit einer unveränderten Auflösung weiss ist.

Stellen wir nun die bisher betrachteten Sauerstoffverbindungen des Eisens zusammen, so erhalten wir die folgende Figur:

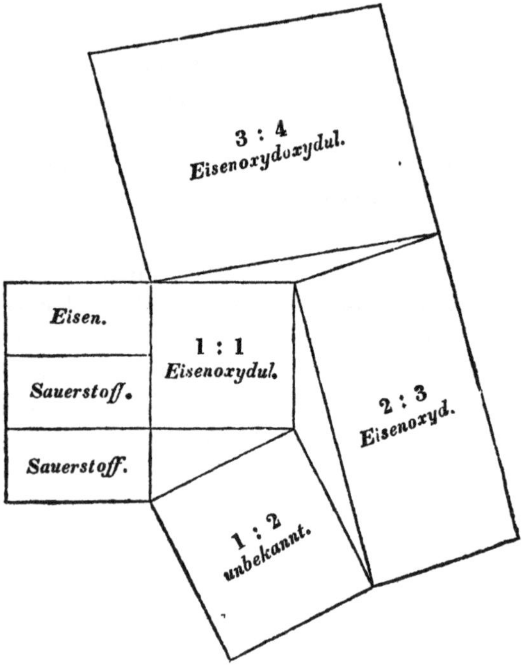

Es fällt hiebei sehr auf, dass das Feld, welches beim Mangan S. 93 Manganhyperoxyd einnimmt, hier beim Eisen leer ist, um so mehr da es eine entsprechende Schwefelungsstufe des Eisens: das Zweifach-Schwefeleisen № 168 giebt.

Hiemit sind jedoch die Verbindungen des Eisens mit dem Sauerstoff noch nicht geschlossen. Zum wenigsten giebt es noch eine, in welcher Oxyd und Oxydul in einem anderen Verhältniss verbunden sind, als im Eisenoxyoxydul № 164 S. 410. Diess ist der Hammerschlag № 139 S. 349. Er enthält auf 1 M.G. Eisenoxyd 6 M.G. Eisenoxydul und oft noch mehr von letzterem, je nachdem das Eisen verschieden lange dem Feuer ausgesetzt war. Da diese Substanz fast nur dazu gebraucht wird, auf Kegelbahnen ausgestreut zu werden, um eine harte, feste Unterlage zu erzeugen, so können ihre chemischen Bestandtheile meinen Lesern so ziemlich gleichgültig sein.

Eisen und Schwefel.

Eisen verhält sich zum Schwefelgas gerade so wie es sich zum Sauerstoffgas verhält: es verbrennt darin mit lebhaftem Feuer. Um diese Verbrennung hervorzurufen, ist es jedoch nöthig, dass das Eisen wenigstens an einer Stelle rothglühend sei, von hier aus pflanzt sich dann das Verbrennen weiter fort. Am einfachsten erreicht man diess mittelst einer spiralförmig gewundenen Claviersaite № 11, an deren untern Ende man etwas Kalium befestigt. Wird dieses nun in einen Glascylinder getaucht, worin man Schwefel bis zum Verdampfen erhitzt hat; so entzündet sich das Kalium zuerst, macht den Eisendraht an dieser Stelle rothglühend, von wo aus nun seine Verbrennung beginnt, die sich so weit fortpflanzt, als der Draht im Schwefelgas eingetaucht ist. Das Produkt ist Schwefeleisen, welches in weissglühenden Kügelchen herabtropft.

Etwas ganz Aehnliches findet Statt, wenn man eine weissglühende Eisenstange mit Schwefel berührt. Es bildet sich auf der Stelle Schwefeleisen, welches in einem dünnen Strahl herunter fliesst.

Unter Einfluss des Wassers, ist die Wechselwirkung zwischen Eisen und Schwefel nicht minder stark, als zwischen Eisen und Sauerstoff bei Gegenwart von Wasser. Wie hier sich ein Hydrat von Sauerstoffeisen bildet (S. 351), so bildet sich dort ein Hydrat von Schwefeleisen und zwar ungleich schneller, wie man sich durch folgenden Versuch überzeugen kann. Mengt man in einer Flasche:

27 Loth feine Eisenfeile mit
16 Loth Schwefelblumen

und so viel Wasser zusammen, dass es breiartig wird, so bemerkt man bald ein Verschwinden der gelben Schwefelfarbe. Die Masse wird dick und färbt sich schwarz. Endlich ist sowohl Eisen als Schwefel verschwunden und beide haben sich miteinander, und mit Wasser zum Schwefeleisenhydrat № 166 vereinigt.

Mengt man anstatt der Lothe, Pfunde zusammen, so ist diese Vereinigung von Eisen und Schwefel mit einer Erhitzung vorgesellschaftet, die sich bis zur Entzündung steigern kann, wenn gleichzeitig die Luft freien Zutritt hat. In diesem Fall wird ebenso schnell Schwefeleisen gebildet, als es wieder zerstört wird, denn es geht durchs Verbrennen in schwefelsaures Eisenoxydul über.

Wir werden im folgenden vorzugsweise das Einfach- und Zweifach-Schwefeleisen zu betrachten haben.

Einfach-Schwefeleisen.

Ist ebenso zusammengesetzt wie das Einfach-Sauerstoffeisen oder Eisenoxydul № 142 S. 366, enthaltend auf:

1 M.G. oder 27 Pfund Eisen
1 M.G. oder 16 Pfund Schwefel
daher die Zahl 43 sein M.G. ausdrückt.

Wenn es darauf ankommen sollte, dieses Schwefeleisen ganz rein darzustellen, muss man Abschnitzel von dünnem Eisenblech mit Schwefelpulver umschütten und in einem bedeckten Tiegel nach und nach bis zum starken Glühen erhitzen, und zwar so lange, bis der überschüssige Schwefel entwichen ist. Nach dem Abkühlen findet man das Eisen mit dem Einfach-Schwefeleisen überzogen, welches beim Biegen sich ablöst und ein gelbliches Pulver giebt, wie es № 165 zu sehen.

Verfährt man mit weniger Vorsicht und lässt z. B. die Hitze zu stark einwirken, so schmilzt das noch ungeschwefelte Eisen mit dem Schwefeleisen zusammen, und das Pulver zeigt nun eine graue oder schwarze Farbe. War im Gegentheil die Hitze nicht stark genug, um den Schwefelüberschuss zu entfernen, so bleibt dieser in der Verbindung.

Man ermittelt das Eine oder das Andere durch Auflösen in Chlorwasserstoffsäure. Diese bildet Einfach-Chloreisen und der ganze Antheil Schwefel entweicht in der Form von Schwefelwasserstoffgas, so dass kein Rückstand bleibt. Wird dieses Gas vollständig von Kalilauge aufgenommen, so ist diess ein Beweis, dass das Schwefeleisen keinen Ueberschuss an Eisen enthielt, denn dieser würde mit Chlorwasserstoffsäure reines Wasserstoffgas entwickelt haben, welches von Kalilauge nicht eingesogen wird. Bleibt, nachdem die Einwirkung der Chlorwasserstoffsäure aufgehört hat, ein gelber Rückstand, der sich als Schwefel ausweist, so zeigt dieses an, dass die Verbindung mehr als 1 M.G. Schwefel enthielt.

Da man für technische Zwecke sich dieses Schwefeleisens nur bedient, um ein wohlfeiles Schwefelwasserstoffgas darzustellen, so kommt es hauptsächlich darauf an, dass es keinen zu grossen Ueberschuss an Eisen enthalte: es raubt Säure ohne Nutzen. Ein Schwefelüberschuss ist nur in sofern nicht vortheilhaft, als man diesen verliert, auf den Verbrauch an Säure ist er ohne Einfluss.

Zu diesem Ende wird es daher am zweckmässigsten dargestellt, dass man 27 Pfund Eisenfeile mit etwas mehr als 16 Pfund Schwefel in bedecktem Tiegel bis zum Schmelzen erhitzt. Oder, was noch wohlfeiler ist, dass man Zweifach-Schwefeleisen № 168 glüht, wodurch es unter Verflüchtigung des Schwefels in Einfach-Schwefeleisen verwandelt wird.

Da das M.G. des Schwefeleisens = 43 ist, so gebraucht man auf

43 Pfund Schwefeleisen nur
49 Pfund Schwefelsäure, die mit
300 Pfund Wasser

verdünnt worden, um es vollständig zu zerlegen. Man ist aber gegen das Ende des Prozesses genöthigt, Wärme anzuwenden. Der Rückstand ist schwefelsaures Eisenoxydul.

Schwefeleisenhydrat.

166

Mit dem Wasser bildet es ein schwarzes Schwefeleisenhydrat z. B. beim Zusammenmischen einer Auflösung von schwefelsaurem Eisenoxydul mit Schwefelwasserstoff-Ammoniak. Der schwarze Niederschlag ist diese Verbindung, deren Entstehung sich darauf gründet, dass das Eisenoxydulhydrat, welches das Ammoniak (ohne Schwefelwasserstoff) fällen würde, hier bei Gegenwart desselben seinen Sauerstoff gegen Schwefel austauscht.

Der Lufteinwirkung im nassen Zustande dargeboten, geht die Rückbildung in Eisenoxydul wieder vor sich, indess gleichzeitig der Schwefel in Schwefelsäure sich verwandelt, so dass man schwefelsaures Eisenoxydul bekommt. Da aber auch dieses noch ferner zersetzt wird in auflösliches neutrales und nnauflösliches basisches schwefelsaures Eisenoxyd (vergl. S. 375), so ist das Endresultat dieses Zersetzungsprozesses fürs Auge die Verwandlung eines schwarzen Pulvers in ein rostgelbes.

Man kann diess sehr anschaulich machen, wenn wenn man ein Stück Zeug mit schwefelsaurer Eisenoxydulauflösung tränkt, sehr rasch trocknet und hierauf in Schwefelwasserstoff-Ammoniak eintaucht. Es bekommt die schwarze Farbe von № 166, die es auch behält, wenn es in Weingeist ausgewaschen und mit Kautschukauflösung vor der Einwirkung der Luft geschützt wird. Geschieht diess aber nicht, so beginnt die Oxydation des Schwefeleisens in der angegebenen Weise und endet mit der Verwandlung von **S c h w a r z** in **G e l b**.

Oxydirtes

167 Schwefeleisen.

Es ist diess ein Kunststückchen à la Beireis, der bekanntlich mit einem **b l a u e n** Rock in einer Gesellschaft erschien, der, als er sie verliess, **r o t h** aussah. Er hatte ihn mit einer blanen Kalkverbindung (wahrscheinlich aus rothen Rüben dargestellt) gefärbt, die durch Kohlensäure zersetzt und roth wird. Nach dem Obigen kann eine Dame im schwarzen Trauerkleide in einer Gesellschaft erscheinen, und in einem gelbgefärbten wiederum Abschied nehmen.

Wenn eine grosse Menge Schwefeleisenhydrat

oder auch nur ein feuchtes Einfach-Schwefeleisen der Lufteinwirkung dargeboten wird, so ist diese Oxydation von einer beträchtlichen Erhitzung begleitet, die oft bis zur Entzündung geht (S. 414). Diess ist eine von den Ursachen der Selbstentzündung der englischen Steinkohlen, die mit Einfach-Schwefeleisen gemengt sind. Es sind Fälle vorgekommen, dass grosse Steinkohlenhaufen sich nach einem starken Regen entzündeten und verbrannten. Auch sind ganze Steinkohlengruben in Folge des Eindringens von Wasser in Brand gerathen. Ein schönes Schauspiel muss es in Johnstown bei Paisley gewesen sein, wo ein mächtiges Steinkohlenlager auf diese Weise in Brand gerieth. An einer Stelle war eine Länge von 100 Klafter im vollen Weissglühen, und die Flamme stieg 100 Fuss aus der Grubenöffnung empor. Es gelang die Grube voll Wasser zu pumpen, und das Feuer auf diese Weise zu löschen.

Diese Erfahrungen haben vorsichtig gemacht, und man trennt das Schwefeleisen jetzt sorgfältig von den Steinkohlen, wenn man diese zu Tage fördert.

Zweifach-Schwefeleisen.

Steht unter den Verbindungen des Eisens noch einzig da, indem es weder ein Zweifach-Sauerstoff-, noch Zweifach-Chloreisen giebt. Es enthält auf

1 M.G. oder 27 Pfund Eisen
2 M.G. oder 32 Pfund Schwefel

zu 1 M.G. oder 59 Pfund Zweifach-Schwefeleisen vereinigt.

Im Mineralreich kommt es sehr häufig vor, bekannt unter dem Namen Schwefelkies, dessen Strichpulver unter № 168 beigefügt ist. Auch giebt es eine Sorte, die man Wasserkies nennt. Die Zusammensetzung beider ist gleich, nur die Krysallform ist verschieden.

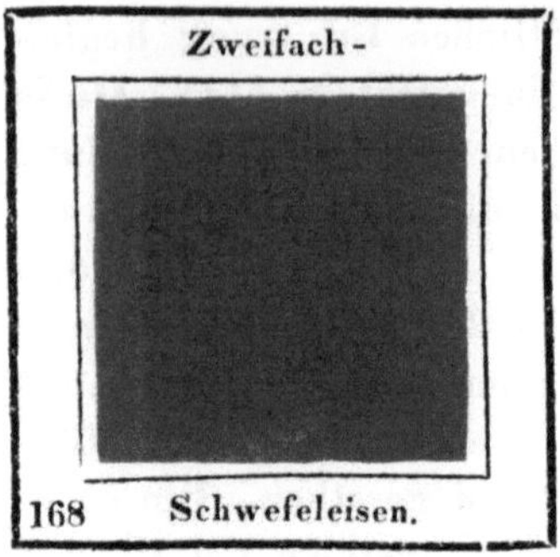

Zweifach-

168 Schwefeleisen.

Das Verhalten dieser Verbindung gegen Säuren ist eigenthümlich und weicht von dem des Einfach-Schwefeleisens sehr ab. Das 1 M. G. Schwefel, welches es mehr enthält, ist hievon die Ursache. Es verändert sich daher nicht an feuchter Luft, und Chlorwassersäure, wie verdünnte Schwefelsäure zeigen keine Einwirkung darauf, die doch das Einfach-Schwefeleisen so leicht zersetzen.

Das Verhalten des Schwefelkieses beim Glühen ist verschieden, je nachdem es bei Ausschluss oder bei Zutritt der Luft geschieht. Beim Ausschluss der Luft entweicht gewöhnlich so viel Schwefel, als 1 M.G. beträgt, und es hinterbleibt dann Einfach-Schwefeleisen. Der Schwefel ist anfangs dampfförmig, und erstarrt später, in grosse Kammern geleitet, zu Schwefelblumen.

Hat dagegen die Luft Zutritt beim Erhitzen des Schwefelkieses, so verbrennt nicht nur das 1 M.G. Schwefel zu schwefliger Säure, welche entweicht, sondern auch das andere, mit dem Eisen inniger verbundene M.G. Schwefel verbrennt und zwar noch vollkommener, nämlich zur Schwefelsäure, indess gleichzeitig auch das Eisen 1 M.G. Sauerstoff aufnimmt und zu Eisenoxydul wird, welches mit der Schwefelsäure verbunden als schwefelsaures Eisenoxydul zurück bleibt.

Diesem ähnlich ist der chemische Vorgang bei der bergmännischen Fabrikation des Eisenvitriols, die gewöhnlich mit einer Alaunfabrikation zugleich betrieben wird.

Anderthalb-Schwefeleisen.

Wenn man im Stande wäre
1 M.G. oder 43 Pfd. Einfach-Schwefeleisen mit
1 M.G. oder 59 Pfd. Zweifach-Schwefeleisen
zusammenzuschmelzen, ohne dass sich Schwefel verflüchtigte, so müsste diese Verbindung sich bilden; denn sie besteht daraus. Man kann sie jedoch rein nur indirekt, nämlich dadurch darstellen, dass man den Sauerstoff des Anderthalb-Sauerstoffeisens oder des Eisenoxyds gegen Schwefel austauscht. Diess geschieht, indem man es in einer Röhre bis zu 80° R. erhitzt und während dieser Zeit Schwefelwasserstoffgas darüber hinstreichen lässt. Unter Wasserbildung geht nun die Schwefelung vor sich. Es stellt ein grünlich gelbes Pulver dar, welches an trockner Luft unverändert bleibt, beim Einfluss von Luft und Wasser aber wieder in Eisenoxyd und Schwefel zurück geht.

Sein Verhalten gegen verdünnte Schwefelsäure verdient Aufmerksamkeit, weil es den Beweis liefert, dass diese Verbindung wirklich aus Einfach- und Zweifach-Schwefeleisen zusammengesetzt ist.

Denn sie zerfällt darin. Die Schwefelsäure zerlegt nämlich unter Entwicklung von Schwefelwasserstoffgas und Bildung von Eisenoxydulsalz das darin enthaltene Einfach-Schwefeleisen, indess sich gleichzeitig Zweifach-Schwefeleisen abscheidet, auf welches die Säure keine Einwirkung äussert. Es ist sehr möglich, dass sich das Ebenbild dieser Verbindung, das Anderthalb-Sauerstoffeisen oder Eisenoxyd, einmal wird auf gleiche Weise in seine jetzt noch unbekannten Bestandtheile zerlegen lassen.

Auch als Hydrat lässt sich diese Verbindung darstellen. Man giesst in einem dünnen Strahl und unter Umrühren neutrale schwefelsaure Eisenoxydauflösung in Schwefelwasserstoff-Ammoniak, so dass diess im Ueberschuss bleibt. Es hat die Farbe des Einfach-Schwefeleisenhydrats № 166 S. 417 und wird an der Luft schnell wieder zu schwefelsaurem Eisenoxyd. Man bekommt diese Verbindung nicht, wenn man umgekehrt verfährt und das Schwefelsatz in die Eisenauflösung giesst. Es zersetzen sich dann Schwefelwasserstoff und Eisenoxyd wechselseitig unter Bildung von Eisenoxydul und Abscheidung von Schwefel, die zusammen niederfallen.

Die übrigen Verbindungen, welche das Eisen mit dem Schwefel bildet, haben nur für die Wissenschaft Interesse. Sie enthalten das Eisen im Ueberschuss. So wird z. B. ein Schwefeleisen erhalten, welches den Suboxyden oder den Halb-Sauerstoffmetallen entspricht, wenn man über wasserfreies schwefelsaures Eisenoxydul bei Glühhitze Wasserstoffgas leitet. Schweflige Säure und Wasser entweichen, durch Zersetzung der Schwefelsäure und des Eisenoxyduls gebildet, und ein schwarzgraues Pulver bleibt zurück, welches ein Halb-Schwefeleisen ist, indem es aus

2 M.G. oder 54 Pfund Eisen und
1 M.G. oder 16 Pfund Schwefel

besteht. Daher giebt es, mit Säuren übergossen, nicht reines Schwefelwasserstoffgas, sondern dieses ist zur Hälfte mit reinem Wasserstoffgas gemengt, welches durch den Ueberschuss des Eisens gebildet wird.

Da keine dieser Schwefelverbindungen die gegeringste Aehnlichkeit mit dem metallischen Eisen hat, ja vielmehr der Metallzustand des Eisens durch den Schwefel gänzlich aufgehoben und zerstört ist (sie lassen sich alle zu Pulver zerreiben), so kann man daraus ermessen, wie feindlich der Schwefel dem Eisen sein muss. Schon eine sehr geringe Menge, die bei einer höhern Temperatur mit dem geschmeidigsten Eisen in Berührung kommt, zerstört in der Rothglühhitze seine Geschmeidigkeit und macht, dass es bei dieser Hitze leicht zerbricht, was man rothbrüchig nennt. Es ist zur Hervorbringung dieses Fehlers des Eisens so wenig Schwefel hinreichend, dass er bei einer nicht sehr genau angestellten chemischen Untersuchung oft gar nicht aufgefunden wird.

Am sichersten überzeugt man sich von der Gegenwart geringer Mengen Schwefel im Eisen, dass man es mit Chlorwasserstoffsäure übergiesst und das sich entwickelnde Gas in eine etwas Säureüberschuss enthaltende essigsaure Bleioxydauflösung leitet. Der Schwefel giebt sich dann durch die Bildung von Schwefelblei zu erkennen, welches je nach der Menge mit brauner oder schwarzer Farbe erscheint und sich als ein ebenso gefärbter Niederschlag absondert, und Schwefelblei ist. Seine Menge zeigt die Menge des im Eisen vorhandenen Schwefels an, indem

120 Gran Schwefelblei
16 Gran Schwefel

entsprechend sind.

Eisen und Chlor.

Eisen und Chlor verhalten sich zu einander genau so, wie sich Eisen und Sauerstoff verhalten. Ein Eisendraht, an einem Ende mit brennenden Zunder versehen, entzündet sich ebenso wohl in Chlorgas, als in Sauerstoffgas, und wie hier Sauerstoffeisen entsteht, so entsteht dort Chloreisen in Form eines dunkelrothen, flüchtigen Salzes.

Zwei Verbindungen des Chlors mit Eisen, das Einfach- und das Anderthalb-Chloreisen, die auch unter den Namen Eisenchlorür und Eisenchlorid unterschieden werden, verdienen hier unsere Aufmerksamkeit. Eine dritte Verbindung, die dem Eisenoxydoxydul entspricht, ensteht durch die Vereinigung beider.

Einfach-Chloreisen.

Ist dieselbe Verbindung, wie Chlorzink S. 45 und Chlormangan S. 98, nur dass hier, anstatt Zink und Mangan, Eisen mit dem Chlor vereinigt ist. Seine Zusammensetzung ist demnach

1 M.G. oder 27 Pfund Eisen und
1 M.G. oder 35,4 Pfund Chlor
zu 1 M.G. oder 62,4 Pfund Einfach-Chloreisen
verbunden.

Die Bildung des Chloreisens geschieht am einfachsten durch Zerlegung der Chlorwasserstoffs mittelst Eisen. Leitet man über glühendes Eisen Chlorwasserstoffgas, so erfolgt eine ähnliche Zersetzung, als wenn man Wasserdampf darüber leitet. Wie hier sich Wasserstoffgas entwickelt und Sauerstoffeisen zurück bleibt, so entwickelt sich bei Anwendung des Chlorwasserstoffs ebenfalls Wasserstoffgas, und Chloreisen ist das zurückbleibende Produkt. Es bildet kleine, weisse Krystalle, die sich in dem kältern Theil des Apparats sublimiren.

Zum technischen Bedarf stellt man sich das Chloreisen auf nassem Wege dar, indem man altes Eisen mit Chlorwasserstoffsäure oder Salzsäure übergiesst. In diesem Fall wird gleichfalls der Chlorwasserstoff zerlegt. Es entsteht Einfach-Chloreisen und Wasserstoffgas geht unter heftigem Aufbrausen davon. Aus der concentrirten Auflösung schiesst es in Verbindung mit 4 M.G. Wasser in blassgrünen, durchsichtigen Krystallen an, die aus feuchter Luft schnell noch mehr Wasser anziehen und zerfliessen. Daher ist es am besten, es in Auflösung von einem bestimmten Gehalt zu bereiten und in wohlverschlossenen Gefässen aufzubewahren. Diese Auflösung nennt man gewöhnlich salzsaures Eisenoxydul.

Durch den Einfluss der Luft wird das Einfach-Chloreisen zerlegt. Es entsteht Trübung und hierauf ein rostgelb. Niederschlag № 169, der eine Verbindung von Eisenoxydhydrat mit Anderthalb-Chloreisen ist. Er hat, wie man sieht, Aehnlichkeit mit dem Eisenoxydhydrat № 154 S. 393, ist aber durch den Chlorgehalt davon unterschieden, wie man sich durch Auflösen in Salpetersäure und Vermischen mit salpetersaurem Silberoxyd überzeugen kann. Es wird Chlorsilber niedergeschlagen, indess aus Eisenoxydhydrat unter gleichen Umständen nichts niedergeschlagen wird.

Chloreisen unter

169 Lufteinwirkung.

Eine ordentliche Anwendung im Grossen ist von diesem Salze noch nicht gemacht worden, wiewohl es dieselbe in manchen Fällen sehr verdient. So wird es sehr leicht durch Kalkhydrat zerlegt, wodurch Chlorcalcium entsteht und Eisenoxydul niedergeschlagen wird. Da hiebei das Chlorcalcium in Auflösung bleibt, so erhält man auf diesem Wege ein nicht mit Gyps verunreinigtes Eisenoxydul, wie es bei Zerlegung des schwefelsauren Eisenoxyduls mit Kalkhydrat S. 377 der Fall ist. Es fragt sich also, ob nicht Einfach-Chloreisen anstatt des Eisenvitriols zum Ansetzen der kalten Jndigküpe anwendbar sei. Der grosse Vortheil läge, im Fall diess ginge, darin, dass man eine Küpe mit viel weniger Bodensatz hätte, weil hier gar kein Gyps sich bildet, der bei der gewöhnlichen Küpe einen so grossen Raum einnimmt und so viel Indig zurück behält. Nicht zu übersehen ist jedoch, dass alsdann die klare Küpe Chlorcalcium enthält, welches auf das Färben nicht nur, sondern auch auf die Reservagen von Einfluss sein kann. Also es kommt auf einen Versuch an.

Anderhalb-Chloreisen.

Wurde früher salzsaures Eisenoxyd genannt, weil es durch Auflösen von Eisenoxyd in Salz- oder Chlorwasserstoffsäure und Abdampfen erhalten wird. Hiebei vereinigen sich aber der Wasserstoff der Säure und der Sauerstoff des Oxyds zu Wasser, welches verdunstet, so dass nun Chlor in Verbindung mit Eisen übrig bleibt, und zwar in dem Verhältniss, dass die Mischungsgewichte Sauerstoff, welche das Eisenoxyd enthielt, durch ebenso viele Mischungsgewichte Chlor ersetzt werden, so dass es aus

2 M.G. oder 54 Pfund Eisen und
3 M.G. oder 106 Pfund Chlor

besteht, welche zusammen 160 Pfund Anderthalb-Chloreisen geben. Es ist also ein vollkommenes Ebenbild des Anderthalb-Sauerstoffeisens oder Eisenoxyds, nur mit dem Unterschied, dass das Chlor die Stelle des Sauerstoffs eingenommen hat.

Um diesen Vergleich noch anschaulicher zu machen, kann das Verhalten des Eisens zum Chlorgas dienen, wie es oben S. 424 angeführt ist. Es bildet sich unter den Erscheinungen des Feuers ebenso, wie das Anderthalb-Sauerstoffeisen oder Eisenoxyd, beim Verbrennen des Eisens in Sauerstoffgas, nur mit dem Unterschied, dass dieses durch die starke Hitze wieder zersetzt und auf eine niedere Sauerstoffungsstufe zurück gebracht wird, indess das Anderthalb-Chloreisen als eine flüchtige Verbindung sich sublimirt und dadurch der zersetzenden Hitze ausweicht.

Auch auf umgekehrtem Wege, dem der Zerlegung, kann man die Ebenbildlichkeit beider Verbindungen beweisen. Wird nämlich Anderthalb-Chloreisen in Sauerstoffgas erhitzt, so wechseln Sauerstoff und Chlor ihre Plätze: dieses verlässt das Eisen und wird gasförmig, indess jenes den Gaszustand aufgiebt und sich mit dem Eisen verbindet; so dass nun aus Anderthalb-Chloreisen Anderthalb-Sauerstoffeisen geworden.

Es kann auch dargestellt werden durch Auflösen des Eisens in Königswasser und Abdampfen, oder durch Kochen von Einfach-Chloreisen mit Königswasser und Abdampfen.

Alle diese Methoden sind aber für den, der das Salz für den Handel bereiten will, zu kostspielig, auch ist das Arbeiten mit Königswasser im Grossen keine angenehme Sache. Folgende wird besser gehen. Man löst

2 M.G. Einfach-Chloreisen in
1 M.G. Chlorwasserstoffsäure oder

Salzsäure auf und bringt diese Auflösung möglichst innig mit der Luft in Berührung, indem man sie über eine schiefe, mit Kiessand bestreute Fläche laufen lässt und diess so oft wiederholt, als rothes Cyaneisenkalium durch Blaufärbung noch die Gegenwart von Einfach-Chloreisen anzeigt.

Die Umbildung in Anderthalb-Chloreisen geschieht hier dadurch, dass das Einfach-Chloreisen sich basisch zur Chlorwasserstoffsäure verhält und ihrem Wasserstoff das Chlor zu entreissen sucht. Diess kann nur dadurch geschehen, dass der Wasserstoff einen Ersatz für das Chlor erhält, welches ihm entrissen werden soll. Der Sauerstoff der Luft ist dieser Ersatz wodurch Wasser gebildet wird.

Wenn eine Verunreinigung mit Gyps nicht schadet, so kann man dieses Salz auch durch Wechselzersetzung der Auflösungen von

1 M.G. oder 198 Pf. schwefelsauren Eisenoxyd und
3 M.G. oder $167\frac{7}{10}$ Pfund Chlorcalcium

darstellen. Der schwefelsaure Kalk oder Gyps fällt zu Boden und die braune Flüssigkeit ist Anderthalb-Chloreisen. Sie muss wenigstens 8 Tage alt werden, ehe man sie in Gebrauch nimmt, weil sich in dieser Zeit noch viel Gyps abscheidet.

In der Seidenfärberei wird dieses Salz vorzugsweise angewendet, um sie hernach mit Cyaneisenkalium blau zu färben. Mit Wolle verträgt es sich nicht. Sie wird davon hart und brüchig und das, was man in der Farbe verbraunt nennt. Als Zusatz zu dunklen Tafeldruckfarben ist es dagegen sehr geeignet.

Einfach-Chloreisen und Anderthalb-Chloreisen sind wesentlich verschieden in ihrem chemischen Verhalten. Diess zeigt sich besonders deutlich, wenn man ihre Auflösungen mit Cyanverbindungen vermischt; so z. B. giebt:

Gelbes Cyaneisenkalium

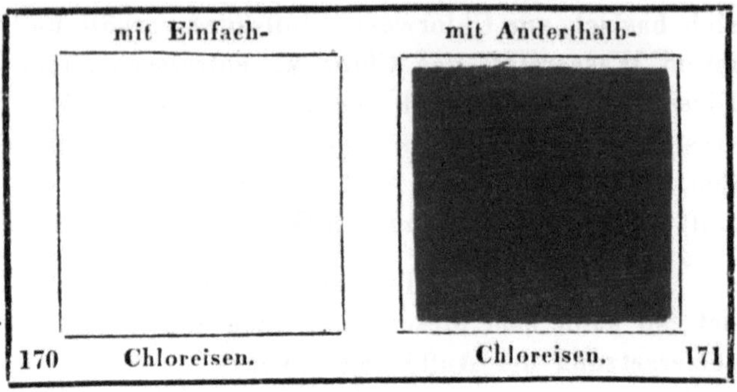

das hier Vorgestellte. № 170 ist weiss; es war aber nicht in der Wirklichkeit im Rahmen anzubringen, weil es durch den Sauerstoff der Luft sogleich blau und in № 171 umgewandelt wird. Enthält daher das Einfach-Chloreisen nur eine Spur von Anderthalb-Chloreisen, so erscheint der Niederschlag sogleich bläulich statt weiss. Umgekehrt wirkt das

Rothe Cyaneisenkalium auf

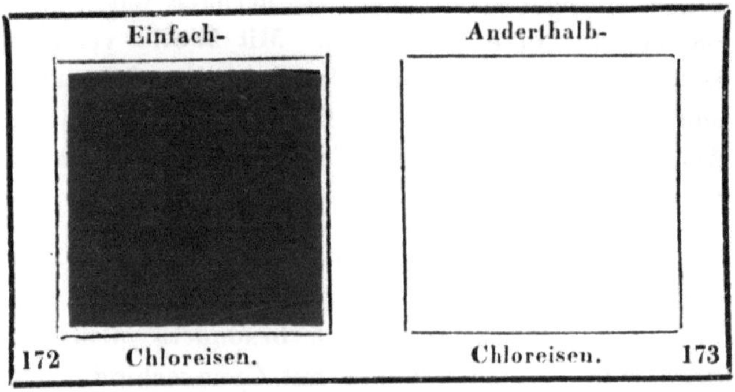

Hier wird bei № 173 gar nichts niedergeschlagen daher kann man vermöge dieses Verhaltens sogleich wissen, ob ein Anderthalb-Chloreisen mit Einfach-

Chloreisen verunreinigt ist. Es wird sich dann mit rothem Cyaneisenkalium ein mehr oder minder blauer Niederschlag bilden.

Schüttelt man Aether mit einer concentrirten Auflösung von Anderthalb-Chloreisen, so nimmt der Aether etwas auf und wird gelb. Mit starkem Weingeist versetzt, stellt diess die sogenannte Nerventinktur von Bestuscheff dar. Im Sonnenlicht verschwindet die gelbe Farbe, die im Dunkeln wiederkehrt. Es erinnert dieser Farbenwechsel an den des blauen Cyaneisens auf Seide (vergl. weiter unten). Dieses macl' das Licht auch farblos und Dunkelheit ruft das Blau wieder hervor.

Manchmal nimmt eine solche Tinktur im Lichte, anstatt zu bleichen, eine dunkelgrüne Farbe an. Diess rührt von der Gegenwart der Salpetersäure her und kann sich leicht ereignen, wenn das Anderthalb-Chloreisen mit Hülfe der Salpetersäure oder des Königswassers dargestellt wurde.

Die Eigenschaft des Anderthalb-Chloreisens, sich in der Hitze zu verflüchtigen, ist dem Salmiakfabrikanten sehr unangenehm, weil es bei der Sublimirung des rohen, eisenhaltigen Salmiaks sich mit erhebt und den Salmiak gelb färbt. Es giebt jedoch ein sehr einfaches Mittel, diess zu verhüten: die Kochenkohle, die das Eisensalz in der Hitze zerlegt. Es wird Eisenoxyd abgeschieden und dieses zu Oxydul reduzirt.

Ausserdem löst Salmiak das Eisenoxyd sehr leicht auf, oder vielmehr verwandelt es in Anderthalb-Chloreisen und verbindet sich dann mit diesem. Daher bekommen die Salmiakscheiben an den Stellen, wo der Glasballon, in dem sie sublimirt worden, einen Riss hatte, gelbe Flecke, indem der umgebende eisenoxydhaltige Sand mit den Salmiakdämpfen in Berührung kam. Hiegegen giebt es kein anderes Mittel, als das Aussuchen eines guten Glases, welches nicht so leicht springt.

Man vermischt den Salmiak auch absichtlich mit Anderthalb-Chloreisen, um ein altes Arzneimittel darzustellen, welches Sal ammoniacum martiale genannt wird. Man löst das Eisensalz und Ammoniaksalz zusammen auf und lässt krystallisiren. Es bilden sich schöne, rubinrothe Krystalle, die trotz der dunklen Farbe doch nur 2 pCt. Anderthalb-Chloreisen enthalten. Daher kann diese Verbindung nicht als ein eigentliches Doppelsalz betrachtet werden. Denn durch nochmaliges Auflösen und Krystallisiren erhält man wieder Krystalle mit einem andern, geringeren Eisengehalt. Zum Arzneigebrauch werden daher beide Salze in bestimmten Verhältnissen zusammen aufgelöst und zur Trockne abgedampft. Hier hat man ein immer gleichbleibendes Produkt.

Die älteste Methode, diese Verbindung zu bereiten, dass man Eisenfeilspäne mit Salmiakauflösung befeuchtet, mehrere Tage der Luft aussetzt, dann trocknet und in einem gläsernen Kolben sublimirt, giebt ein nach den Umständen und der Menge, welche man bearbeitet, verschiedenes Produkt. Auch enthält es ausser Anderthalb-Chloreisen, wovon es gelb gefärbt ist, Einfach-Chloreisen, was nothwendig auf seine medizinische Wirkung von Einfluss ist.

Das Anderthalb-Chloreisen ist dasjenige Eisensalz, welches man am häufigsten bei der Analyse eisenhaltiger Verbindungen erhält, zugleich mit denjenigen Metallen, die die anderen Bestandtheile ausmachten. Es ist daher sehr wichtig, sein Hauptverhalten zu kennen und das näher anzugeben, wodurch es sich von anderen Chlormetallen unterscheidet, weil hiemit dann zugleich das Mittel an die Hand gegeben ist, die Trennung derselben von einander zu bewirken. Ich werde daher sein Hauptverhalten angeben und möglichst viel Nutzanwendungen daraus zu ziehen suchen.

Eine wässerige Auflösung von Anderthalb-Chloreisen wird durchs Kochen theilweise zerlegt. Es wird Anderthalb-Sauerstoffeisen oder Eisenoxyd gebildet und fällt nieder, indess gleichzeitig eine entsprechende Menge Chlorwasserstoffsäure entsteht. Diese verhindert die fernere Zersetzung des übrigen Chloreisens, welche jedoch sogleich von Neuem eintritt, wenn man diese Säure durch kohlensaures Ammoniak neutralisirt und nun wieder kocht. Derselbe Zerlegungsprozess beginnt nun von Neuem, bis sich wieder so viel Chlorwasserstoffsäure gebildet hat, als hinlänglich ist, um die Bildung und Abscheidung des Eisenoxyds zu verhindern.

Auf diese Weise ist es möglich, alles Eisen aus dem Chloreisen in der Form von Eisenoxyd zu fällen und alles Chlor desselben Salzes in Chlorwasserstoffsäure zu verwandeln, welche in Verbindung mit dem Ammoniak in der Mutterlauge bleibt.

Man wendet diess Verhalten dazu an, solche Chlormetalle, deren Auflösungen nicht durch Kochen zersetzt werden, von Eisen zu befreien, z. B. das Chlormangan, Chlorzink und Chlorchrom.

Die Zink-, Mangan- und Chromproben mittelst Marmor (S. 30, S. 63 und S. 132) gründen sich darauf, dass ihre Chlorverbindungen in der Kälte nicht durch kohlensauren Kalk zerlegt werden. Anderthalb-Chloreisen dagegen wird vollständig zerlegt: es scheidet sich unter Bildung von Chlorcalcium Eisenoxydhydrat ab.

Hieraus folgt, dass man Zink, Mangan und Chrom sehr leicht eisenfrei machen kann. Es ist aber nöthig, dass sich das Eisen im Zustande von Anderthalb-Chloreisen in der Auflösung befinde; denn Einfach-Chloreisen wird von kohlensaurem Kalk nicht zerlegt. Daher muss man dieses, wenn es vorhanden ist, erst durch Kochen mit Salpetersäure in jenes verwandeln.

Zu beachten ist, dass hiedurch die Metallauflösungen mit Chlorcalcium verunreinigt werden. Bei vielen Prozessen schadet diess nicht, allein bei Analysen macht es Schwierigkeiten, es wieder wegzuschaffen. Man nimmt daher in diesem Fall besser kohlensauren Baryt anstatt des kohlensauren Kalks, da er sich ganz gleich zum Anderthalb-Chloreisen verhält. Durch Zusatz von Schwefelsäure kann man alsdann sehr leicht das gebildete Chlorbarium zerlegen und als schwefelsauren Baryt absondern.

Das Ammoniak fällt aus einer Auflösung von Anderthalb-Chloreisen Eisenoxydhydrat, welches nach dem Auswaschen zu einer festen glasigen Masse eintrocknet, die das schwarzbraune Pulver № 174 giebt. Durch Glühen entweicht nicht nur Was-

1½ Chloreisen und

174 Ammoniak.

ser, sondern auch Ammoniak und es bleibt reines Eisenoxyd zurück.

Man befolgt diesen Weg, wenn es sich darum handelt, den Eisengehalt einer Anderthalb-Chloreisenauflösung zu bestimmen, um dann aus dem Gewicht des geglühten Eisenoxyds die Eisenmenge zu berechnen, indem

78 Gran Eisenoxyd

54 Gran Eisen

anzeigen.

Kali oder Natron können hier nicht das Ammoniak ersetzen, weil sie sich auch mit dem Eisenoxydhydrat verbinden und nicht wie das Ammoniak durch Glühen zu entfernen sind.

Vermischt man Anderthalb-Chloreisen mit bernsteinsaurem Natron im Ueberschuss, so entsteht

Bernsteinsaures

175 Eisenoxyd.

ein in Wasser unauflöslicher Niederschlag von bernsteinsaurem Eisenoxyd und die überstehende Flüssigkeit ist frei von Eisen, vorausgesetzt dass das Chloreisen keine Chlorwasserstoffsäure enthielt. Ist diess der Fall, so muss sie vorher mit Ammoniak gesättigt werden, der Niederschlag wird gut gewaschen, getrocknet und dann geglüht. Es bleibt reines Eisenoxyd zurück.

Man macht von diesem Verhalten Gebrauch, um bei chemischen Analysen das Eisen von Manganoxydul und anderen Oxyden, welche durch bernsteinsaures Natron nicht niedergeschlagen werden, zu trennen.

Um den Eisengehalt eines Salzes schnell sichtbar zu machen, z. B. in einer farblosen Auflösung des schwefelsauren Zinkoxyds, setzt man etwas Chlorkalkauflösung hinzu. Es entsteht sogleich eine gelbbraune Färbung und Niederschlag, wenn Eisen vorhanden ist, sonst nicht. Es bildet sich nämlich Anderthalb-Chloreisen, das aber durch den überschüssigen Kalk der Chlorkalkauflösung unter Bildung von Chlorcalcium in Eisenoxydhydrat zerlegt wird.

Eisen und Cyan.

Blicken wir zurück auf die beschriebenen Verbindungen des Eisens mit den Brennern, so ist das Verhältniss von Einfach- und Anderthalb- das stets wiederkehrende; wir haben ein

Einfach- und Anderthalb-Sauerstoffeisen,
Einfach- und Anderthalb-Schwefeleisen und
Einfach- und Anderthalb-Chloreisen

kennen gelernt, wozu sich nun noch ein

Einfach- und Anderthalb-Cyaneisen

gesellt, welche beide, wegen ihrer in die Augen fallenden Eigenschaften und ihrer Anwendung in der chemischen Technik unsere ganze Aufmerksamkeit in Anspruch nehmen.

Es war vor mehr als hundert Jahren, dass die blaue Verbindung des Cyans mit Eisen, wodurch es sich am meisten auszeichnet, in Berlin von **Diesbach** entdeckt wurde. Daher nannte man diess Blau **Berliner Blau** und später ein ähnliches, schöneres Produkt **Diesbacher Blau**.

Die Franzosen und Engländer nennen diese Farben Preussisch Blau, und die daraus darzustellende Cyanwasserstoff- oder Blausäure, Preussische Säure (acide prussique).

Einfach-Cyaneisen.

Mit Eisen verbinden sich Sauerstoff, Schwefel und Chlor direkt, wenn diese gasförmig sind und das Eisen heiss ist. So nicht das Cyan. Es muss, um Cyaneisen zu bilden, gleichzeitig mit einer starken Hitze eine starke Basis einwirken, nämlich das Kalium, und man erhält alsdann eine Doppelverbindung von Einfach-Cyaneisen mit Einfach-Cyankalium in dem bekannten gelben Cyaneisenkalium, dessen Darstellungs- und Verhaltungsweise in meiner Einleitung in die technische Chemie, Berlin 1836 S. 354 angegeben ist.

Aus diesem Salze kann man nun, wiewohl durch mehrere Umwege, das Cyaneisen abscheiden. Zuerst muss aus ihm das Kalium entfernt werden. Diess kann nicht ohne Dazwischenkunft eines Dritten geschehen, da die Verbindung zu innig ist, um so ohne Weiteres aufgehoben werden zu können. Man ersetzt also vorläufig das Kalium durch ein anderes Metall und zwar ein solches, dessen Wiederabscheidung nicht schwierig ist, und entfernt dann leicht das Uebrige, so dass bloss Cyaneisen zurück bleibt.

Dieses Metall, welches znm Ersatz des Kaliums dient, ist das Blei. Man vermischt Auflösungen von Cyaneisenkalium und salpetersaurem

Bleioxyd mit einander und wäscht den weissen

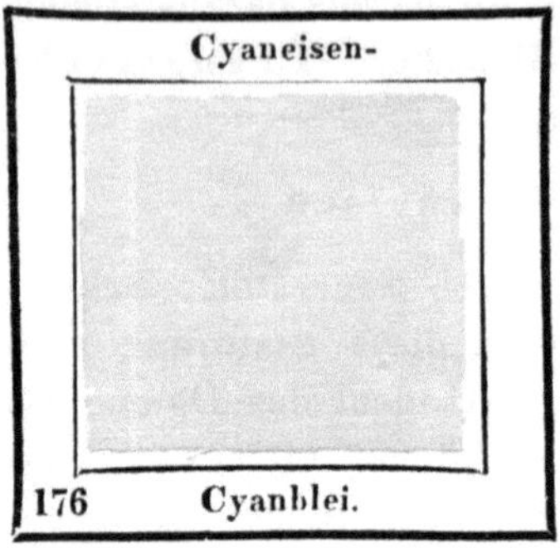

Niederschlag gut aus. Er ist Cyaneisen in Verbindung mit Cyanblei dadurch entstanden, dass das Kalium, das Cyan verlassend, den Sauerstoff und die Salpetersäure des Bleisalzes aufgenommen, und zu salpetersaurem . gleichzeitig Cyan und hern Verbindungen, sich :n.

nun das Blei zu entfer- Ammoniak geschieht es. ıuflösung desselben, wo- ;yansalzes kohlensaures ınd die Flüssigkeit Cyan- :löst enthält. Durch Mi- eist wird diese Verbin- eschlagen, da Abdampfen :inwirkt.

: dem reinen Cyaneisen

schon ziemlich nahe gerückt. Es fehlt nichts weiter, als das Cyanammonium davon zu trennen. Es wird daher bei abgehaltener Luft getrocknet u. vorsichtig erhitzt: Wasser und Cyanammonium entwickeln sich, und das Einfach-Cyaneisen bleibt zurück. Würde man die Erhitzung beim Zutritt der Luft vornehmen, so würden die Bestandtheile des Cyans verbrennen, und ebenso das Eisen, sich in Eisenoxyd verwandelnd.

Auch in Verbindung mit Wasser lässt es sich als eine weisse Masse erhalten, wenn man reines frischgefälltes Diesbacherblau № 187 mit Schwefelwasserstoff bei abgehaltener Luft digerirt. Es wird bei Luftberührung wieder zersetzt und färbt sich blau.

Wenn man, anstatt das Cyaneisenkalium mit salpetersaurem Bleioxyd zuzerlegen (S. 438), eine Auflösung von Einfach-Chloreisen damit vermischt, verwandelt sich das ganze Salz in ein Einfach-Cyaneisenhydrat mit weisser Farbe. Es tauschen in diesem Fall Chloreisen und Cyankalium ihre Bestandtheile gegen einander aus, Chlorkalium und Cyaneisen bildend.

Dieselbe Verbindung erhält man, wenn anstatt Chloreisen schwefelsaures Eisenoxydul mit Cyaneisenkaliumauflösung vermischt wird. In beiden Fällen ist jedoch der Niederschlag nur dann weiss, wenn die Auflösungen völlig sauerstofffrei waren, widrigenfalls ist er mehr oder minder blau von gebildetem Anderthalb-Cyaneisen, wie er denn auch durch Aussetzen an die Luft zuletzt dunkelblau wird, und sich in sogenanntes Berlinerblau № 189 verwandelt.

Es ist diess die gewöhnliche Methode, diese Farbe darzustellen, aber wie man sehen wird, eine unvortheilhafte. Der weisse Niederschlag enthält nämlich eine grosse Menge Cyaneisenkalium, welches ihm erst, nachdem er durch die Luftberührung blau geworden, durch das Auswaschen entzogen werden kann. Dieses geht also für den Fabrikanten verloren. Auch scheidet sich, indem das Einfach-Cyaneisen in Anderthalb-Cyaneisen übergeht, (welches zur Bildung dieser blauen Farbe nothwendig ist,) Eisenoxyd ab, das durch Säure weggenommen werden muss. Beim Anderthalb-Cyaneisen ist eine bessere Bereitungsart angegeben.

In dem Zustande, wie № 177, hat das Cyaneisen keinen technischen Werth, es bekommt ihn erst durch die Verbindungen, welche es mit anderen Cyanmetallen bildet. So giebt es, wie schon S. 437 angeführt, mit Cyankalium das für die Färberei und Druckerei und für die Arzneikunde so wichtige Salz, das Einfach-Cyaneisen-Cyankalium, welches man im Handel gewöhnlich „blausaures Kali" nennt. Es sieht gelb aus, daher es auch gelbes Cyaneisenkalium heisst, zum Unterschied von dem Anderthalb-Cyaneisen-Cyankalium, welches eine rothe Farbe hat und kürzer mit dem Namen rothes Cyaneisenkalium bezeichnet wird.

Das gelbe Cyaneisenkalium besteht aus

1 M.G. oder 53 Pfund Einfach-Cyaneisen
2 M.G. oder 130,4 Pfd. Einfach-Cyankalium und
3 M.G. oder 27 Pfund Wasser

giebt $210\frac{4}{10}$ Pfund als Mischungsgewicht.

Nimmt man nun aus diesem Salze die 2 M.G. Kalium hinweg und setzt dafür 2 M.G. eines anderen Metalls z. B. Zink, Mangan, Blei, Kupfer, Silber, so erhält man die entsprechende Cyaneisen-Cyanzink- etc. Verbindung. Zu diesem Endzweck werden die Salze der genannten Metalle in Wasser aufgelöst und mit der Cyaneisenkaliumauflösung vermischt, wobei zu merken, dass immer

2 M.G. Metallsalz auf
1 M.G. Cyaneisenkalium

erforderlich sind, weil letzteres 2 M.G. Kalium enthält, denen 1 M.G. Sauerstoff und 2 M.G. Säure zugeführt werden müssen, um die Scheidung zu bewirken. Als Beispiele können dienen:

Einfach-Cyaneisen-

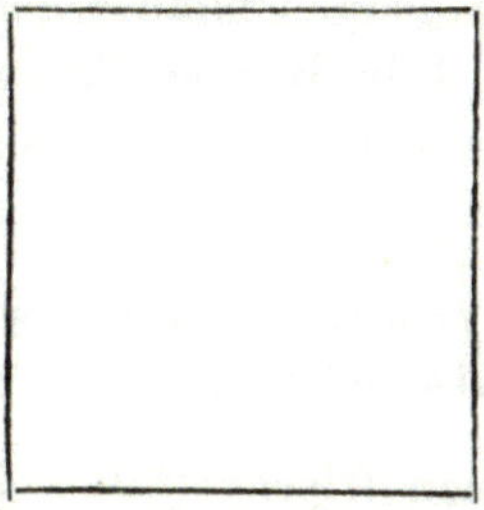

178 Cyanzink.

Einfach-Cyaneisen-

179 Cyanmangan.

Einfach-Cyaneisen-

Cyankupfer. 180

Sie sind auf die angegebene Weise dargestellt, indem Auflösungen von

2 M.G. oder 286 Pfund schwefelsaurem Zinkoxyd
2 M.G. oder 224 Pfd. schwefelsaurem Manganoxydul
2 M.G. oder 250 Pfd. schwefelsaurem Kupferoxyd

mit den Auflösungen von

1 M.G. oder 210 Pfund Cyaneisenkalium zusammengemischt und die Niederschläge wohl ausgesüsst wurden. Die Manganverbindung № 179 hat ursprünglich eine weisse Farbe, sie geht aber in die röthliche über beim Trocknen, wahrscheinlich in Folge der Aufnahme von etwas Sauerstoff.

Vermöge der starken Färbung mancher dieser Verbindungen qualifizirt sich das Cyaneisenkalium zu einem Reagens, besonders auf Eisen und Kupfer. Für Eisen ist es jedoch minder genau, da es selbst Eisen enthält. Für Kupfer dagegen ist es ganz vorzüglich, wie bei diesem Metall selbst nachzusehen ist.

Einfach-Cyaneisen-Cyanwasserstoff, auch Eisenblausäure genannt.

Vertheilt man frischgefülltes Einfach-Cyaneisen-Cyanblei № 176 S. 438 in Wasser und lässt Schwefelwasserstoffgas hineinströmen, so wird Alles schwarz von gebildetem Schwefelblei und die klare Flüssigkeit enthält die oben genannte Verbindung aufgelöst. Es wird bei diesem Prozess das Cyan des Bleisalzes gegen den Schwefel des Schwefelwasserstoffs ausgetauscht, und Schwefelblei fällt nieder, indess der Wasserstoff des Schwefelwasserstoffs sich mit dem abgeschiedenen Cyan zu Cyanwasserstoff vereinigt, und dieses mit dem Cyaneisen eine in Wasser auflösliche Verbindung bildet.

Sie wird, wiewohl unrein, auch dadurch erhalten, dass man Cyaneisenkaliumauflösung mit Schwefelsäure in solchem Verhältniss mischt, dass auf

1 M.G. oder 210 Pfund Cyaneisenkalium
2 M.G. oder 98 Pfund Schwefelsäure

kommen; in welchem Fall dann das Kalium durch Wasserzerlegung zu Sauerstoffkalium oder Kali wird, welches zur Schwefelsäure übergeht, während der Wasserstoff des Wassers Cyanwasserstoff bildet, der mit dem Cyaneisen in Verbindung tritt.

Der Kattunfärber bildet immer diese Verbindung, wenn er mit Eisenauflösung gebeizte oder bedruckte Kattune chemischblau färben will. Ein mit heissem Wasser gereinigtes Stück Eisenbeizkattun erleidet nämlich in einer Auflösung von Cyaneisenkalium gar keine Veränderung, es verhält sich genau so, als wenn man Eisenoxydhydrat hineinrührt, denn auch diess bewirkt keine Zersetzung und behält seine rothgelbe Farbe. Soll sie eintreten, so ist das Kali zu entfernen, indem man Schwefelsäure hinzufügt und zwar in dem Verhältniss, wie es eben angegeben ist, um sogenannte Eisenblausäure zu erzeugen. Man setzt aber die Säure nicht auf einmal, sondern nach und nach hinzu, damit nicht alles Cyansalz auf einmal zerlegt werde, was eine Entwicklung von Blausäure, also Verlust zur Folge haben könnte.

Diesem nach ist der Cyaneisen-Cyanwasserstoff eine Verbindung gerade so, wie das Cyaneisen-Cyankalium, nur mit dem Unterschied, dass es anstatt 2 M.G. Kalium 2 M.G. Wasserstoff enthält.

Die wässerige Auflösung wird durch Kochen leicht zerlegt. Es entwickelt sich Cyanwasserstoff oder Blausäure und indem gleichzeitig die Luft einwirkt, entsteht etwas Anderthalb-Cyaneisen und daher ein blauer Niederschlag. Merkwürdig ist es, dass diese Zerlegung ungleich rascher geschieht, wenn sich Wolle in der siedenden Flüssigkeit befindet. Nun sammelt sich auch der Niederschlag nicht am Boden, er wird vielmehr gänzlich von der Wolle angezogen, so dass die Flüssigkeit vollkommen farblos erscheint. Die Wolle bekommt dadurch eine recht schöne blaue Farbe, nur schade dass sie zu theuer ist, indem hier beinah 2 M.G. Cyan ganz ungenützt in der Form von Cyanwasserstoff verloren gehen.

Wasserdampf bewirkt eine eben solche Zersetzung wie das Kochen. Man druckt mit Weinsteinsäure versetzte Cyaneisenkaliumauflösung auf Kattun, und dämpft diesen nach dem Trocknen. Es erscheint das Muster mit einer schönen blauen Farbe.

Anderthalb-Cyaneisen.

Diese dem Anderthalb-Sauerstoff- und Anderthalb-Chloreisen entsprechende Verbindung kann nicht für sich dargestellt werden, aber sie macht

Pariser Blau.

181

ihre Existenz gar wohl bemerklich in der tief blauen Farbe, welche man Pariser Blau nennt. Es ist diess eine Verbindung von Einfach-Cyaneisen № 177 mit Anderthalb-Cyaneisen, dadurch hervorgebracht, dass man eine Auflösung von Cyaneisenkalium mit Anderthalb-Chloreisen vermischt. Dieses

Chloreisen bewirkt nämlich die Zersetzung des Cyankaliums in der Art, dass sich Chlorkalium einerseits und Anderthalb-Cyaneisen andererseits bildet, welches dann mit dem unzersetzt gebliebenen Einfach-Cyaneisen die blaue Farbe № 181 darstellt.

Da dieser Entstehungsweise gemäss das Anderthalb-Cyaneisen dem Anderthalb-Chloreisen entsprechend zusammengesetzt sein muss, so ist sein Bestandtheilverhältniss:

2 M.G. oder 54 Pfund Eisen und
3 M.G. oder 78 Pfund Cyan
zu 1 M.G. oder 132 Pfund Anderthalb-Cyaneisen vereinigt.

Diess Anderthalb-Cyaneisen ist nun mit dem Einfach-Cyaneisen № 177 S. 438, im Pariser Blau so verbunden, dass auf

3 M.G. oder 159 Pfund Einfach-Cyaneisen
2 M.G. oder 264 Pfund Anderthalb-Cyaneisen

kommen. Diess ist durch genaue chemische Untersuchungen dargethan, deren Richtigkeit dadurch controllirt werden kann, dass man Auflösungen von

3 M.G. oder 631 Pfd. gelben Cyaneisenkalium u.
2 M.G. oder 156 Pfd. Anderthalb-Chloreisen

so zusammen mischt, dass die Zerlegung auf der Stelle erfolgt, ohne dass von der Auflösung des einen oder des anderen Salzes ein augenblicklicher Ueberschuss vorhanden ist. Man bewirkt diess dadurch, dass man die Auflösungen beider Salze mit so viel Wasser vermischt, dass sie einen gleichgrossen Raum in zwei gleichgrossen Gefässen einnehmen, und dass man sie aus Hähnen mit gleichgrossen Oeffnungen gleichzeitig in ein drittes kleines Gefäss laufen lässt, worin sie rasch mit einander vermischt werden, um dann in ein grösseres Behältniss abzufliessen.

In diesem Fall kommen dann die Bestandtheile der beiden Salze so zusammen, dass sie sich nun in dem oben angegebenen Verhältniss vereinigen können. Da jedoch im Grossen, wegen der nicht völligen Reinheit der Materialien, kein so genaues Arbeiten möglich ist und ein Ueberschuss von Eisensalz der Farbe schädlich ist, dagegen etwas mehr Cyansalz als zum Fällen nöthig ist, ohne Nachtheil für die Farbe sich zeigt, so hat der Fabrikant um der Sicherheit willen von dem letzteren etwas mehr zu nehmen.

Auch ist es im Grossen nicht vortheilhaft, Anderthalb-Chloreisen anzuwenden, da es zu theuer kommt und hier nur aufgeführt ist, um die Ansicht von der Bildung dieser Verbindung zu erleichtern. Es kann sehr gut durch ebenso viele Mischungsgewichte schwefelsaures Eisenoxyd S. 396 ersetzt werden.

Durch Kali wird das Pariserblau zerlegt, und man erhält alsdann die Stoffe wieder, die zu seiner Bildung angewendet wurden. Trägt man nämlich diese blaue Farbe in eine erwärmte Kaliauflösung ein, so verschwindet sie schnell und geht in die von № 182 über. Diese rührt vom Eisenoxydhydrat her, welches sich dadurch abscheidet, dass das Anderthalb-

Pariser Blau

182 und Kali.

Cyaneisen vom Kali so zerlegt wird, dass sich wieder Cyankalium bildet, und der Sauerstoff des Kalis mit dem Eisen verbunden als Eisenoxyd sich abscheidet. Das Einfach-Cyaneisen bleibt hiebei unzersetzt, und verbindet sich mit dem neuentstandenen Cyankalium wieder zu gelbem Cyaneisenkalium.

Das Kali und Natron der Seifen wirken auf ganz gleiche Weise, daher diese schöne Farbe nicht zum Aechtblaufärben zu gebrauchen ist.

Rothes Cyaneisenkalium.

Wie das Einfach-Cyaneisen sich mit dem Cyankalium zu einem eigenthümlichen Salze, dem gelben Einfach-Cyaneisen-Cyankalium verbindet, so giebt es auch ein entsprechendes Salz, welches das Anderthalb-Cyaneisen in Verbindung mit Cyankalium enthält, und von jenem durch den Namen rothes Cyaneisenkalium unterschieden wird. Es besteht aus

1 M.G. oder 132 Pfund Anderthalb-Cyaneisen und
3 M.G. oder 195,6 Pfund Einfach-Cyankalium
327,6

und wird dadurch gebildet, dass man 2 M.G. des gelben Cyaneisenkaliums 1 M.G. Kalium einzieht, wodurch das Cyan, welches mit diesem Kalium verbunden ist, genöthigt wird, sich auf 2 M.G. Einfach-Cyaneisen zu werfen, wodurch dann 1 M.G. Anderthalb-Cyaneisen entsteht, welches mit dem unzersetzt gebliebenen Cyankalium sich zu diesem Salze vereinigt. Es ist diess sehr leicht zu übersehen, wenn man die einzelnen Bestandtheile beider Salze neben einander stellt.

Gelbes Cyaneisenkalium:		Rothes Cyaneisenkalium:	
Kalium	M.G. 4	3 M.G.	Kalium
Eisen	M.G. 2	2 M.G.	Eisen
Cyan	M.G. 6	6 M.G.	Cyan.

Also nur 1 M.G. Kalium ist in dem gelben Salze zu viel enthalten, um das rothe zu sein. Es wird ihm dadurch entzogen, dass man in seine Auflösung so lange Chlorgas strömen lässt, bis beim Vermischen mit etwas Anderthalb-Chloreisen kein blauer Niederschlag mehr entsteht. Es ist diess der Beweis, dass alles Einfach-Cyaneisen in Anderthalb-Cyaneisen übergegangen ist. Denn der Hauptunterschied im Verhalten beider Salze besteht darin, dass das gelbe, welches Einfach-Cyaneisen enthält, nun mit Anderthalb-Chloreisen, dagegen das rothe, welches Anderthalb-Cyaneisen enthält, nun mit Einfach-Chloreisen eine blaue Verbindung bildet.

Das 1 M.G. Kalium, welches hiebei dem gelben Cyaneisenkalium durchs Chlor entzogen wird, wird zu Chlorkalium, welches man von dem rothen Salze durch Abdampfen und Krystallisiren scheidet. Man wiederholt das Wiederauflösen und Krystallisiren so oft, bis die Krystalle eine schön rubinrothe Farbe haben.

Man hat noch keine Gelegenheit, dieses Salz im Grossen darzustellen, da die Färber es noch nicht hinlänglich kennen und es kein Handelsartikel ist. Ich glaube, es verdiente dieses zu sein, und könnte vielleicht Anlass zur Erfindung einiger neuen Farbencombinationen in der Kattundruckerei geben. Um zugleich den Unterschied dieses Salzes vom Einfach-Cyaneisenkalium zu zeigen, stelle ich hier die Niederschläge, welche es mit Zink-, Mangan- und Kupfersalzen beim Zusammenmischen der Auflösungen erzeugt und die mit den entsprechenden auf S. 441 zu vergleichen sind.

Anderthalb-Cyaneisen-

183 Cyanzink.

Anderthalb-Cyaneisen-

184 Cyanmangan.

Anderthalb-Cyaneisen-

Cyankupfer. 185

Das Verhältniss der Bestandtheile dieser Verbindungen ergiebt sich aus dem Bestandtheilverhältniss des zur ihrer Darstellung angewendeten rothen Salzes, wie es S. 447 angegeben. Beim Vermischen seiner Auflösung mit Metallauflösungen werden die 3 M.G. Einfach-Cyankalium so zerlegt, dass das Kalium, den Sauerstoff und die Säuren aufnehmend, dem anderen Metall den Platz einräumt, so dass an die Stelle von 3 M.G. Einfach-Cyankalium 3 M.G. Einfach-Cyanzink, -mangan oder

-kupfer entstehen. Das Anderthalb-Cyaneisen bleibt hiebei ebenfalls unzersetzt, wie S. 441 das Einfach-Cyaneisen, und bildet mit jenen die unter № 183, № 184, № 185 aufgeführten Verbindungen. Man hat demnach Auflösungen von

3 M.G. oder 429 Pfd. schwefelsaurem Zinkoxyd,
3 M.G. oder 336 Pfd. schwefelsaurem Manganoxydul,
3 M.G. oder 375 Pfd. schwefelsaurem Kupferoxyd,

mit einer Auflösung von

1 M.G. oder $327\frac{6}{10}$ Pfund Anderthalb-Cyaneisenkalium

zu vermischen, um weder von dem einen, noch von dem anderen Salze einen Ueberschuss anzuwenden.

Das rothe Cyaneisenkalium giebt nach S. 430 nur mit Einfach-Chloreisen eine blaue Verbindung, die ich nach dem Entdecker Gmelin's Blau nenne, und die der Hauptsache nach mit dem Pariser Blau № 182 S. 446 übereinstimmt, aber doch so wohl in der Nüanze, als auch in der chemischen Zusammensetzung von diesem abweicht. Dieses enthält nämlich verhältnissmässig mehr Anderthalb-Cyaneisen, indess Gmelin's Blau mehr Einfach-Cyaneisen enthält, wie aus folgender Zusammenstellung zu ersehen:

Gmelins Blau.

186

Pariser Blau:	Gmelin's Blau:
Einfach-Cyaneisen 3 M.G.	3 M.G. Einfach-Cyaneisen
Andert.-Cyaneisen 2 M.G.	1 M.G. Andert.-Cyaneisen

Würde man also aus dem Pariser Blau 1 M.G. Anderthalb-Cyaneisen hinwegnehmen können, so würde Gmelin's Blau entstehen.

Wie das Pariser Blau mit Kaliauflösung behandelt zerlegt wird, und sich wieder Einfach-Cyaneisenkalium bildet (S. 446), so geschieht auch dasselbe mit Gmelin's Blau, und man erhält wieder Anderthalb-Cyaneisenkalium unter Abscheidung von Eisenoxydul.

Diesbacher Blau.

187

Es giebt noch ein drittes Blau im Handel, welches beide an Schönheit übertrifft und Diesbacher Blau genannt wird. Es ist ein Gemisch von beiden: vom Pariser und Gmelin's Blau, wie man daraus abnehmen kann, dass es mit warmer Kaliauflösung zerlegt, nach dem Abdampfen und Krystallisiren weder Einfach- noch Anderthalb-Cyaneisenkalium allein, sondern ein Gemenge beider Salze giebt. Man erkennt diess daran, dass sich sowohl rothe, als gelbe Krystalle bilden, und dass die Auflösung sowohl mit Einfach-, als mit Anderthalb-Chloreisen oder sowohl mit schwefelsaurem Eisenoxydul, als auch mit schwefelsaurem Eisenoxyd blaue Niederschläge bildet.

Auch spricht seine Darstellungsweise für diese Ansicht von seiner Zusammensetzung. Schwefelsaure Eisenoxydulauflösung wird mit Einfach-Cyaneisenkaliumauflösung vermischt, und der Nieder-

29 *

schlag welcher Einfach-Cyaneisenhydrat ist (vergl. S. 439), wird, nach dem Auswaschen, mit concentrirter Schwefelsäure und Salpetersäure behandelt. Die Masse geräth unter Entwicklung rother Dämpfe ins Kochen und verwandelt sich in das tiefe Blau № 187, dem man dann durch sorgfältiges Auswaschen alle Säure nimmt. Diese Cyanverbindung hat eine äusserst angenehme Farbe und zeigt im Bruch einen Kupferglanz, wie ihn der schönste Indigo nicht besitzt.

Gelegenheitlich dieses Kupferglanzes ist zu bemerken, dass man beim Einkauf dieser blauen Farben ebenso darauf halten muss, wie beim Indig. Es ist durchaus richtig, dass je röther der Indig im Bruch erscheint, er auch um so farbenreicher ist. Dasselbe gilt vom Diesbacher Blau, es hat den röthesten Ton und auch das grösste Färbungsvermögen. Ist es dagegen mit ungefärbten Stoffen z. B. Thonerde vermischt, also verdünnt, so verschwindet das Roth ganz und das reine Blau tritt hervor. Blau in seiner höchsten Concentration geht also in Roth über, wie umgekehrt Roth in seiner höchsten Concentration in Blau übergeht, wie man am Saflor- oder dem sogenannten Tassenroth sehen kann, das wie eine Pfaufeder schimmert und erst beim Auflösen in Wasser, also beim Verdünnen roth erscheint. Hiemit mag auch Zusammenhängen, dass tiefes Blau in der Dämmerung betrachtet hell, tiefes Roth dagegen dunkel erscheint.

Diese Betrachtungen führen mich auf das Berliner Blau.

Berliner Blau.

188

Es hat keinen rothen Bruch, weil es mit Thonerde vermischt ist. Man hat diesen Zusatz in der Absicht gemacht, um der Farbe mehr Körper zu geben. Diess scheint mir nach dem, was Einleitung in die technische Chemie Berlin 1836 S. 533 von der Verbindung zwischen Thonerde und Oehl gesagt ist, nicht wahrscheinlich. Sie bewirkt nichts weiter, als dass sich das Cyaneisen, womit sie gemengt ist, inniger mit dem Oehle verbinde.

Bei der Darstellung dieser Farbe kann man einen grossen Fehler begehen, wenn man nämlich Alaun und Eisenvitriol zusammen auflöst, und nun mit Cyaneisenkaliumauflösung vermischt. Es geht hiebei eine dem Alaun entsprechende Menge Cyan verloren. Alaun und Cyaneisenkalium zerlegen sich nämlich in der Art, dass die Schwefelsäure des Alauns sich mit dem Kali des letztern Salzes verbindet, unter Fällung von Thonerde und unter Entwicklung von Cyanwasserstoffsäure.

Eine so dargestellte Thonerde würde, wie man sieht, zu theuer kommen. Daher fällt man den Alaun für sich mit kohlensaurem Natron, und mengt den durch Cyaneisenkalium gefällten Eisenvitriol im noch nassen Zustande damit zusammen und wäscht dann aus. Am vortheilhaftesten ist, kalzinirten Eisenvitriol zu nehmen. Auch ist darauf zu sehen, dass die mit Natron gefällte Alaunauflösung keinen Ueberschuss an Natron enthalte. Diess würde einen Theil der Farbe zerlegen und Cyaneisennatrium bilden. Ein Ueberschuss an Alaun ist ohne nachtheilige Einwirkung.

Wenn der angewendete Eisenvitriol Kupfervitriol enthält, so fällt die Farbe schlecht aus, weil alsdann braunrothes Cyaneisenkupfer № 180 S. 441 mit niedergeschlagen wird.

Unter dem Namen auflösliches Berliner Blau ist eine Cyaneisen-Cyankaliumverbindung bekannt, die dadurch entsteht, dass man Auflösungen von

1 M.G. oder 210 Pfund Cyaneisenkalium und
1 M.G. oder 129 Pfd. schwefelsaurem Eisenoxydul

zusammen mischt. Es ist diess nur halb so viel Eisensalz, als zur Zersetzung des Cyansalzes erforderlich ist, wodurch nun die Möglichkeit gegeben ist, dass der anfangs weisse, nach und nach blau werdende Niederschlag mit dem unzersetzt gebliebenen Theil Cyaneisenkalium sich vereinigt, und damit eine in Wasser auflösliche blaue Verbindung bildet. Aber nur reines Wasser löst sie auf. Enthält es irgend Salze z. B. Salmiak oder Kochsalz, so geschieht keine, und eine bereits erfolgte Auflösung kann dadurch wieder zerlegt werden.

Nimmt man zur Auflösung der beiden Salze nur so viel Wasser, dass bei ihrer Zusammenmischung ein dikker Brei entsteht, so erhält man eine Farbe, die, mit etwas Tragant versetzt, so ohne Weiteres zum Tafeldruck verwendet werden kann. Sie haftet

Tafelblau.

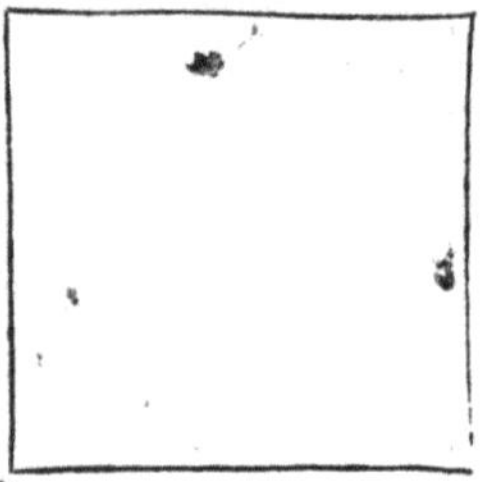

189

sehr gut auf dem Zeuge, und gewinnt, durch eine klare, sehr schwache Chlorkalkauflösnng genommen, einen sehr schönen tiefen Ton.

Man bringt das auflösliche Berliner Blau auch unter dem Namen „Waschblau" in den Handel, und empfiehlt es zum Blauen der Wäsche. Es ist aber nicht so gut dazu geeignet, wie das aus Indig bereitete, weil es sich im gewöhnlichen Wasser nicht klar auflöst oder vertheilt, so dass nachher auf der Wäsche blaue Punkte sichtbar werden.

Die eben angeführte Thatsache, dass auflösliches Berliner Blau sich nicht in Wasser auflöst, welches Kochsalz enthält, ist für den Kattunfärber äusserst wichtig. Sie giebt ihm ein Mittel an die Hand, mit Eisenbeize bedruckte Weissböden in Cyaneisenkalium blau zu färben, ohne dass die Farbe in den weissen Grund schlägt, und macht es ihm möglich äusterst helle Farbentöne wie z. B. № 192 neben dunkleren zu färben. Der folgende Versuch zeigt diess deutlich.

Taucht man ein mit sehr schwacher Eisenauflösung gebeiztes Stück Kattun in eine mit etwas Schwefelsäure versetzte Auflösung von Cyaneisenkalium, so entsteht auflösliches Berliner Blau, welches in einem solchen Grade von der Flüssigkeit aufgenommen wird, dass auf dem Kattun fast gar keine Farbe bleibt. Enthält dagegen die Cyaneisenkaliumauflösung viel Kochsalz, so bleibt alle Farbe, die sich bildet, auf dem Zeuge.

Wiederholt man denselben Versuch mit weissem Kattun, welcher nur stellenweise mit Eisenbeize bedruckt ist, so wird das Muster beim Eintauchen in oben erwähnte Cyaneisenkaliumauflösung wohl blau, allein ohne scharfe Begrenzung, und ausserdem schlägt die Farbe noch in den weissen Grund. Beides wird durch Kochsalz vermieden.

Die rein blauen Farben, welche unter № 181 S. 444, № 186 S. 450 und № 187 S. 451 aufgeführt sind, lösen sich in Zweifach-Chlorzinn zu einer intensiv blauen Flüssigkeit auf, die in der Kattundruckerei Anwendung findet. Wird sie nämlich mit Wasser verdünnt, mit Weinsteinsäure versetzt und mit gekochter Stärke verdickt, so erhält man eine Aetzfarbe für Türkischroth. Nach dem Aufdrucken erscheint zwar das Muster mit schwarzer Farbe auf dem rothen Zeuge, allein durch Eintauchen in die Chlorküpe (vergl. Einleitung in die technische Chemie 1836 S. 248) ändert sich alles. Das Roth wird durch das sich entwickelnde Chlor zerstört, das Blau dagegen nicht, daher es seine Stelle auf dem Zeuge einnimmt. Zugleich bleibt diess mit etwas Chlorzinn in Verbindung, was seine Schönheit bedeutend erhöht.

Die chemischen Eigenschaften des blauen Cyaneisens begründen seinen Werth für die Anwendung im gemeinen Leben. Gegen alle Säuren, selbst gegen Chlor, ist diese Farbe ächt. Man hat diess auf die umfassendste Weise benutzt zu den bunten Artikeln auf Türkischrothem Grunde, wie ich eben angeführt habe. Ohne dieses Blau wäre dergleichen gar nicht möglich gewesen, denn Indig wird unter gleichen Umständen zerstört.

Durch Alkalien dagegen wird das blaue Cyaneisen zerlegt, und seine blaue Farbe geht in die gelbe über, wie unter № 182 S. 444 zu sehen ist.

Indig bleibt bei gleicher Behandlung unverändert. Selbst eine Seifenwäsche zerstört das Cyanblau. Diess ist um so mehr zu bedauern, als die Farbe viel leichter, als der Indig, mittelst Tafel- und Walzendruck auf den Kattun zu bringen ist.

Auch das Licht hat eine verschiedene Wirkung auf beide Farben. Indigblau-bedruckte baumwollene Zeuge werden auf einer gewöhnlichen Bleiche blässer, und können durch die Lufteinwirkung ganz zum Verschwinden gebracht werden. Nicht so das Cyanblau, es bleicht unter diesen Umständen nicht, wenigstens nicht auf Türkischrothem Grund mittelst Chlor fixirt.

Im luftleeren Raume findet dagegen das ganz Entgegengesetzte Statt. Indig auf Baumwolle, Seide und Wolle behält im luftleeren Raume dem Lichte ausgesetzt seine Farbe, indess das Cyanblau unter gleichen Umständen weiss wird.

Dasselbe geschieht mit dem Cyanblau auf Seide, welches man Bleu Raymond nennt, auch in freier Luft, wenn die Sonnenstrahlen darauf fallen. Blauseidene Kleider werden stellenweise weiss, indess sie in den Falten, wo das Sonnenlicht nicht wirken konnte, blau bleiben. Merkwürdiger Weise tritt in der Finsterniss die blaue Farbe wieder hervor, und ein Kleid, welches mehrere Tage im Schrank gehangen hat, lässt keine Spur seiner frühern Missfarbigkeit mehr bemerken, ist aber, von Neuem der Sonne ausgesetzt, denselben Veränderungen unterworfen, also incurabel.

In Oel nimmt sich das Cyanblau vortrefflich aus, aber auch hier ist die Lichteinwirkung schädlich. Es wird mit der Zeit in ein schmutziges

Olivengrün verwandelt, daher die Maler vor dessen Anwendung zu warnen sind.

Es hat begreiflicher Weise nicht an Versuchen gefehlt, die darauf ausgingen, das blaue Cyaneisen ächt, besonders seifenächt zu machen. Es ist leider nur halb gelungen. Taucht man nämlich blau gefärbtes baumwollen oder wollen Zeug in eine schwache Auflösung von schwefelsaurem Kupferoxyd-Ammoniak, so wird man nach einigem Umrühren bemerken, dass die Flüssigkeit farblos wird und freies Ammoniak enthält. Ihr ist demnach das Kupferoxyd entzogen worden. Giesst man sie ab, und wiederholt den Versuch mit frischem Kupferoxyd-Ammoniak so lange, bis die Flüssigkeit

190 Blaues Cyaneisen und Kupferammoniak.

blau bleibt, so hat sich das Cyaneisen auf dem Zeuge mit Kupferoxyd gesättigt, und zeigt sich nun viel ächter gegen Alkalien als zuvor. Man setzt diess aber nicht so lange fort, sonst geht der Lüster verloren. Im entgegengesetzten Fall wird aber die Farbe tiefer und schöner, wie der Vergleich mit № 171 S. 430 beweist.

Der Preis des gelben Cyaneisenkaliums verhält sich zum Indig wie 1 zu 5. Diess Verhältniss hat zu einer Menge von Täuschungen und darauf gegründeten Speculationen geführt, alle darauf hinzielend, den „theuren" Indig durch das wohlfeile Cyaneisenkalium zu verdrängen, und anstatt seiner mit diesem blau zu färben. Die meisten dieser Vorschläge sind von Solchen ausgegangen, denen die Färbekunst durchaus fremd ist, und die, wenn sie bei ihren kleinlichen Versuchen mit Cyaneisenkalium nur schöne Farben erhielten, ihre Wohlfeilheit als etwas, was sich von selbst versteht, voraussetzten. Das Verhältniss des Färbevermögens beider zu einander zu erforschen, und zwar mit der Wage in der Hand, diess fiel Niemanden ein, und ist doch die unerlässlichste Bedingung bei allen denjenigen Untersuchungen, worauf ein Geschäft im Grossen gegründet werden soll.

Wenn man nun diese Versuche wirklich unternimmt und mit Gewissenhaftigkeit durchführt, so wird man finden, dass man namentlich beim Wolle färben unverhältnissmässig viel Cyaneisenkalium nöthig hat, um dieselbe dunkelblaue Nüanze zu erzielen wie vom Indig, und man alsdann doch noch eine Farbe erhält, die nicht ächt ist.

Wirft man einen Blick zurück auf die, diesem Kapitel einverleibten Muster, so treten die Farben blau, gelbroth, braunroth und schwarz besonders hervor. Es kann also nicht schwer fallen, die Gegenwart des Eisens in bekannten oder unbekannten Verbindungen darzuthun. Die gebräuchlichsten Reagentien für Eisen sind Cyaneisenkalium und Galläpfeltinktur. Da das erstere Salz selbst Eisen enthält, und schon durch Vermischen mit einer Säure in einiger Zeit blau wird (vergl. S. 444), so bedient man sich am sichersten der Galläpfeltinktur, die mit concentrirter Eisenoxydauflösung den Niederschlag № 148 S. 380 hervorbringt, dessen schwarze Farbe bei grosser Verdünnung ins röthlich Violette übergeht, wie № 91 beweist.

Eisensalz mit | Eisensalz mit

191 Galläpfeltinktur. | Cyaneisenkalium. 192

Ein jedes der beiden Zeugquadrate enthält nur $\frac{1}{3000}$ Gran Eisen, wonach man die Empfindlichkeit dieser Reagentien beurtheilen kann. Wenn gleich die Reaktion der Galläpfeltinktur № 191 weniger in die Augen fällt, als die vom Cyaneisenkalium № 192, so ist diess doch in Flüssigkeiten umgekehrt. Denn es wird

1 Gran Eisensalz in
120,000 Gran Wasser

aufgelöst, noch sichtbar gemacht durch Galläpfeltinktur, indess man bei Anwendung des Cyaneisenkaliums die Verdünnung nicht weiter treiben darf, als

1 Gran Eisensalz auf
100,000 Gran Wasser.

Hiebei ist vorausgesetzt, dass das Eisensalz das Eisen als Anderthalb-Sauerstoff- oder Anderthalb-Chloreisen enthalte, da die beiden Verbindungen № 191 und № 192 nur mit Eisenoxyd sich bilden. Ist dagegen Einfach-Sauerstoff- und Einfach-Chloreisen darin vorhanden, so muss man die Reaktion abwarten, bis der Sauerstoff der Luft das Eisenoxydul in Oxyd verwandelt hat, oder man wendet rothes Cyaneisenkalium an, welches sogleich eine blaue Färbung bewirkt.

Noch ist zu bemerken, dass die Eisenauflösungen, welche man mit Galläpfeltinktur prüft, keine freie Säure enthalten dürfen, sonst erfolgt weder Zerlegung noch Färbung.

Eisen in Pflanzen und Thieren.

Es giebt vielleicht keine im Freien gewachsene Pflanze, die nicht Eisen als Bestandtheil enthielte. Sein Vorhandensein ist aber meistens erst nach dem Verbrennen der Pflanze in der Asche nachzuweisen. Man hat daraus schliessen wollen, dass das Eisen durch den Verbrennungsprozess erst gebildet würde. Diess ist jedoch nicht wahrscheinlich. Viel naturgemässer ist die Erklärung, dass die Pflanze das Eisen aus dem Boden als Nahrung mit aufnimmt, ebenso wie sie es mit Kalk und Kieselerde macht, und dass nur die Menge des Eisens zu gering ist, und unsere Reagentien für dasselbe zu wenig empfindlich sind, um es in der noch unveränderten Pflanze nachzuweisen. Durch das Verbrennen und das sogenannte Einäschern wird aber das Eisen in einem viel engern Raum concentrirt, und kann nun dadurch, dass man die Asche in Chlorwasserstoffsäure auflöst, durch Cyaneisenkalium und Gallussäure sehr leicht aufgefunden werden.

Bei manchen Pflanzen macht sich das Eisen schon auf andere Weise bemerklich. So wird das Grün der Blätter der Mimosa pudica viel dunkler, wenn man sie monatelang mit einer äusserst verdünnten Auflösung von Eisenvitriol begiesst, und die Blüthe der Hortensia ändert sogar ihre röthliche Farbe in eine blaue, wenn die Erde Eisen enthält. Ich weiss nicht, ob wirklich Eisen in diesen blauen Blumenblättern enthalten ist; aber so viel ist gewiss, dass die blaue Farbe erscheint, wenn die Hortensia in einer Erde wächst, die aus 2 Maass Gartenerde und 1 Maass Okererde (also einer Erde, die Eisenoxydhydrat enthält) gemengt ist. Auch die Erde von Torfmooren hat dieselbe Wirkung, und hier kann sie nur von dem darin enthaltenen Eisen herrühren.

Die Erfahrung, dass keiner Pflanze Eisen fehlt, hat ganz natürlich zu dem Gedanken hingeleitet, einen eisenarmen Boden damit zu versehen. Man hat gefunden, dass es in Verbindung mit Schwefelsäure als Eisenvitriol am besten wirkt und namentlich für Wicken, Lein und Klee noch vortheilhafter sein soll, als selbst Gyps. Wer in dieser Hinsicht Versuche anstellen will, bemerke ja, dass nirgend ein Zuviel schädlicher ist, als bei Anwendung von Salzen. Hierin fehlen oft die besten Landwirthe und eine Sache, die an sich vortrefflich ist, wird als unnütz oder nachtheilig verworfen, weil man sich in der Dosis irrte. Wie sehr der Schein hier trügen und wie unrichtig man oft aus unrichtig angestellten Versuchen Schlüsse ziehen kann, davon hat jeder Landwirth ein Beispiel vor Augen. Auf einem Düngerhaufen gedeiht nichts! Darf man nun daraus schliessen, dass der Dünger überhaupt dem Pflanzenleben nicht günstig sei? Die Erfahrung lehrt vielmehr das Gegentheil, und man weiss, dass ein mit Erde vermengter, also gleichsam verdünnter Dünger die eigentliche Pflanzennahrung ist.

Das beste Verhältniss, in dem man den Eisenvitriol anwendet, ist 20 — 30 Pfund auf den Morgen. Er wird fein gepülvert und mit trocknem Sand oder Erde vermengt ausgestreut.

In ganz neuester Zeit ist die äusserst interessante Entdeckung gemacht worden, dass die unter den Namen Kieselguhr, Tripel und Polirschiefer bekannten Mineralien ihren grossen Gehalt an Kieselerde kleinen Thierchen verdanken, die man Infusorien nennt, oder vielmehr bestehen jene aus den äussern Hüllen oder Panzern dieser Thierchen, die aus Kieselerde gebildet sind.

In Folge dieser Thatsache lenkte man nun seine Aufmerksamkeit auf die Bildung des Raseneisensteins oder Wiesenerzes, die so lange ein Problem gewesen. Es hat sich ergeben, dass auch dieses Mineral aus eisenhaltigen Ueberresten kleiner Thierchen besteht, und namentlich im Frühjahr kann man die Bildung desselben recht deutlich beobachten. Die okergelbe oder fleischrothe Materie, die man nämlich in Sümpfen und Torfmooren findet, enthält eine Unzahl solcher Thierchen, bei denen das Eisen einen Hauptbestandtheil ihres kleinen Körpers ausmacht, wie bei anderen

Wiesenerz.

193

Infusorien die Kieselerde und bei den Schal- und anderen höheren Thieren der Kalk.

Das Wunderbarste bei dieser Sache ist die Kleinheit dieser Thierchen. Durch, mit genauen Instrumenten angestellte Messungen hat man ermittelt, dass die Thierchen des Wiesenerzes nur $\frac{1}{1000}$ Linie im Durchmesser haben, so dass auf eine Cubiklinie desselben 1000 Millionen kommen. Da nun diese etwa $\frac{1}{4}$ Gran wiegt und sich auf dem Quadrat № 193 2 Gran Wiesenerz befinden, so haben zur Hervorbringung dieses kleinen Flecks 8000 Millionen Thierchen beigetragen!

Es ist noch unerklärt, welche Beziehung das Eisen zum thierischen Leben hat. Gewiss ist sie von grosser Bedeutung, da es einen wesentlichen Bestandtheil des Bluts ausmacht, der durchschnittlich so viel beträgt, dass in

1000 Pfund Menschenblut
1 Pfund Eisen

enthalten ist.

Wenn das Blut sich durch Gerinnen in seine 3 Bestandtheile: Blutwasser, Faserstoff und Blutroth oder Cruor geschieden hat, so besitzt der letztere Stoff die rothe Farbe des Bluts, und mit dieser das Eisen desselben. Man kann das Eisen sehr leicht daraus abscheiden, wenn man den Cruor in Wasser vertheilt und in dieses Chlorgas strömen lässt. Die thierischen Stoffe werden niedergeschlagen, und es bildet sich eine Auflösung von Anderthalb-Chloreisen, mit dem gelbes Cyaneisenkalium sogleich Pariserblau № 181 S. 444 erzeugt. Man kann also auf diese Weise von seinem eignen

Blut sich leicht ein schön gefärbtes Andenken aufbewahren. In

200 Pfund getrocknetem Blutroth ist
1 Pfund Eisen

und dieses reicht hin um $2\frac{1}{2}$ Pfund Pariser Blau № 181 S. 444 zu erzeugen.

Auch ohne dass man die umständliche Prozedur mit dem Chlorgaseinströmen vornimmt, kann man auf schnelle Weise das Eisen des Blutes sichtbar machen. Man tränkt ein Stück Zeug damit, lässt es trocknen und taucht es in eine Auflösung von Chlorkalk. Dieser zerstört die organische Verbindung, in welcher sich das Eisen befindet, und das dadurch abgeschiedene Eisenoxyd vereinigt sich mit der Zeugfaser, und kann nun durch Cyaneisenkalium und Galläpfeltinktur als wirkliches Eisenoxyd nachgewiesen werden, wie es hier geschehen ist.

Blut und

194 Chlorkalk.

Blut und Chlorkalk

195 mit Cyaneisenkalium.

Blut und Chlorkalk

mit Galläpfeltinktur. 196

Schwärmer, Verliebte und andere gefühlvolle Menschen, werden diese einfache Färbungsart mit Blut gewiss benutzen, um sich ein theures Andenken zu sichern, und in angenehmer Form vor Augen zu haben, was freilich, wie Vieles in der Welt, nur subjektiven Werth hat, und von dem Nichtbetheiligten verlacht wird. Darum würde es auch nur Einige interessiren, wenn ich zur Darstellung obiger Muster mein eigenes Blut genommen, um so wenigstens mein Eisen in buntem Gewande auf die Nachwelt zu bringen.

Man hat noch nicht mit Gewissheit erforschen können, in welcher Verbindung sich das Eisen im Blute findet, daher es auch nicht klar ist, ob und in welcher Weise es zur Erzeugung der rothen Farbe des Blutes beiträgt. So viel ist gewiss, dass keinem rothen Blute das Eisen fehlt.

Woher dass Eisen im Blut kommt, ist nicht schwierig zu beantworten, da alle unsere Nahrungsmittel Eisen enthalten. Auch verspeisen wir täglich eine Portion Eisenauflösung, welche Messer und Gabeln und nicht selten auch die emaillirten Kochtöpfe hergeben, wenn sie stellenweise von Email entblösst sind. Denn Salzwasser löst sehr leicht Eisen auf. Ebenso saure Braten und die verschiedenen Sallate, ja selbst die Butter. Diess weiss auch jede achtsame Frau. Ein Messer, womit Butter geschnitten, kann nach $\frac{1}{2}$ Stunde schon nicht mehr zu gleichem Zwecke dienen; was von Butter daran sitzen blieb, hat Eisen aufgelöst und schmeckt höchst unangenehm. Diess rührt vom Salzwasser und einer Säure in der Butter her.

Dieses tägliche Consumiren des Eisens und

seinen nothwendigen Einfluss auf unsere Gesundheit haben die Homöopathen ganz vergessen!

Wenn alles Eisengeräth aus unsern Haushaltungen verbannt würde, so wären vielleicht die Aerzte genöthigt, uns von Zeit zu Zeit Eisen zu verschreiben, damit die Blutbildung ordentlich vor sich gehe, wie man eingesperrten Hühnern Kalk vorwirft, um ihre Eierschaalen bilden zu können.

Mit diesem Bedürfniss noch Eisen hängt vielleicht die sogenannte Unart der Kinder zusammen, Dinte zu lecken. Ich habe junge Leute gesehen, die mit wahrer Wollust eine mit Dinte gefüllte Feder in den Mund nahmen und aussaugten. Wer da weiss wie unangenehm diess schmeckt, muss die Ursache davon tiefer suchen, nämlich in einem instinktartigen Verlangen des Organismus, das Fehlende zu ergänzen. Vielleicht fehlte es ihrem Blut an Eisen. So kann der arme Mensch oft nichts für seine Fehler, weil die Ursache dazu in seinem Körper liegt. —

Da es nun gewiss keine Schule giebt, wo nicht solche Dintenlecker sind, deren geheimes Naschen Niemand weder hindern noch controlliren kann, so lenkt diess die Aufmerksamkeit auf die Dinte selbst. Ist sie aus reinem Eisenvitriol, Galläpfel und Blauholz bereitet, so ist kein anderer Nachtheil davon zu fürchten, als der, welchen das Eisen selbst hervorbringen kann. Enthält aber der Eisenvitriol Kupfer, was so häufig der Fall ist, so wird die Sache schon bedenklicher. Noch schlimmer aber ist es, wenn der Dintenfabrikant leichtsinnig genug ist, seiner Dinte Sublimat zuzusetzen, um das Schimmeln zu verhindern. Da diess eins der stärksten Gifte ist, so ist die Schädlichkeit einer solchen Dinte augenfällig, wie klein auch die Dosis Sublimat sein mag, die sie enthält.

Also, ihr Schulmeister kauft, eure Dinte nur von solchen Fabrikanten, die ein Gewissen haben und reinen kupferfreien Eisenvitriol zur Darstelstellung ihrer Dinte verwenden, und die da wissen, dass einige Tropfen Gewürznelkenöhl oder etwas Holzessig das Schimmeln eben so gut verhindert, wie Sublimat (vergl. S. 380).

In der Medizin sind die verschiedenen Verbindungen des Eisens von der grössten Bedeutung. Des Eisenoxydhydrats als Gegengift gegen Arsenik ist schon S. 284 Erwähnung geschehen. Als sogenannte stärkende Mittel verdienen Eisenoxyd und Eisenoxydsalze den Vorzug von Eisenoxydul und Eisenoxydulsalzen; denn diese gehen doch in jene über durch Aufnahme von Sauerstoff, und geschieht diess im Körper selbst, so ist nothwendig ihre Wirkung zweifach, erstens chemisch durch Entsauerstoffung der Säfte, womit sie zunächst in Berührung kommen, und dann arzneilich als Eisenoxyd und Eisenoxydsalze.

Auch noch auf etwas Anderes hat der Arzt beim Verschreiben von Eisenmitteln zu achten. Das Eisenoxyd wirkt ganz anders in Verbindung mit Säuren, als in Verbindung mit Alkalien. Im erstern Fall wird es nicht von solchen Individuen vertragen, die bei einer allgemeinen Schwäche an chronischen Entzündungen leiden, während ihnen dasselbe Oxyd in Verbindung mit Alkalien z. B. Stahls Eisentinktur (S. 410) sehr gute Dienste thut.

Ich kann natürlich hier nicht die Krankheiten

aufzählen, wo sich das Eisen als heilsam bewährt hat, dafür sind die Aerzte. Allein für die Landwirthe unter meinen Lesern will ich hier einen Zeitungsartikel einrücken, der mir sehr Beachtung verdient.

„Die Niederrheinische landwirthschaftliche Zeitschrift theilt aus einem anderen Blatte ein neuentdecktes, seit seiner Anwendung sehr wirksam befundenes Präservativ gegen eine der furchtbarsten Viehkrankheiten, nämlich den Milzbrand, mit. Folgende Thatsache führte dazu. Man hatte in Dorheim (Kurhessen) bemerkt, dass, als hier der Milzbrand sehr stark herrschte, das Vieh des Müllermeisters Schutt verschont blieb, was Allen auffiel. Der Kreis-Thierarzt Stock konnte, trotz der angewandten Mühe, lange die Ursache dieses besonderen Umstandes nicht finden. Endlich gerieth er auf den Gedanken, das Wasser könne die Ursache davon sein. Er schickte daher sofort eine Flasche davon an Dr. Held, und dieser fand darin eine erstaunliche Menge Eisenoxyduls in Kohlensäure aufgelöst. Dies Mittel ist darauf (so meldet die Eingangs erwähnte Zeitschrift) mit vollkommenem Erfolge gegen die besagte Viehkrankheit mehrfällig angewandt worden."

Vom Nickel und seinen Verbindungen.

Das reine Nickelmetall hat eine fast silberweisse Farbe, und polirt, eine stark glänzende Oberfläche, die durch Lufteinwirkung selbst bei Gegenwart von Feuchtigkeit nicht verändert wird. Dabei ist es dehnbar, lässt sich sowohl warm, als kalt verarbeiten, zu Draht ziehen und zu Blech walzen. In der Hitze läuft es wie Stahl an. Es ist nur bei einer hohen Temperatur zu schmelzen, lässt sich schweissen und wird vom Magnet gezogen, wie es denn auch selbst durch Streichen in einen Magnet verwandelt werden kann.

Nach dieser Beschreibung ist das Nickel ein Ebenbild des Eisens; man könnte es ein veredeltes Eisen nennen, wie das Kadmium als ein veredeltes Zink (S. 49), das Zinn als ein veredeltes Blei betrachtet werden kann, was sich besonders klar in ihrem Verhalten zum Sauerstoff herausstellt.

Im Mineralreich findet sich das Nickel nicht häufig vor. Es wird fast immer von Kobalt und Arsenik begleitet, und seine Darstellung im reinen Zustande zielt daher vorzugsweise auf die Trennung von diesen beiden Metallen, wie von Eisen und Kupfer, die gleichfalls in den Nickelerzen vorkommen.

Aus dem Mineral, genannt Kupfernickel, so wie aus der sogenannten Kobaltspeise, welche in den Schmaltefabriken (Blaufarbewerken) als Nebenprodukt gewonnen wird, stellt man das reine

Nickel dar. Man verfährt dabei nach den neuesten Erfahrungen am besten folgendermassen.

Zuerst ist es nöthig, das Nickel vom Arsenik zu scheiden. Diess geschieht, indem man das gepulverte Erz oder die Kobaltspeise anhaltend röstet, wodurch sich ein grosser Theil Arsenik verflüchtigt. Hierauf wiederholt man dasselbe Rösten mit einem Zusatz von Kohlenpulver und setzt es so lange fort, bis kein Arsenikgeruch mehr zu bemerken ist. Der Rückstand wird nun mit Schwefel und Pottasche in dem Verhältniss gemengt, dass auf

2 Pfund geröstete Speise
3 Pfund Schwefel und
3 Pfund Pottasche

kommen, und bei gelinder Hitze geschmolzen, und das Produkt mit Wasser behandelt. Es bildet sich eine Auflösung von Schwefelkalium, welche allen noch vorhanden gewesenen Arsenik in Form von Schwefelarsenik aufgelöst enthält, uud der Rückstand ist Schwefelnickel, aber unrein, indem er Kupfer, Wismuth, Kobalt und Eisen enthält. Man löst ihn in Salpetersäure auf, wobei der Schwefel zurück bleibt, und lässt in die Auflösung Schwefelwasserstoffgas einströmen. Hiedurch werden Kupfer und Wismuth niedergeschlagen, indess neben dem Nickel Kobalt und Eisen in der Auflösung bleiben. Um nun auch diese davon zu trennen, erhitzt man die filtrirte Auflösung, bis sie nicht mehr nach Schwefelwasserstoff riecht, und versetzt sie so lange mit kohlensaurem Natron, als noch etwas niedergeschlagen wird. Der Niederschlag wird gewaschen, und da er aus kohlensaurem Nickeloxyd, verunreinigt durch Kobalt- und Eisenoxyd, besteht, so wird er mit Oxalsäureauflösung im Ueberschuss übergossen, und damit längere Zeit in Berührung gelassen. Es bildet sich eine Auflösung von oxalsaurem Eisenoxyd, die man abfiltrirt und durch Auswaschen entfernt. Der Rückstand ist nun eisenfrei und besteht aus oxalsauren Nickel- und Kobaltoxyd, die beide sowohl im Wasser, als auch in wässeriger Oxalsäure unauflöslich sind. Sie müssen nun noch von einander geschieden werden. Zu dem Ende mischt man sie mit soviel Ammoniakflüssigkeit, dass eine klare Auflösung entsteht, und setzt diese in flachen Gefässen der Einwirkung der Luft aus. Die anfangs blaue Auflösung ändert nach und nach ihre Farbe und wird roth, indess sich ein blaugrünes Pulver niederschlägt. Diess ist oxalsaures Nickelammoniak, das durch Waschen mit Wasser von der rothen Auflösung (welche oxalsaures Kobaltoxydammoniak ist) getrennt, getrocknet und geglüht, reines Nickelmetall giebt.

Wenn die Darstellungsweise des Nickels einmal mehr vereinfacht, also wohlfeiler sein wird, wird dieses Metall noch zu vielen Zwecken gebraucht werden können, wo man sich jetzt mit Kupfer oder Eisen behelfen muss. Bis dahin verwendet man es bloss zur Darstellung des sogenannten Neusilbers, welches auch Argentan, in Frankreich Maillechort und in England German Silver (deutsches Silber) genannt wird.

Seine Darstellung beruht darauf, dass das Nickel die rothe Farbe des Kupfers zerstört, wenn sie in dem Verhältniss zusammen geschmolzen werden, dass auf

2 M.G. oder 64 Pfund Kupfer
1 M.G. oder 29½ Pfund Nickel

kommen. In dieser Legirung ist die rothe Kupferfarbe so vollständig beseitigt, dass sie auf dem Probirstein einen Strich giebt, der von dem des Silbers nicht zu unterscheiden ist.

Wendet man weniger Nickel an, so wird die Farbe minder weiss, was jedoch durch einen gleichzeitigen Zusatz von Zink erreicht werden kann. Da nun das Zink so wohlfeil ist, und es auch ausserdem noch der Legirung andere gute Eigenschaften z. B. mehr Härte und Dauer verleiht, so macht es einen wesentlichen Bestandtheil des Neusibers aus, das je nach seiner besonderen Anwendung aus den genannten Metallen in verschiedenen Verhältnissen zusammen geschmolzen wird. Soll es z. B. als ein Surrogat des Silbers zu Löffeln etc. verarbeitet werden, so schmelzt man sie in dem Verhältniss zusammen, dass auf

50 Pfund Kupfer
25 Pfund Nickel und
25 Pfund Zink

kommen. Ein Legirung die gewalzt werden soll, wird zusammen geschmolzen, aus

60 Pfund Kupfer
25 Pfund Nickel und
20 Pfund Zink;

dagegen eine solche, die zum Giessen von Leuchtern, Glocken brauchbar ist, aus

60 Pfund Kupfer,
20 Pfund Nickel,
20 Pfund Zink und
3 Pfund Blei

gemacht werden muss. Man hat auch gefunden, dass ein Zusatz von 2 bis $2\frac{1}{2}$ pCt. Eisen oder Stahl diese Legirung weisser, aber auch brüchiger macht.

Der Zinkgehalt des Neusilbers könnte Manchen von dem Gebrauch dieses werthvollen Metallgemisches zurückschrecken. Die Furcht ist aber nur zum Theil begründet. Es ist nämlich durch genaue chemische Versuche erwiesen, dass 12 Loth Essig, welche mit einem Neusilberlöffel 48 Stunden in Berührung waren, nur eine so geringe Menge Zink aufgelöst hatten, dass es sich darin kaum durch die empfindlichsten chemischen Reagentien entdecken liess.

Dasselbe Verhalten zeigt das Neusilber in Bezug auf seinen Kupfergehalt, vorausgesetzt jedoch, dass ein solcher Löffel ganz vom Essig bedeckt sei. Auf etwa an die Luft hervorragenden Stellen bildet sich aber Grünspan; ebenso wie es gewöhnliche silberne Löffel gleichfalls thun.

In Folge dieses Lufteinflusses darf man also nie solche Löffel mit sauren Speisen in Berührung bringen, oder sie etwa zum Serviren von Sallat und dergleichen gebrauchen. Sie färben sich nämlich schwarz und erzeugen auf ihrer Oberfläche wenigstens so viel Grünspan, als hinlänglich ist, um der Speise einen sehr unangenehmen Metallgeschmack zu ertheilen.

Um sich von der Zusammensetzung einer bestimmten Sorte Neusilber durch eigne Versuche zu überzeugen, dienen folgende Thatsachen als Leitendes.

Setzt man zu einer neutralen Auflösung von Nickeloxyd etwas Essigsäure und lässt Schwefelwasserstoffgas hineinströmen, so geht dieses hindurch, ohne eine Aenderung zu bewirken. Macht man dasselbe Experiment mit einer Zinkoxydauflösung, so entsteht ein weisser Niederschlag von Zinkoxydhydrat № 2 S. 32, und nimmt so lange zu, bis die Flüssigkeit kein Zink mehr enthält.

Macht man nun einen dritten Versuch, mischt beide Auflösungen zusammen und leitet Schwefelwasserstoffgas hinein, so wird gleichfalls alles Zink gefällt und alles Nickel bleibt aufgelöst.

Wendet man dagegen zum Ansäuern der Auflösungen die Salpetersäure in nicht zu geringer Menge an, so wird auch das Zink nicht gefällt, wohl aber Kupfer wenn es in der Auflösung mit enthalten sein sollte.

Hieraus folgt, dass man diese drei Metalle mittelst des Schwefelwasserstoffs sehr leicht trennen kann. Man hat davon Gebrauch gemacht, um das Neusilber zu analysiren. Es wird in Salpetersäure aufgelöst, diese dann im Ueberschuss hinzugesetzt, hierauf mit Wasser verdünnt und nun Schwefelwasserstoffgas hinein geleitet. Es fällt bloss das Kupfer in Gestalt von Schwefelkupfer nieder. Nickel und Zink bleiben aufgelöst. Um diese nun zu trennen, verdampft man die abfiltrirte Flüssigkeit bis zur Trockne, um die überschüssige Salpetersäure zu entfernen, löst den Rückstand in Wasser auf, setzt essigsaures Natron und Essigsäure hinzu und lässt nun so lange Schwefelwasserstoffgas einströmen, bis alles Zink gefällt ist. Die vom Schwefelzink abfiltrirte Flüssigkeit enthält nun nur noch das Nickel, sie wird erhitzt, um den Schwefelwasserstoff zu verjagen und nun mit Natron versetzt, wodurch Nickeloxydulhydrat gefällt wird.

Nickel und Sauerstoff.

Wie Eisen und Kobalt, so verhält sich das Nickel zum Sauerstoff, wenn es höchst fein zertheilt ist: es entzündet sich von selbst an der Luft, indem es sich in Sauerstoffnickel verwandelt. Ein solches fein zertheiltes Nickel wird ebenso, wie das fein zertheilte Eisen (S. 348) mittelst Wasserstoffgas erhalten. In Sauerstoffgas verbrennt ein Nickeldraht, wenn er in Berührung mit glimmenden Zunder in dasselbe eingetaucht wird.

Man konnt zwei Oxyde des Nickels, welche man Nickeloxydul und Nickeloxyd nennt.

Nickeloxydul.

Es hat eine dunkelaschgraue Farbe, und ist ein Einfach-Sauerstoffnickel, indem es ans

1 M.G. oder 29,5 Pfund Nickel und
1 M.G. oder 8,0 Pfund Sauerstoff

besteht, daher es dem Manganoxydul und Eisenoxydul entsprechend ist. Es ist in denjenigen Nickelsalzen enthalten, welche durch Auflösen des Nickels in Säuren gebildet werden, und ist daraus durch Kali oder Natron in Form eines apfelgrünen Hydrats zu fällen. Durch Erhitzen verliert es sein Wasser, und geht ins graue Oxydul über.

Dieses eben erwähnte Nickeloxydulhydrat ist das Färbende im Chrysopras, von dem es bekannt ist, dass er nach und nach seine schöne Farbe verliert und blass wird, sie aber durch Einlegen in Wasser wieder erhält. Es ist demnach wahrscheinlich, dass der Stein an trockner Luft Wasser verliert, und in Folge dessen die Farbe, die dann nach dem Aufnehmen von Wasser wieder hergestellt wird.

Die neutralen Nickelsalze enthalten diess Nickeloxydul als Basis, und wirken brechenerregend, wie die Salze von Zink und Kupfer. Da sich nun auch das Nickel in Pflanzensäuren auflöst, wenn die Luft nur Zutritt hat, so folgt hieraus, dass selbst Gefässe von reinem Nickel, wenn sie auch wohlfeil genug zu haben wären, keine sehr grossen Vorzüge vor den kupfernen haben werden. Dazu kommt, dass man auf einem kupfernen Gefäss das gebildete Oxyd sogleich an der dunkelgrünen Farbe bemerkt, was beim Nickel weniger in die Augen fallend ist.

Nickeloxyd.

Es hat eine schwarze Farbe. Man nennt es auch wohl Nickelhyperoxyd, was aber nicht richtig ist, da es aus

2 M.G. oder 59 Pfund Nickel und
3 M.G. oder 24 Pfuud Sauerstoff

besteht, und daher als ein Anderthalb-Sauerstoffnickel dem Manganoxyd und Eisenoxyd entsprechend zusammengesetzt ist. Es kommt unrein im Mineralreich vor, und führt den Namen

Nickelschwärze, und wird künstlich erhalten, wenn man Nickeloxydulhydrat mit Chlor behandelt.

Die übrigen Verbindungen des Nickels mit Schwefel und Chlor interessiren bis jetzt nur den Chemiker von Fach und den Nickelfabrikanten, indem ein genaues Studium derselben für Letzteren unerlässlich ist, wenn er der Anforderung der Zeit, ein wohlfeiles Nickel in den Handel zu bringen, Genüge leisten will. Ist diess erst der Fall, dann wird man auch an die Anwendung seiner Verbindungen in der chemischen Technik denken können, und es wird eine nähere Kenntniss derselben von Nutzen sein. Da nun aber dieser Zeitpunkt noch nicht eingetreten, und ich nicht für einen Stand, sondern für Jedermann schreibe, so verwende ich zweckmässiger Zeit und Raum für näher liegende Gegenstände.

Vom Kobalt und seinen Verbindungen.

Das Kobalt ist ein ebenfalls nicht sehr häufig vorkommendes, darum theures und aus diesem Grunde bis jetzt noch wenig angewandtes Metall. Es hat im reinen Zustande eine dem Eisen und Nickel ähnliche Farbe, ist wie diese nicht nur anziehbar durch einen Magnet, sondern auch selbst in einen anziehenden Magnet zu verwandeln, auch bleibt seine polirte Oberfläche, wie beim Nickel unverändert blank an feuchter Luft. Es schliesst sich demnach durch diese Uebereinstimmungen an Eisen und Nickel au, wie es denn auch stets in Begleitung des Nickels vorkommt, geradeso wie Eisen und Mangan, Zink und Kadmium sich begleiten.

Dadurch aber, dass das Kobalt nur wenig dehn- und hämmerbar ist, also nicht gut verarbeitet werden kann, unterscheidet es sich von Eisen und Nickel, und sind es denn auch nur seine Verbindungen, besonders die mit Sauerstoff und Säuren, welche unsere Aufmerksamkeit in Anspruch nehmen.

In den Mineralien, genannt Glanzkobalt, Speiskobalt, schwarzer Erdkobalt, Kobaltblüte etc., ist dieses Metall meistens in Verbindung mit Arsenik und Schwefel enthalten, und wird daraus zugleich mit dem Nickel auf die Weise dargestellt, wie es S. 471 angegeben ist. Man begnügt sich meistens damit, es in Verbindung mit Sauerstoff zu erhalten, indem es in dieser zu seinen verschiedenen Anwendungsarten am geschicktesten ist. In dieser Hinsicht ist die folgende, im Grossen ausführbare Darstellungsweise zu empfehlen.

Das gepülverte Kobalterz wird sehr gut geröstet und dann

100 Pfund geröstetes Kobalterz mit
300 Pfund saurem schwefelsauren Kali,
10 Pfund kalzinirten Eisenvitriol und
1 Pfund Salpeter

zusammengeschmolzen, und das Heitzen so lange fortgesetzt, bis alle überschüssige Schwefelsäure verjagt ist. Wasser nimmt aus der Masse in rosenrother Auflösung das schwefelsaure Kobaltoxydul auf, indess die arseniksauren Salze in Verbindung mit Eisenoxyd unaufgelöst blieben. Man fällt durch reines Kali das Kobaltoxyd.

Kobalt und Sauerstoff.

Höchst fein zertheiltes Kobalt verhält sich, wie fein zertheiltes Eisen und Nickel, zum Sauerstoff. Es entzündet sich schon, wenn es mit der Luft nur in Berührung kommt.

Die verschiedenen Sauerstoffverbindungen des Kobalts entsprechen denen des Eisens, so dass das Schema S. 412 auch für dieses passt. Man kennt nämlich ein Kobaltoxydul, ein Kobaltoxyd und ein Kobaltoxydoxydul, von denen nur das erstere hier besonders in Betracht kommt.

Kobaltoxydul.

Was man früher Kobaltoxyd nannte, ist hierunter zu verstehen; es wird nämlich zweckmässiger mit dem Namen Oxydul bezeichnet, weil es ein Einfach-Sauerstoffkobalt, uud dem Mangan- und Eisenoxydul entsprechend zusammengesetzt ist, indem es aus

1 M.G. oder 29,5 Pfund Kobalt und
1 M.G. oder 8,0 Pfund Sauerstoff

besteht, und die Zahl = 37,5 zum M.G. hat.

Es hat eine grünlichgraue Farbe und bildet mit Säuren neutrale Salze, die, wenn sie auflöslich sind, carmoisinroth, wenn unauflöslich, pfirsichblütroth erscheinen.

Das Hydrat dieses Kobaltoxyduls hat eine rothe Farbe. Es wird erhalten, wenn man eine Kobaltoxydulsalzauflösung in der Wärme mit Kaliauflösung fällt. Thut man es dagegen in der Kälte, so ist der Niederschlag blau. Wegen dieser Farbenverschiedenheit war man früher der Meinung, es gäbe zwei Hydrate des Kobaltoxyduls. Es hat sich aber in Folge genauer Untersuchungen gezeigt, dass nur der rothe Niederschlag das wirkliche Hydrat ist, der blaue dagegen ein basisches Salz, also ein solches, welches immer eine bestimmte Menge derjenigen Säure enthält, worin das Kobaltoxydul ursprünglich aufgelöst war.

Ganz besonders zeichnet sich das Kobaltoxydul dadurch aus, dass es mit verschiedenen, sogenannten feuerbeständigen Säuren, z. B. Kieselsäure, Borsäure und Phosphorsäure zusammen geschmolzen blaue Verbindungen bildet. So löst es sich in schmelzendem Glase mit einer schönen blauen Farbe auf, und bildet damit die schon seit dem 16ten Jahrhundert bekannte Schmalte. Auf der Bildung dieser Verbindung beruhen die blauen Glasurfarben der Töpfer, und das Blau auf dem Porzellan, welches die stärksten Hitzgrade aushält, ohne an Schönheit zu verlieren und daher unter der Glasur eingebrannt werden kann.

Auch mit Thonerde giebt es ein schönes Blau, welches man Leidner Blau nennt. Man erhält es durch Fällung eines Gemenges von Alaun- und Kobaltoxydulauflösung mittelst eines Alkalis und glühen des Niederschlags.

Das boraxsaure Kobaltoxydul wird auch zur Darstellung einer blauen Farbe empfohlen und erhalten, wenn man eine neutrale Kobaltoxydulsalzauflösung mit Boraxauflösung vermischt. Der Niederschlag wird ausgesüsst und nun mit 1 bis 2

Theilen phosphorsaurem Natron vermengt und in einem Tiegel rothgeglüht.

Das phosphorsaure Kobaltoxydul, dargestellt durch Fällen eines Kobaltoxydulsalzes mit phosphorsaurem Natron, giebt ein schönes Blau, wenn man

12 Loth geglühtes phosphorsaures Kobaltoxydul,
12 Loth geglühtes phosphorsaures Natron,
4 Loth geglühten Alaun,
2 Loth geschmolzenen Borax

fein reibt, innig vermengt und nun in einem Tiegel glüht.

Kobaltoxyd.

Es führte früher den Namen Hyperoxyd, da es aber ein Anderthalb-Sauerstoffkobalt ist, indem es aus

2 M.G. oder 59 Pfund Kobalt und
3 M.G. oder 24 Pfund Sauerstoff

besteht, also dem Mangan- Wismuth- und Eisenoxyd gleich zusammengesetzt ist, so gebührt ihm der Name Kobaltoxyd.

Es entsteht aus dem Kobaltoxydul wie das Manganoxyd № 30 S. 85 aus dem Manganoxydul, wenn man es in Salpetersäure auflöst, abdampft und darauf das salpetersaure Kobaltoxydul durch gelindes Glühen zersetzt.

Es ist bis jetzt für die chemische Technik noch ohne Bedeutung; jedoch könnte es bei der Porzellanmalerei die Stelle des Oxyduls vertreten, da es durch starke Hitze sich in dieses verwandelt.

Ausserdem giebt es auch noch eine Verbindung von Kobaltoxyd mit Kobaltoxydul, welche dem Mangan- und Eisenoxydoxydul entsprechend zusammengesetzt ist, so dass also das Sauerstoffschema dieses Metalls ganz dem des Eisens gleich ist.

Kobalt und Chlor.

Erwärmtes Kobaltpulver entzündet sich im Chlorgas unter Bildung einer blassrothen Masse, die Einfach-Chlorkobalt ist.

Wenn man Kobaltoxydul in Chlorwasserstoffsäure auflöst und abdampft, erhält man dieselbe Verbindung.

Versetzt man die Auflösung des Chlorkobalts mit etwas Chlorwasserstoffsäure und schreibt damit, so ist die röthliche Schrift kaum zu sehen; die aber sogleich mit einer schönen blauen Farbe zum Vorschein kommt, wenn man das Papier etwas erwärmt. Beim Erkalten und Anhauchen verschwindet die Schrift wieder und kann durch abermaliges Erwärmen wieder sichtbar gemacht werden. Man nennt diese Flüssigkeit **sympathetische Dinte.**

Wird Chlorkobaltauflösung mit Salmiak versetzt, so fällt Ammoniak kein Kobaltoxydul, wohl aber das Eisenoxyd, welches etwa darin vorhanden ist. Auf diese Weise wird es möglich, Kobaltoxydul frei von Eisenoxyd zu erhalten.

Chlorkobalt wird in Wasserstoffgas geglüht zu Metall unter Entwicklung von Chlorwasserstoffgas. Da Chlormangan unter gleichen Umständen unverändert bleibt, so dient diess Verhalten um Kobalt von Mangan zu reinigen. Nach der Reduction des Kobalts wird nämlich das Chlormangan durch Waschen mit Wasser entfernt.

Vom Blei und seinen Verbindungen.

Bleiglanz

197

Schon Moses kannte das Blei und erwähnt seiner. Es ist im Mineralreich sehr verbreitet, besonders in Verbindung mit Schwefel und wird durch die Benennung **Bleiglanz** unterschieden, dessen Strichpulver hier beigefügt ist. Auch in Vereinigung mit Sauerstoff und Kohlensäure kommt das Blei vor und wird **Weissbleierz** oder **Bleispat** genannt.

Das meiste Blei wird aus dem Bleiglanz gewonnen. Er wird im Flammenofen bis zum Glühen erhitzt, wobei der Schwefel sich vom Blei trennt und zu schwefliger Säure verbrennt, und nun ein Theil des Bleis zugleich Sauerstoff aufnimmt und Schwefelsäure, und zu schwefelsaurem Bleioxyd wird. Der grösste Theil des Bleis geht in den metallischen Zustand über, schmilzt bei Verstärkung der Hitze zusammen und fliesst ab.

Da die Bleiglanze gewöhnlich Silber enthalten, und mitunter so viel, dass sich ihre Verarbeitung auf Silber lohnt, so erhält man das Blei nicht selten als Nebenprodukt.

Ein chemisch reines Blei kommt im Handel nicht vor und wird auch in der chemischen Technik nicht angewendet. Gewöhnlich enthält es Kupfer, Eisen und auch wohl Silber. Auch trifft man häufig Zinn im Blei an, welches durch Zusammenschmelzen alter Bleigefässe mit Zinnlöthung gewonnen worden. Wenn man reines Blei gebraucht, muss es aus reinen Bleisalzen dargestellt werden. Am besten eignet sich dazu das reine salpetersaure Bleioxyd. Es wird gepulvert, in einem Tiegel erhitzt um die Salpetersäure auszutreiben, und alsdann mit schwarzem Fluss vermengt, geschmolzen, wodurch das Blei reduzirt wird und sich am Boden des Tiegels ablagert.

Das Blei hat mehrere ganz vorzügliche Eigenschaften, die ihm in der chemischen Technik nach dem Eisen den Platz sichern. Es ist so weich, dass es sich, selbst in dicken Stücken mit Leichtigkeit hin und her biegen lässt, ohne Risse zu bekommen. Daher kann man sich aus einer Bleiplatte mit grösster Schnelligkeit ein Gefäss bilden, ohne Loth anzuwenden, indem man die Ecken nur wie ein Kartenblatt zu falzen braucht. Es ist diess besonders da von Wichtigkeit, wo das Bleigefäss solche Flüssigkeiten aufnehmen soll, die leichtauflösend auf das zinnhaltige Loth wirken könnten.

Die Eigenschwere des Bleis ist bedeutend, nämlich = 11,445, d. h. ein Gefäss, welches so gross ist, dass es voll wird von

1000 Pfund Wasser, nimmt
11415 Pfund Blei

auf, wenn es im geschmolzenen Zustande hineingegossen wird, indess dasselbe Gefäss schon von

7291 Pfund Zinn

erfüllt wird. Zinn ist also viel leichter als Blei.

Diese Schwere verbunden mit seiner Wohlfeilheit würde es zu Gewichten geschickt machen, wenn dieser Anwendung nicht seine Weichheit entgegen stände. Diese ist leider so gross, dass man damit auf Papier schreiben kann, und dass es an den Händen abfärbt, so dass diese Gewichte nicht nur fortwährend leichter werden, sondern man sich auch stets damit beim Anfassen beschmutzt.

Das gewöhnliche unreine Blei ist etwas leichter als das reine; der Unterschied ist aber so gering, dass von einem solchen nur 93 Pfund weniger in das oben erwähnte Gefäss hinein gehen.

Viele Metalle ändern ihre Eigenschwere beim Hämmern, sie werden dichter, also schwerer. Beim Blei geschieht diess nicht, was sehr merkwürdig ist.

Vermöge seiner Weichheit wird das Blei in Berührung mit andern Körpern leicht abgenutzt und hängt sich an dieselben an. So färbt sich Holz grau, wenn man damit über einem Stück Blei hinstreicht, und selbst die glatte Fläche des Glases reibt bei starker Berührung das Blei ab und seine Oberfläche wird damit verunreinigt. Man kann sich davon überzeugen, wenn man in eine Flasche von weissem Glase etwas Bleischrot thut und heftig hin und her bewegt. Schüttet man nun das Bleischrot heraus, giesst in die Flasche etwas Wasser, welches mit Salpetersäure angesäuert ist, und fügt endlich einige Tropfen Schwefelwasserstoffammoniak hinzu, so wird man eine Schwärzung eintreten sehen, die von gebildetem Schwefelblei herrührt, als Beweis, dass sich das Schrot an den Wänden der Flasche abgerieben hat.

Vermöge dieser Thatsache sollte man nun glauben, dass das übliche Ausspülen der Weinflaschen, mittelst Bleischrot, eine Bleivergiftung des Weins zur Folge haben könne. Es ist diess vielfältig behauptet worden, allein wie ich zeigen werde, ohne Grund. Dass beim Reinigen der Weinflaschen, mittelst Bleischrot, gleichzeitig Wasser angewendet wird, und man die Flaschen hernach noch mit Wasser spült, ändert alles. Das Blei, welches sich abreibt, haftet bei Gegenwart von Wasser nicht an der Glasfläche und kann durch Nachspülen mit frischem Wasser leicht entfernt werden. Das letztere ist aber unerlässlich, denn da, wie unter № 198 beim Bleisuboxyd angegeben ist, das Blei sich beim Reiben mit Wasser in dieses verwandelt, so ist dieses Wasser als vergiftet zu betrachten und muss sorgfältig aus der Flasche entfernt werden.

Anders ist es, wenn ein Bleischrot in der Flasche zurück bleibt, wie diess oft vorkommt. In diesem Fall löst der Wein Blei auf, wie man sich durch Schwefelwasserstoff überzeugen kann.

Bei einem Wechsel der Temperatur verändert das Blei bedeutend seine räumliche Ausdehnung. Ein Bleistreifen, der bei 0° R. 350 Fuss lang ist, nimmt nämlich bei einer Wärmesteigerung bis zu 80° R. um 1 Fuss zu, indess unter denselben Umständen ein 460 Fuss langer Zinnstreifen um 1 Fuss länger wird. Diess ist der Grund, warum Bleipfannen, in welchen gekocht wird, sich so leicht werfen.

Ein Bleibad dient um die zum Härten bestimmten schneidenden Instrumente darin anzuwärmen. Man taucht sie ein wenn das Blei Rothglühhitze hat, und kühlt sie dann in vielem Wasser ab.

Blei erfordert eine grössere Hitze zum Schmelzen als Zinn. Man kann daher Blei verzinnen.

Man legt die Bleiplatte auf eine Eisenplatte, schabt sie blank und erhitzt sie so weit, dass geschmolzenes Zinn, darauf gegossen, flüssig bleibt. Man verreibt nun dieses mittelst Werg und Colophoniumpulver, wie es beim Verzinnen geschieht. Es ist begreiflich, dass ein geübter Arbeiter dazu gehört, besonders was die Regierung des Feuers betrifft, damit die Bleiplatten nicht schmelzen.

Die Weichheit macht das Blei auch geschickt das Leder der Streichriemen für Rasirmesser zu ersetzen. Es soll darum Vorzüge vor dem Leder haben, weil es nicht, wie dieses, elastisch ist, wodurch das Leder dem Druck des Messers nachgiebt und gleich hinter der Schneide desselben wieder hervorquillt und so die eben ertheilte Schärfe wieder abstumpft. Man giesst eine Bleiplatte von $\frac{1}{2}$ Zoll Dicke, fasst sie mit Holz ein und hobelt sie gerade und glatt. Hierauf bestreicht man die eine Seite mit feingeschlemmtem Polirpulver № 153 S. 390 das mit Wasser zum Brei angerührt worden. Nach dem Trocknen reibt man das Pulver mit einem glatten Messer so ein, dass die vorher rothbraune Fläche fast schwarz aussieht. Nun ist diess Schärfungsinstrument zum Gebrauch fertig.

Auf Blei lässt sich leicht mit einem harten Stift schreiben. Da es nun weniger von starken Säuren leidet als Papier, Oelfarbe und andere Metalle, so bedient man sich der Bleiplatten sehr zweckmässig zu Etiketts für Schwefelsäure, Salzsäure u. s. w., die man aber nicht mit Bindfaden, sondern mit Bleidraht befestigt.

Solchen Bleidraht kann man auch anwenden, um junge Bäume an Pfähle und Spaliere anzubinden. Er eignet sich vorzüglich dazu, weil er beim Druck nachgiebt und also nie in die Bäume einschneidet, wenn diese stärker werden und sich mit den Fingern, ohne zu brechen, mehrere Male auf- und zudrehen lässt. Hierbei ist aber die Wirkung des Regenwassers auf Blei nicht zu vergessen. Es wird eine Menge Bleioxyd gebildet, welches sich auf Blättern und Früchten anhäuft, und so z. B. eine unter einem solchen Bleidrathe befindliche Traube vergiften kann. Man wird also nur solchen Bleidraht anwenden dürfen, dem so viel Zinn zugesetzt worden (siehe weiter unten), dass Wasser nicht mehr darauf wirkt. Freilich verliert er durch einen solchen Zusatz sehr an Weichheit.

Die dünnen Bleiplatten sind zum Verpacken des Tabacks ausser Gebrauch gekommen, und das mit Recht, weil sie durch feuchten Taback zerfressen und in Oxyd verwandelt werden. Kommt diess mit dem brennenden Taback in Berührung, so erhält der Tabackrauch einen unangenehmen Bleigeschmack, zum Beweise, dass Bleidämpfe sich mit verflüchtigen. In neuester Zeit hat man den Stöpsel der Champagnerflaschen, anstatt mit Harz mit Bleiplatten überzogen, um das Schimmeln zu verhüten. Diess wird freilich erreicht, aber anstatt des Schimmels entsteht kohlensaures Bleioxyd in der feuchten Kellerluft, was also viel schlimmer ist. Man darf sich daher dieser Platten nicht bedienen, auch haben vernünftige Weinhändler diess längst eingesehen, und nehmen dünne Zinnplatten oder Staniol, wovon nichts Nachtheiliges zu befürchten ist.

Eine sehr zweckmässige Anwendung macht man

von den Bleiplatten, um das Aufsteigen von Flüssigkeiten in den Mauern der Gebäude zu verhindern. Wenn die Grundmauern mit der Erde gleich sind, werden sie aufgelegt und nun wird weiter fortgemauert. Sie dürfen nicht zu dünn sein, sonst werden sie bald zerfressen und versagen dann den Dienst. Ein bestreichen mit Theer an beiden Seiten würde diesem vorbeugen. Dann aber bedarf es wohl kaum des Bleis, Pappe oder steifes Papier, ebenso behandelt, würde dasselbe leisten, wenn der Theer nur dick genug aufgetragen wird, um kein Wasser durchzulassen und das Papier vor der Zerstörung zu schützen.

Das M. G. des Bleis ist = 104. Eine sehr grosse Zahl, wenn man die Zahlen 27 und 32, die M. G. von Eisen und Zink damit vergleicht. Es ist uns noch durchaus unbekannt, inwiefern das M. G. mit den übrigen Eigenschaften eines Stoffs zusammen hängt und darum auch nicht einzusehen, warum dasselbe, was man mit 32 Pfund Zink zu thun vermag, mit Blei nicht anders ausrichten kann, als dass man 104 Pfund in Thätigkeit setzt. Sollten z. B. aus einem mit Sauerstoff erfüllten Raum mittelst dieser Metalle 8 Pfund Sauerstoff entfernt werden, so würde man 104 Pfund Blei dazu nöthig haben, indess man bei Anwendung von Zink mit 32 Pfund ausreicht. Diese chemische Kraftlosigkeit abseiten des Bleis, und die chemische Stärke abseiten des Zinks ist um so auffallender, da sie gar nicht mit andern Wirkungsäusserungen derselben Metalle in Beziehung zu stehen scheint. So hält das Blei in seinen Verbindungen eine Menge Stoffe weit fester als der Zink, und ist auch überhaupt mehr geneigt, starre, unauflösliche Verbindungen zu bilden.

Ebenso stellt sich das Verhältniss des Bleis zum Eisen. Das chemische Wirkungsvermögen dieses Metalls ist noch um 5 grösser als beim Zink, und das des Bleis übertrifft es daher um 77. Denn um z. B. 16 Pfund Schwefel so zu fixiren, dass sie Glühhitze aushalten, ohne sich zu verflüchtigen, reicht man bei Anwendung von Eisen mit 27 Pfund aus, aber mit Blei ist diess nicht möglich, es müssen, um dieselbe Wirkung hervorzubringen, 104 Pfund dazu in Wirksamkeit kommen.

Löst man 104 Gran reines Blei in Salpetersäure auf, dampft ab und glüht, so erhält man einen Rückstand, der eine Verbindung von Blei mit Sauerstoff oder Bleioxyd ist und 112 Gran wiegt, also 8 Gran mehr als das angewandte Blei. Mengt man dieses Bleioxyd mit etwa 40 Gran Schwefel und erhitzt bei abgehaltener Luft, so bleibt Schwefelblei als Rückstand, dem Gewichte nach 120 Gran betragend, also 16 Gran mehr als das angewandte Blei. Kocht man dieses Schwefelblei mit Chlorwasserstoffsäure im Ueberschuss und verdampft hierauf bis zur Trockne, so erhält man $139\frac{4}{10}$ Gran Chlorblei, also $35\frac{4}{10}$ Gran mehr als das angewandte Blei, hieraus ergiebt sich, dass

104 Gran Blei sich verbinden mit
8 Gran Sauerstoff,
16 Gran Schwefel und
$35\frac{4}{10}$ Gran Chlor;

da nun 8, 16 und 35,4 die M. G. für Sauerstoff, Schwefel und Chlor sind, und diese Zahlen sich, wie hier bewiesen, constant mit 104 Blei verbinden, so folgt, dass 104 die Zahl sein müsse, wodurch das M. G. des Bleis ausgedrückt wird.

Vom Zink wird das Blei aus seinen Auflösungen gefällt, wobei die eben besprochenen Zahlverhältnisse sich ebenfalls geltend machen. Wird z. B. ein gewogener Stab von reinem Zink in eine neutrale Auflösung von salpetersaurem oder essigsaurem Bleioxyd gestellt, so bildet sich eine schöne krautartige Krystallisation des Bleis an dem Zinkstab, Bleibaum genannt, und die Auflösung enthält salpetersaures oder essigsaures Zinkoxyd; denn in demselben Verhältniss als sich das Zink auflöst, tritt das Blei aus der Auflösung heraus, und zwar entspricht der Gewichtverlust des Zinks der Menge des ausgeschiedenen Bleis, indem

32 Gran Zink,
104 Gran Blei

auszuscheiden vermögen.

Das Blei selbst scheidet 14 Metalle aus ihren Auflösungen ab, unter diesen Wismuth, Antimon, Arsenik, Zinn, Kupfer, Quecksilber, Silber, Gold und Platin. Will man aus irgend einem Grunde hiervon Gebrauch machen, so sind ebenfalls die M. G. dieser Metalle, verglichen mit dem des Bleis, zu berücksichtigen und dann stellt sich die Sache so unvortheilhaft, dass man womöglich immer Zink und Eisen den Vorzug geben wird.

Mit dem Gefälltwerden des Zinns durch Blei hat es eine eigene Bewandtniss. Es ist bedingt durch die fast gleiche Anziehung, welche Zinn und Blei zum Sauerstoff, Chlor und einigen Säuren haben; daher ist die Zerlegung nur unvollkommen, und Zinn fällt aus Bleioxydauflösungen einen Theil

Blei, und umgekehrt das Blei aus Zinnoxydauflösungen einen Theil Zinn.

Das Blei ist dem thierischen Leben durchaus feindlich. Es wird auch als Arzneimittel besonders nur äusserlich gebraucht. In die thierischen Säfte wird es beim innerlichen Gebrauch schwerlich aufgenommen. Die Schädlichkeit der Bleisalze steht im umgekehrten Verhältniss mit ihrer Zersetzbarkeit durch die im Magen befindlichen Stoffe. So kann Bleizucker ohne grossen Nachtheil innerlich genommen werden, wenn man schnell grosse Portionen Kaffe oder Thee nachtrinkt, weil die in diesen Getränken enthaltenen Pflanzensäuren den Bleizucker zersetzen und mit demselben unauflösliche Verbindungen bilden. Ebenso kann aus denselben chemischen Gründen Eiweiss den Bleizucker unschädlich machen. Bleisalze dagegen, die nicht so leicht zerlegt werden, wie z. B. salpetersaures Bleioxyd, in Weinsteinsäure aufgelöstes weinsteinsaures Bleioxyd wirken mit ihrer ganzen Heftigkeit. Noch stärker wirken alkalische Bleiauflösungen, so wie Bleioxyd in Verbindung mit Oel, weil diese, wenn auch im Innern des Körpers zersetzt werdend, das Bleioxyd als solches ausscheiden, ohne dass es sich vorher zu einer unauflöslichen Verbindung vereinigen kann. Schwefelsäure ist das beste chemische Gegengift gegen Bleivergiftungen (siehe weiter unten.)

Das Zink macht das Blei härter, giebt ihm Fähigkeit Politur anzunehmen, ohne seine Geschmeidigkeit sehr zu beeinträchtigen, selbst wenn man

2 Pfund Zink mit
1 Pfund Blei
durch Schmelzen vereinigt.

Da das Zink nur halb so viel kostet als das Blei, so verdient diese Legirung, deren Mischungsverhältnisse man beliebig abändern kann, die Beachtung der Techniker.

Da Blei in verdünnten Säuren viel schwieriger auflöslich ist als Zink, so entsteht die Frage, ob es das Zink, durch Zusammenschmelzen mit ihm, gleichfalls schwieriger auflöslich macht, und wie wenig dazu gehört? Nach einer Reihe von Versuchen habe ich gefunden, dass davon nicht viel zu erwarten ist; eine Legirung aus

1 M.G. oder 104 Pfund Blei und
10 M.G. oder 320 Pfund Zink

löst sich unter Wasserstoffgasentwicklung ziemlich rasch in einer Schwefelsäure, die mit 4 Theilen Wasser verdünnt ist, auf. Das Blei scheidet sich dabei als schwarzes Pulver ab. Kehrt man das Verhältniss um und schmelzt

10 M.G. oder 1040 Pfund Blei mit
1 M.G. oder 32 Pfund Zink

zusammen, so erhält man eine Legirung, die nur in den ersten Augenblicken von der verdünnten Säure angegriffen wird, indem sie aus der äussern Lage das Zink aufnimmt, hernach aber, durch den Bleiüberzug geschützt, nicht mehr verändert wird.

Die erste dieser Legirungen, mit einem Ueberschuss an Zink, zeichnet sich durch einen sehr schönen Glanz aus und haftet sehr stark an glatten Flächen, z. B. an dem glasirten Porzellantiegel, worin sie geschmolzen worden. Diess unterscheidet die Bleimischungen mit Zink von denen mit Zinn, die sehr leicht von der Tiegelfläche loszutrennen sind.

In vielen Fällen mag ein Zinkgehalt des Bleis nicht schaden, wenn er nur nicht zu gross ist. Aber äusserst nachtheilig ist er bei solchem Blei, welches zu Bleikammern oder Bleikasten für die Bereitung und Concentrirung der Schwefelsäure bestimmt ist. Ein solches muss vorher genau untersucht werden, sonst läuft man Gefahr, eine Einrichtung, die Tausende kostet, in wenig Monaten zertrümmert zu sehen.

Eine Bleiprobe auf Zink beruht auf Folgendem: Wenn man

104 Gran reines Blei

in Salpetersäure auflöst, so gebraucht man

$87\frac{1}{2}$ Gran schwefelsaures Kali,

um aus dieser Auflösung alles Blei in der Gestalt von schwefelsaurem Bleioxyd № 206 zu fällen, so dass man nach dem Auswaschen und Trocknen

152 Gran schwefelsaures Bleioxyd

erhält. Reicht man mit weniger schwefelsaurem Kali aus, so erhält man auch weniger schwefelsaures Bleioxyd als Niederschlag, und dieses Weniger zeigt den Zinkgehalt nach einem solchen Verhältniss an, dass

152 Gran schwefelsaures Bleioxyd
32 Gran Zink

entsprechend sind.

Das in Salpetersäure aufgelöste Zink wird nämlich nicht durch schwefelsaures Kali gefällt. Ist also wirklich Zink im Blei vorhanden gewesen, so muss es sich in der vom Bleiniederschlag abfiltrirten Flüssigkeit finden, wenn man kohlensaures Natron hinzufügt. Es fällt dann kohlensaures Zinkoxyd № 3 nieder. Es wird auf einem Filter gesammelt, gewaschen, getrocknet und geglüht, um es in Zinkoxyd zu verwandeln und nun gewogen:

40 Gran Zinkoxyd zeigen
32 Gran Zink

an. Um gewiss zu sein, dass aus der salpetersauren Auflösung alles Blei gefällt werde, setzt man einen Ueberschuss von schwefelsaurem Kali hinzu, oder versucht, ehe man kohlensaure Natronauflösung hineingiesst, ob das schwefelsaure Salz noch einen Niederschlag bewirkt.

Das Blei ist nur von geringer Stärke, daher reisst ein Bleidraht leicht. Ist er aber aus einem Gemisch von

3 Pfund Blei und
2 Pfund Wismuth

angefertigt, so trägt er zehnmal mehr als reines Blei. Dieser Einfluss des Wismuths, welches sich so leicht pulvern lässt, ist merkwürdig. Es könnte dieses Gemisch zu manchen Zwechen benutzt werden, wenn die unverhältnissmässige Menge des theuren Wismuths es nicht zu kostspielig machte.

Beim Zink S. 4 ist es schon angeführt, wie unvortheilhaft die technische Anwendung des Bleis dadurch wird, dass es so weich ist und daher in viel dickeren und schwereren Platten angewendet werden muss als das Zink und das Kupfer. Es scheint mir daher auch nicht vortheilhaft zum Schiffbeschlag, wozu man es anzuwenden versucht. Man setzt, um ihm mehr Härte zu geben, 5 p.c. Antimon zu und verquickt die Oberfläche der Bleche mit Quecksilber, welches etwa 1 pCt. beträgt, um das Ansetzen der Seethiere und Pflanzen zu verhindern.

Dieses Verquicken der Oberfläche entspricht sicher seinem Zweck, aber gewiss nicht der Zusatz des Antimons. Er ist zu geringe um dem Blei die Härte und Festigkeit zu geben, dass man es, unbeschadet seiner Haltbarkeit, viel dünner auswalzen kann als gewöhnliches Blei, und dann fällt der Vortheil weg. Ein grösserer Zusatz von Antimon würde diesem nicht abhelfen, wegen des hohen Preises dieses Metalls. Es bleibt also nichts anderes übrig als zum Zink zurückzukehren und diesem Metall durch einen geeigneten Ueberzug die rasche Veränderlichkeit zu benehmen.

Könnte man Eisen so mit Blei überziehen wie mit Zinn, so wäre diess eine nützliche Sache, besonders bei Gusseisen, aber es ist nicht möglich. Will man aus irgend einem Grunde Blei und Eisen an den Oberflächen vereinigen, so kann es nur durch die Vermittlung von Zinn geschehen. Also verzinntes Eisenblech kann man verbleien. Man reibt es gut mit Talg ein und taucht es in ein Bad von geschmolzenem Blei. Da das Blei sich ungleich anhängt, so müssen diese Platten noch durch Walzen gehen. Sie sollen dem Rosten an freier Luft viel weniger unterworfen sein, als das bloss verzinnte Eisenblech.

Das Löthen und s. g. Vergiessen des Bleis ist für chemische Fabriken von der grössten Wichtigkeit. Es wird am zweckmässigsten folgendermassen ausgeführt. Sollen z. B. zwei Bleiplatten an den Rändern vereinigt werden, so schneidet man diese gerade und schiebt sie an einander. Hierauf bestreicht man die Oberfläche beider, einige Zoll breit, mit einem Gemenge aus Kienruss und Tischlerleim, worauf, wenn es trocken geworden, kein Loth haftet. Nun kratzt man von jeder Seite einen Zoll breit diesen Ueberzug weg, damit das blanke Blei zu Tage kommt und bestreicht es mit Talg. Auf dieses haftet sehr gut das Loth, welches aus gleichen Theilen Zinn und Blei zusammengeschmolzen ist. Es wird flüssig gemacht und mit einem Löffel aufgegossen und das Ueberflüssige mit einem Fettlappen weggewischt, indem man es abwechselnd mit einem heissen eisernen Kolben berührt, um das erstarrte Loth von neuem zu schmelzen und innig mit den Bleiplatten zu vereinigen. Auf diese Weise kann man auch grosse Löcher in Bleikesseln verschliessen. Man schneidet das Loch gleichförmig, passt ein Stück Blei hinein und verfährt wie oben. Dünne Bleiplatten legt man nicht an einander, sondern auf einander, nachdem die Ränder zuvor geschwärzt und hierauf blank geschabt sind, und vereinigt sie ebenso.

Das so äusterst schwer schmelzbare Platin schmilzt in Berührung mit Blei sehr leicht, indem sich beide vereinigen. Eine Nutzanwendung hat man von dieser Verbindung noch nicht gemacht, aber sie verdient Beachtung, um sich vor Schaden zu bewahren. Denn wirft man in einen starkglühenden Platintiegel ein Stück Blei, so entsteht ein Loch, also muss man diese beiden Metalle nie in der Hitze zusammen bringen.

Die käufliche Bleiglätte enthält in den meisten Fällen metallisches Blei beigemengt. Diess ist ihrer gewöhnlichen Anwendung nicht hinderlich. Aber in Platin darf man sie nicht bis zum Glühen erhitzen, wenn man das Gefäss nicht der eben erwähnten Gefahr des Durchlöcherns aussetzen will.

Blei wirkt nur unvollkommen auf Kupferauflösungen, besonders schwefelsaure. Ist es aber gleichzeitig mit Zink in Berührung, so verkupfert es sich sehr rasch, indess das Zink sich auflöst. Man kann also Blei mit Hülfe des Zinks sehr leicht verkupfern.

Verhalten des Bleis zu reinem Wasser, Säuren etc.

Blei wie Eisen verändert sich nicht in einem ganz reinen Wasser, wenn es luftfrei ist; es oxydirt sich aber fast augenblicklich, wenn dieses Wasser Luft enthält. Denn kaum damit in Berührung gebracht sieht man beim Hin- und Herbewegen des Bleis im Wasser weisse Wolken entstehen, die allmählig das Wasser trüben und als seidenglänzende Krystalle darin schwimmen. Am Boden sammelt sich ein eben solches lockeres Pulver, welches besonders im Sonnenschein einen chönen Seidenglanz zeigt. Es ist kohlensaures Bleioxydhydrat № 205 denn es löst sich mit Aufbrausen in Salpetersäure, zum Beweis, dass es Kohlensäure enthält.

Das über diesem Pulver stehende Wasser enthält $\frac{1}{12000}$ von diesem Hydrat aufgelöst, und es wird durch Schwefelwasserstoff gebräunt, wie № 217. Ob das Wasser wirklich davon auflöse, ist von einigen Chemikern bestritten, die nichts darin auffinden konnten. Der Irrthum ist jedoch auf ihrer Seite und entsprang daher, dass die Herren die chemische Wirkung der Papierfaser ausser Acht liessen. Wenn man nämlich ein Wasser, welches Bleioxyd aufgelöst enthält, durch Papier filtrirt, so enthält es nach dem Filtriren kein Bleioxyd mehr. Es befindet sich nun im Papier. Wer sich hierbei an das sogenannte Beizen der Färber erinnern will, wird diese Thatsachen ganz in der Ordnung finden. Auch reicht eine höchst geringe Menge Kohlensäure hin, das Bleioxyd während des Filtrirens unauflöslich zu machen und zu fällen.

Das Merkwürdigste in diesem Verhalten des Bleis offenbart sich aber, wenn das Wasser auch nur ganz kleine Mengen Kochsalz, schwefelsaures Kali, Gyps etc. enthält, dann gewahrt man nur ein schwaches Anlaufen der blanken Bleifläche, aber die Flüssigkeit bleibt klar, und es bildet sich kein solcher krystallinischer Niederschlag. Aber aufgelöst hat sich doch etwas Blei, wie man an der Bräunung einer solchen Flüssigkeit durch Schwefelwasserstoff sehen kann.

Hieraus folgt, dass eher Regenwasser, welches sich auf Bleidächern und in Bleirinnen sammelt, bleihaltig werden kann, als Brunnen- oder Flusswasser, welches durch bleierne Röhren geleitet wird.

Man kann diess Verhalten des Bleis zum reinen Wasser dazu benutzen, um die Reinheit eines Wassers, z. B. Regen- oder Schneewasser zu prüfen. Wirft man nämlich frisch geschabtes Blei auf die Oberfläche des Wassers, so sieht man in wenigen Minuten von jedem Theilchen eine weisse Wolke sich niedersenken, wenn das Wasser rein war, und die auf den Boden gefallenen Stückchen umgeben sich mit einem weissen Hof; enthält es aber nur eine sehr kleine Menge eines schwefelsauren Salzes, oder eines Chlormetalls, so erfolgt keine Veränderung.

Auch kann umgekehrt die Reinheit des Bleis bis zu einer gewissen Grenze auf diese Weise geprüft werden. So wird z. B. ein Blei, welches 6 pCt. Zinn enthält, nicht mehr so vom Wasser angegriffen, dass man, wenn man einige Späne davon aufs Wasser wirft, die Entstehung weisser Streifen gewahr wird. Es dauert Tagelang, ehe eine Wirkung eintritt.

Noch mehr als vom reinen Wasser leidet das Blei vom siedend heissen Dampf. Strömt Dampf direkt auf eine dicke Bleiplatte, so wird sie unter fortwährender Bildung von kohlensaurem Bleioxydhydrat so dünn wie ein Blatt Papier und schwindet endlich ganz. Es ist daher nicht vortheilhaft, Bleigefässe mit Dampf zu erwärmen, und eben so wenig taugt es den Dampf durch Bleiröhren zu leiten. Sie werden nicht nur bald unbrauchbar, sondern verunreinigen auch noch Dasjenige mit Bleioxyd, worin der Dampf durch sie direkt geleitet wird.

Ich habe kein Metall auffinden können, welches durch eine innige Berührung diese Auflösung des Bleis verhinderte. Bleche von Zink, Eisen und Zinn, so wie von Gold und Silber, wurden mit gleich grossen Stücken Bleiblech an den Enden zusammen gelöthet und nun in offene Cylindergläser mit reinem Wasser gestellt. In allen diesen Gefässen zeigte sich die Bleiauflösung sehr bald und ebenso zeitig wie in dem, wo sich das Blei ganz allein befand. Beim Eisenblei dauerte es etwas länger, auch war nach Verlauf von 8 Tagen der krystallinische Bleioxydhydrat - Niederschlag nicht so gross wie in den andern Gefässen. Zink dagegen wirkte umgekehrt, es beschleunigte augenscheinlich die Einwirkung des Wassers auf das Blei, so dass nach 21 Tagen der krystallinische Niederschlag dreimal so viel betrug als der, welcher sich beim Blei allein (ohne Zink) gebildet hatte. Diese Wirkung des Zinks ist sehr merkwürdig, indem sie in Bezug auf andere Metalle geradezu umgekehrt ist.

Anders verhält es sich, wo Blei mit den Metallen zusammengeschmolzen ist. Gleiche Theile Zinn und Blei bleiben vollkommen blank, und ebenso das Wasser völlig klar. Das ungefähre Verhältniss, wo das Zinn beginnt, das Blei vor der Wasserwirkung zu schützen ist bei

1 M.G. oder 59 Pfund Zinn auf
10 M.G. oder 1040 Pfund Blei.

Die ersten 4 Tage bleibt das Wasser völlig klar, und die Metallfläche blank. Später tritt aber doch, wiewohl höchst langsam, eine Einwirkung ein. Bei der Hälfte Zinn findet eine noch geringere Verzögerung statt, sonst verhält sich diese Mischung fast schon wie gewöhnliches Blei.

Zink äussert nicht diese schützende Wirkung. Diess lässt sich schon danach vermuthen, weil seine blosse Berührung die auflösende Einwirkung des Wassers steigert. Schmelzt man sie daher in einem solchen Verhältniss zusammen, dass auf

10 M.G. oder 1040 Pfund Blei
1 M.G. oder 32 Pfund Zink

kommt, so verhält es sich fast wie gewöhnliches

Blei, jedoch ist eine Beschleunigung der Wirkung nicht zu verspüren.

Befindet sich das Blei in Säuren, die es ohne Weiteres aufzulösen vermögen, so ist sein Verhalten in Berührung mit den anderen Metallen anders als im Wasser. Es tritt nun eine chemische Wechselwirkung oder Spannung ein, wobei entweder das Blei die Auflösung des anderen Metalls beschleunigt, und also selbst geschützt wird, oder wo es umgekehrt das Opfer der Säure wird, indess das andere Metall unversehrt bleibt.

Der erste Fall ereignet sich bei den Metallen, welche das Blei aus seinen Auflösungen fällen: Zink, Kadmium, Eisen und Zinn. Sind diese mit Blei an einer Stelle zusammen gelöthet, so lösen sie sich in einer Säure schneller auf, als es für sich der Fall gewesen sein würde, obwohl lange nicht so schnell wie durch den Einfluss des Kupfers und Silbers unter gleichen Umständen. Diess ist das allgemeine Resultat, das aber je nach der Verschiedenheit der angewendeten Säure und dem anderen Metall verschieden ausfällt, ja bei Anwendung von verdünnter Schwefelsäure zeigt sich sogar das Entgegengesetzte.

Damit diese Versuche vollkommen gelingen, ist einige Vorsicht nöthig. Die Zinkbleche müssen aus derselben Platte geschnitten sein, denn nur bei gleicher Dicke sind gleich grosse Stücke gleich schwer. Dann müssen die Oberflächen derselben gleich blank gescheuert sein, denn etwas Schmutz oder Fett auf der einen macht schon einen Unterschied in der Auflöslichkeit. Ebenso muss der Theil des einen Stücks Zinkblech in Abrechnung gebracht werden, der durch das Loth bedeckt, also von der Säure nicht berührt wird. Nicht minder muss das Bleiblech ganz blank sein; man schabt es daher kurz vor dem Versuch mit einem Messer gut ab, und hütet sich es wieder mit blossen Fingern zu berühren. Endlich wägt man das Zink, welches mit dem Blei zusammengelöthet ist, vor und nach dem Versuch mit diesem zugleich, da eine Abtrennung des Loths nicht gut zu bewerkstelligen ist. Beim Aufhängen in der Säure ist noch zu beachten, dass die Zinkbleche eine gleiche Höhe in der Flüssigkeit einnehmen, denn läge eins auf den Boden des Gefässes, und das andere ragte weiter in die Flüssigkeit hinein, so würden sie mit ungleichen Mengen Säure in Berührung kommen.

Entschieden beschleunigend wirkt das Blei auf die Auflösung des Eisens in verdünnter Chlorwasserstoffsäure. Löthet man an das eine Ende eines Stückes Eisenblech 180 Gran schwer, ein eben so grosses Stück Bleiblech, hängt es gleichzeitig mit einem eben so schweren und eben so grossen Stück Eisenblech (ohne Blei) in eine Mischung von 8 Loth Chlorwasserstoffsäure von 1,125 Eigenschwere und 48 Loth Wasser, dergestalt, dass sich die Eisenbleche in gleicher Höhe befinden, ohne sich zu berühren, so löst sich in gleicher Zeit ungleich viel auf. Nach Verlauf von 18 Stunden hatte sich nämlich aufgelöst vom

Eisen am Blei 11 Gran,

Eisen allein 2 Gran,

also ist der Unterschied 9 Gran, was verglichen mit der Wirkung des Kupfers auf Eisen in derselben Säure und derselben Zeit einen recht deutlichen Beweis von der chemischen Langsamkeit des Bleis giebt. In einem zweiten Versuch war das Mehraufgelöste noch etwas geringer; dessen ungeachtet ist hier der Bleieinfluss noch sehr bedeutend, wenn man damit das Ergebniss des folgenden Versuchs vergleicht.

Ein ähnliches Resultat erhält man, nur in kürzerer Zeit, wenn anstatt Eisen Zink mit dem Blei in Berührung ist. Um die Wirkung recht deutlich wahrzunehmen wurde die Chlorwasserstoffsäure mit noch mehr Wasser verdünnt, nämlich auf 8 Loth Säure 60 Loth Wasser genommen und in diese Flüssigkeit die beiden Zinkbleche, jedes 130 Gran schwer (wovon das eine mit einem gleich grossen Stück Bleiblech zusammen gelöthet war), in gleicher Höhe aufgehängt. Nach 90 Minuten hatte sich nun aufgelöst vom

Zink am Blei 62 Gran,
Zink allein 33 Gran,

was beweist, dass das Blei das Auflösen des Zinks viel weniger beschleunigt als das des Eisens.

Nimmt man zu einem andern Versuch anstatt der Chlorwasserstoffsäure Salpetersäure von 1,300 Eigenschwere, die mit 4 Theilen Wasser verdünnt worden, so sind die Erscheinungen anders. Das Blei wird nicht mehr vor der Auflösung geschützt, wenn gleich das Zink sich ebenfalls auflöst. Man kann diess am besten beobachten, wenn man die an den Enden zusammengelötheten beiden Bleche von Zink und Blei in einen Glascylinder stellt, das Bleiende nach unten, und nun die verdünnte Salpetersäure darauf giesst. Das Zink löst sich sogleich mit sichtbarer Gasentwicklung auf, und es dauert nicht lange, so nimmt man an ihm eine neue Erscheinung wahr, es bildet sich auf seiner Oberfläche ein sogenannter Bleibaum, d. h. Bleikrystalle in federartigen Auswüchsen, geradeso, wie wenn man ein Zinkblech in eine Bleioxydauflösung stellt. Diess ist also ein Beweis, dass das Blei nicht geschützt, sondern gleichzeitig aufgelöst wird und dass das Zink das aufgelöste Blei wieder abscheidet.

Ganz gegen alle bisherigen Erfahrungen in Betreff des Einflusses der Metalle auf einander ist aber die Wechselwirkung zwischen Zink und Blei, wenn sie sich in verdünnter Schwefelsäure berühren. Das Blei verzögert die Auflösung des Zinks, ohne dass es sich selbst auflöst. Ich habe mehrere Versuche angestellt, ehe ich meinen eigenen Augen traute, um eine solche sonderbare Thatsache für wahr zu halten. Unter diesen will ich nur einen anführen, den jeder leicht selbst anstellen kann.

An das eine Ende eines Stückes Zinkblech, 143 Gran schwer, wurde ein eben so grosses Bleiblech gelöthet, und dieses mit einem eben so schweren und grossen Stück Zinkblech, ohne Blei, in ein Gefäss in gleicher Höhe aufhängt, ohne dass sie sich gegenseitig berührten. Hierauf wurden 8 Loth Schwefelsäure mit 64 Loth Wasser verdünnt darauf gegossen, so dass die Bleche völlig mit Säure bedeckt waren. Nach 25 Minuten wurde der Versuch beendet, die Bleche getrocknet und gewogen. Es hatten sich aufgelöst vom

Zink am Blei 60 Gran,
Zink allein 73 Gran,

also ein Unterschied von 13 Gran durch die verlangsamende Einwirkung des Bleis, welches dabei seine blanke Oberfläche vollkommen behalten hatte.

Ich habe, weil ich der Ueberzeugung bin, dass diese auffallenden Wirkungen des Bleis einmal für's praktische Leben von Wichtigkeit werden können, diesen Versuch noch mannigfaltig abgeändert, z. B. das Zink mit noch einmal so viel Blei verbunden: es war aber nur ein geringer Unterschied bemerkbar: nämlich anstatt 13 war der Unterschied 14. Auch wurde das Zink mit einem halb so grossen Stück Bleiblech zusammen gelöthet, derselben Prüfung unterworfen. Hier war der Unterschied auffallender, er betrug anstatt 13 nur 7.

Es ist begreiflich, dass sich hier noch mannichfache genauere Unterschiede herausfinden lassen, so viel aber steht fest, dass das Blei in inniger Berührung mit Zink auf dasselbe einen ganz eigenthümlichen Einfluss ausübt, wenn sie zusammen in verdünnter Schwefelsäure eintauchen, und dass dieser Einfluss sich zunächst dadurch kund giebt, dass das sonst so rasch vor sich gehende Auflösen des Zinks dadurch verzögert wird, ungeachtet das Blei dabei keine Veränderung erleidet.

Dieselbe Verlangsamung im Auflösen bewirkt das Blei auch wenn Eisen damit zusammen gelöthet ist. Hier dauert aber der Versuch bei Anwendung der mit 8 Theilen Wasser verdünnten Säure 3 — 4 Tage, weil das Eisen sich lange nicht so schnell wie Zink in der Säure auflöst (vergl. S. 337). Auch behält das Blei während dieser langen Zeit nicht seine blanke Oberfläche, sondern überzieht sich mit einer Kruste schwefelsauren

Bleioxyds, wodurch sein Einfluss nothwendig beeinträchtigt werden muss.

Ob es gelingt Zink und Eisen durch diesen Einfluss des Bleis ganz unauflöslich in Schwefelsäure zu machen, müssen fernere Versuche lehren.

Der zweite Fall, wo das Blei schneller durch eine Säure aufgelöst wird, findet durch den Einfluss solcher Metalle statt, die es selbst aus ihren Auflösungen zu fällen vermag, z. B. Kupfer, Quecksilber, Silber, Gold und Platin. Da die Salpetersäure diejenige Säure ist, die das Blei vorzugsweise auflöst, so sind diese Versuche auch nur mit dieser Säure zu machen, die übrigens nichts Neues und Interessantes darbieten. Stellt man den Versuch mit Kupfer, welches mit dem Blei zusammengelöthet ist, und verdünnter Salpetersäure an, so kann man zugleich bemerken, dass das Blei, indem es sich auflöst, das Kupfer vor der Auflösung schützt, denn die Säure bleibt so lange farblos als noch Blei vorhanden ist, indess die, worin sich Kupfer ohne Blei befindet, eine grüne Auflösung von Kupfer bildet.

Blei und Sauerstoff.

Bei der Rothglühhitze verdampft das Blei und bei der Weissglühhitze kocht es. Ist in beiden Fällen Sauerstoff gegenwärtig, so verbindet es sich damit unter der Erscheinung eines weissen Lichts. Aber auch bei gewöhnlicher Lufttemperatur vereinigt es sich mit diesem Stoffe und die Produkte sind diesen Umständen nach verschieden.

Daher sind die Sauerstoffverbindungen des Bleis zahlreich. Man unterscheidet sie gewöhnlich nach der ihnen eigenthümlichen Farbe. Es giebt ein graues Bleioxyd, welches ein Suboxyd ist und dem des Zinkes № 5 S. 40 entspricht. Ein gelbes Bleioxyd, welches als starke Basis die Grundlage aller Bleisalze ausmacht, und daher auch vorzugsweise „Bleioxyd“, ohne allen weiteren Zusatz, genannt wird. Es ist den Oxyden des Zinks, Kadmiums, Mangans, Wismuths und Eisens, welche aus 1 M.G. Sauerstoff und 1 M.G. Metall bestehen, gleich zusammengesetzt. Es müsste daher eigentlich Bleioxydul heisen.

Ein braunes Bleioxyd. Diesem gebührt als einem Zweifach-Sauerstoffblei der Name Bleihyperoxyd, denn es hat gleiche Zusammensetzung mit dem Manganhyperoxyd.

Ein röthliches Bleioxyd, welches als Anderthalb-Sauerstoffblei dem schwarzen Manganoxyd, dem grünen Chromoxyd und der arsenigen Säure entsprechend gebildet ist; denn seine Bestandtheile sind das gelbe und braune Bleioxyd.

Ein rothes Bleioxyd, gemeinhin Mennige genannt. Sein Ebenbild ist das Manganoxydoxydul und das Eisenoxydoxydul, weil das Bestandttheilverhältniss ein Gleiches ist.

Endlich noch ein rothes Bleioxyd, welches man krystallisirte Mennige nennt. Es ist nicht nach Willkühr darzustellen, sondern bildet sich nur gelegentlich in den Mennigbrennöfen als eine schön rothe krystallisirte Masse, die zerrieben ein Pulver giebt wie Mennige. Sie besteht wahrscheinlich aus einer chemischen Verbindung des braunen Bleioxyds mit dem röthlichen.

Zur Veranschaulichung des Gesagten diene hier das folgende Schema.

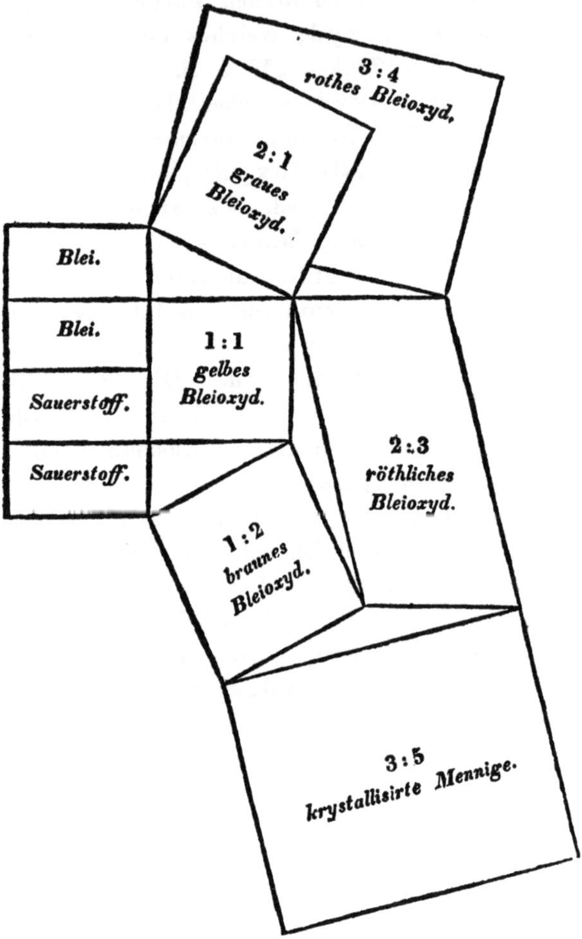

Von allen diesen Oxyden nimmt das gelbe unsere ganze Aufmerksamkeit in Anspruch, und ich werde es erst, nebst den vorzüglicheren Salzen, welche es bildet, abhandeln, ehe ich zu den anderen übergehe. Doch zuvor vom Suboxyd.

Bleisuboxyd.

Auf frisch geschabten Stellen zeigt das Blei einen starken Metallglanz, der aber bald verschwindet und ein unangenehmes, mattes Ansehen bekommt, welches man mit der Benennung „bleifarbig" bezeichnet. Die Ursache davon ist eine

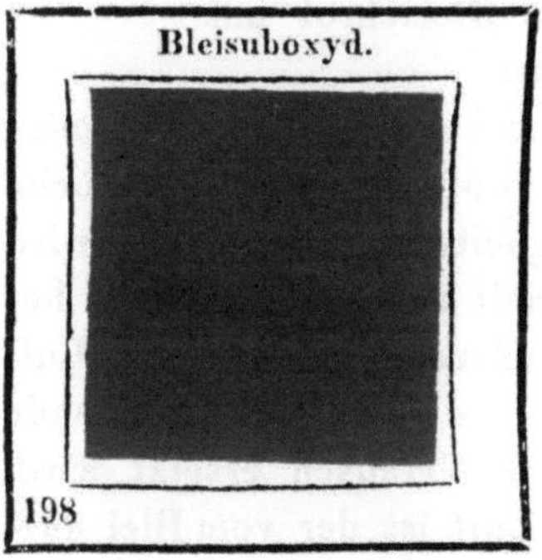

dünne Haut von Suboxyd, welche sich mittelst des Sauerstoffs der Luft auf dem Blei bildet. Erhält man das Blei in einer Temperatur, die nah an seinem Schmelzpunkt liegt, so nimmt diese Haut an Dicke zu und wird endlich schwarzgrau. Erhitzt man aber das Blei bis zum Schmelzen, so nimmt diese Haut mehr Sauerstoff auf und wird gelbbraun. Nun ist das Suboxyd in Oxyd übergegangen. Rein bereitet man sich diess Suboxyd, wenn man oxalsaures Bleioxyd № 202 in einer Retorte, bei gelinder Hitze, der Destillation unterwirft und dafür sorgt, dass von aussen keine Luft eindringen kann. Es entwickelt sich Kohlensäure und Kohlenoxydgas, und № 198 bleibt in der Retorte zurück. Durch starkes Erhitzen wird es zu Bleioxyd und metallischem Blei und hat zugleich die Luft Zutritt, so geht das Ganze in Bleioxyd № 199 über. Man muss nur mit kleinen Mengen arbeiten und vorsichtig beim Erhitzen verfahren, weil leicht Verpuffung eintreten kann.

Das Bleisuboxyd entsteht auch, wenn man geschabtes Blei in eine Flasche thut, diese fast ganz mit reinem Wasser füllt, verschliesst und $\frac{1}{2}$ Stunde schüttelt. Das graue Pulver ist Suboxyd.

Ebenso entsteht es, aber mit kohlensaurem Bleioxyd verunreinigt, wenn man viel weniger Wasser anwendet, z. B.

17 Loth feines Bleischrot mit
1 Loth Wasser

in einer geräumigen Flasche schüttelt. Hat man dabei dieselbe wohl verstopft, so wird man beim Oeffnen einige Schwierigkeiten haben, und es wird mit einem zischenden Knall geschehen. Diess beweist, dass eine Verminderung der innern Luft stattgefunden, die durch die rasch hineinfahrende äussere Luft wieder unter Geräusch ersetzt wird. Der fehlende Theil der Luft ist der vom Blei aufgenommene Sauerstoff. Die Anziehung des Bleis für denselben ist so stark, dass die Luft der Flasche nach einem dreistündigen Schütteln gar keinen Sauerstoff mehr enthält, sondern aus reinem Stickgas besteht. Hieraus ergiebt sich, dass man mittelst dieses Verfahrens aus der Luft den Sauerstoff abscheiden und sich reines Stickgas darstellen kann.

Gelbes Bleioxyd.

Das gelbe Bleioxyd ist ein Einfach-Sauerstoffblei, weil es aus

1 M.G. oder 104 Pfund Blei und
1 M.G. oder 8 Pfund Sauerstoff besteht,

und daher die Zahl 112 zum M.G. hat. Seine

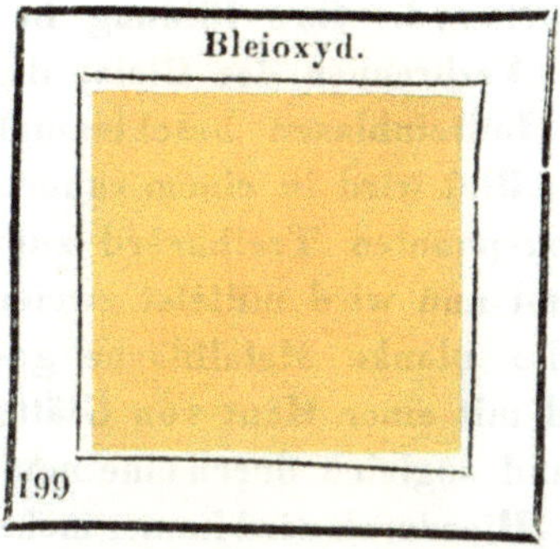

Bleioxyd.

199

Bildung erfolgt immer, wenn das Blei in einem Raum erhitzt wird, wo sich Sauerstoff befindet. So bildet sich beim Schmelzen des Bleis eine graue Haut von Suboxyd № 198 S. 511, die vom Blei abgenommen und für sich erhitzt in Bleioxyd übergeht. Um es rein darzustellen glüht man salpetersaures oder kohlensaures Bleioxyd. Die Säuren werden durch die Hitze ausgetrieben und das Oxyd bleibt zurück. Ist hierbei die Hitze stärker, als sie zur Zersetzung nöthig ist, so schmilzt das Bleioxyd zu einem klaren, gelben Glase zusammen.

Dieses geschmolzene Bleioxyd ändert beim Erhitzen seine Farbe; ebenso das pulverförmig erhaltene. Beide färben sich bräunlichroth, eine Färbung, die, wie bei den andern Oxyden, beim Erkalten wieder verschwindet.

Die im Handel vorkommende Glätte, auch

Silberglätte.

200

Blei- oder Silberglätte, und früher Massicot genannt, ist ein unreines Bleioxyd, welches beim Abtreiben des Silbers gewonnen wird. Sie bildet glänzende, gelbrothe Schuppen, die ein viel rötheres Pulver geben als reines Bleioxyd. Ihre Bildung beruht ebenfalls auf dem Verbrennen des Bleis, die in diesem Fall durch Lufteinblasen beschleunigt wird. Das silberhaltige Blei wird in einem runden Flammenofen, dem sogenannten Treibheerd zum Schmelzen gebracht, und nun wird mittelst zweier Blasebälge Luft auf die blanke Metallfläche geblasen, die sich alsbald mit einer Haut von Glätte bedeckt, die abfliesst und sogleich durch eine neugebildete ersetzt wird. Hierdurch wird immer mehr Blei entfernt und folglich das Rückständige immer silberreicher. Endlich kommt ein Punkt, wo der grösste Theil des Bleis sich in Glätte verwandelt hat und abgeflossen ist, und sich keine Glättenhaut mehr bildet. Es entsteht nun auf der Oberfläche des Silbers eine eigenthümliche Bewegung, und gleich darauf ist die Fläche ganz ruhig, glänzend und hell. Man nennt diess den Silberblick.

Die hierbei gewonnene Glätte enthält stets etwas Silber, was jedoch ihrer gewöhnlichen Anwendungsart nicht schadet. Schlimmer ist ihre Verunreinigung mit Kupferoxyd, weil dadurch die Glasuren, wozu die Glätte als Hauptschmelzmittel gesetzt wird, gefärbt worden. Man entfernt es am wohlfeilsten durch kohlensaures Ammoniak wie folgt.

Kohlensaures Ammoniak löst kein Bleioxyd auf. Wird daher seine Auflösung mit fein gepulverter Glätte in Berührung gebracht, so nimmt es das Kupferoxyd auf, damit eine blaue Auflösung bildend. Wenn man mit grossen Quantitäten arbeitet, so sammelt man diese Auflösung und unterwirft sie der Destillation. Das kohlensaure Ammoniak geht nun in die Vorlage über und kann wieder von Neuem zu demselben Zweck benutzt werden. Das Kupferoxyd bleibt zurück.

Die Glätte wird besonders beim Glasiren in Form eines möglichst feinen Pulvers angewendet. Da sie sich in einem verglasten Zustand befindet, so hat diess Pulvern seine Schwierigkeiten und geschieht auf eigenen Mühlen, wobei die Arbeiter sehr leiden. Was meinen daher die Herren Töpfer zu dem Vorschlage sich die Glätte, anstatt auf mechanischem auf chemischem Wege zu pulvern? Es ist wohl der Mühe werth, diess zu versuchen, da es auf folgende Weise so leicht geschehen kann. Man bringt eine Auflösung von

20 Pfund Bleizucker

zum Kochen und setzt

70 Pfund Bleiglätte

nach und nach unter Umrühren hinzu und kocht so lange, bis alles in einen weissen, zarten Brei verwandelt ist. Dieser wird nun geschlämmt und das Feine anstatt der Glätte angewendet. Es ist nicht wirkliche Glätte, sondern ein Bleioxyd, welches etwas Essigsäure enthält und sechstelessigsaures Bleioxyd genannt wird, weil es auf 6 M.G. Bleioxyd nur 1 M.G. Essigsäure enthält. Ich bin zwar fest überzeugt, dass diese geringe Menge Essigsäure von keiner nachtheiligen Wirkung beim

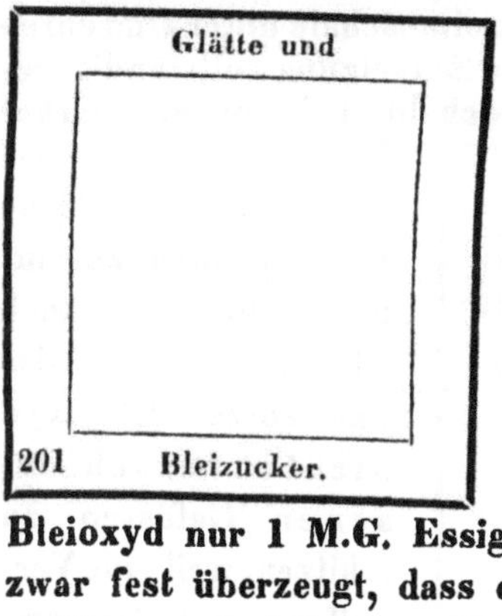

Glasiren ist, muss aber doch erst zu einem Versuch im Kleinen rathen. Da der Bleizucker jetzt so äusserst billig ist, und er sich bei diesem Prozess ebenfalls in sechstel-essigsaures Bleioxyd verwandelt, so wird das Präparat nicht theurer zu stehen kommen, als fein gemahlene Glätte.

Weicht man von dem oben angegebenen Verhältniss ab und wendet z. B. das Dreifache des Bleizuckers an, so bildet sich kein weisser Brei, sondern eine klare Flüssigkeit, und nur die erdigen Theil~~e, welche~~ die Glätte verunreinigen, bleiben zurück. Es kann diess Verhalten zur Glättenprobe dienen. Man wiegt 100 Gran fein zerriebene Glätte ab, kocht sie mit etwa 50 Gran Bleizucker so lange als sich noch etwas auflöst, filtrirt, wäscht und wägt den Rückstand. Ein reines Bleioxyd lässt unter diesen Umständen gar keinen Rückstand, daher ist die Glätte um so schlechter, je mehr sein Gewicht beträgt.

Wenn jedoch ein ganz reines Bleioxydpulver von höchster Feinheit verlangt wird, um es z. B. bei der Porzellan- und Fayencemalerei anzuwenden, so kann man sich solches sehr leicht aus oxalsaurem Bleioxyd darstellen, indem man es in einer flachen Porzellanschale unter Umrühren so lange erhitzt, bis die Zersetzung vollständig geschehen ist. Man hat sich hierbei vor zu starker Hitze zu hüten, damit das entstandene Bleioxyd nicht zusammen schmilzt. Auch ist zu merken, das oxalsaures Bleioxyd nicht in verschlossenen Gefässen zu erhitzen, weil eine Verpuffung eintreten und diese zerschmettert werden können.

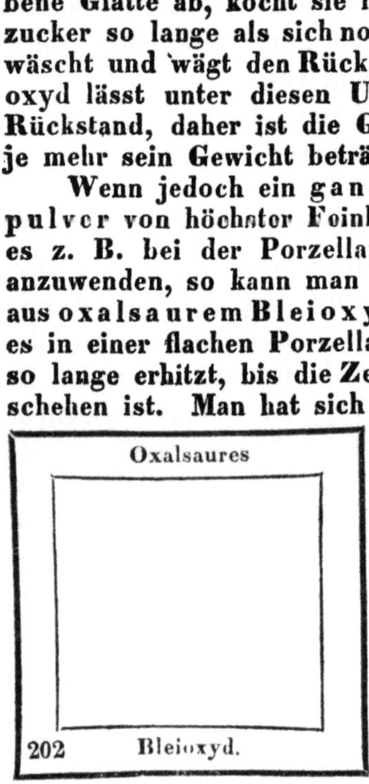

Das oxalsaure Bleioxyd ist dieselbe Verbindung die man auch *kleesaures Bleioxyd* nennt, und wird dargestellt durch Vermischen der Auflösungen von

1 M.G. oder 137 Pfund zweifach-oxalsaurem Kali und
2 M.G. oder 380 Pfund Bleizucker,

gehöriges Auswaschen und Trocknen in gelinder Wärme.

Auch auf *nassem* Wege kann man sich das Bleioxyd verschaffen. Man erhält es dann ebenfalls im höchst fein zertheilten Zustande und von etwas anderm Aussehen, wie diess № 203 verglichen, mit № 199 beweist. Man mischt siedend heisse Auflösungen von Kali oder Natron und essigsaurem Bleioxyd in dem Verhältniss zusammen, dass auf

Bleioxyd
203 auf nassem Wege.

1 M.G. oder 190 Pfund essigsaures Bleioxyd
1½ M.G. oder 71 Pfund Kali

kommen. Die Auflösungen bereitet man am zweckmässigsten mit dem 10fachen Gewichte Wasser. Bei Anwendung von mehr Kali würde das Bleioxyd aufgelöst werden.

Bleioxydhydrat.

Ob sich das Bleioxyd auf dem gewöhnlichen Wege, wie andere Oxyde, mit Wasser verbindet, ist zweifelhaft. Was man früher für Bleioxydhydrat angesehen hat, war eine Verbindung unlöslicher Bleisalze mit Bleioxydhydrat. Eine bestimmte Verbindung dieser Art ist beim kohlensauren Bleioxyd aufgeführt. Auch wenn man essigsaures oder salpetersaures Bleioxyd mit Kali- oder Natronauflösung vermischt, bekommt man weisse Niederschläge, die ausser Wasser noch Essigsäure oder Salpetersäure enthalten, und ihr Wasser verlieren, wenn man durch einen grossen Ueberschuss an Alkali, unter Anwendung von Siedhitze die Säuren entfernt. Die S. 517 angegebene Darstellungsweise des Bleioxyds auf nassem Wege beruht auf dieser Thatsache, es enthält daher kein Wasser.

Bleioxydsalze.

Das Bleioxyd ist eine starke Basis, es sättigt die Säuren vollkommen und bildet mit ihnen neutrale Salze. Das kohlensaure-, schwefelsaure-, salpetersaure-, essigsaure-, kieselsaure und chromsaure Bleioxyd werden unsere Aufmerksamkeit hier in Anspruch nehmen, weil sie es vorzugsweise sind, womit wir so häufig im gemeinen Leben zu verkehren haben.

Von diesen Bleioxydsalzen ist vor allen Dingen zu bemerken, dass sie giftig sind, das schwefelsaure etwa ausgenommen, und dass es namentlich beim kohlensauren Bleioxyd gar nicht nothwendig ist, dass es in den Magen komme, um schädlich zu wirken, sondern es reicht schon eine längere Berührung mit der Haut hin, um eine Bleivergiftung zu bedingen.

Das Bleioxyd entfaltet gegen Kali, Natron, Kalk etc. auch saure Eigenschaften und vereinigt sich mit ihnen zu in Wasser auflöslichen Verbindungen. Sie sind ohne praktischen Nutzen für's Leben. Die mit Kalk wird zum Haarfärben gemissbraucht.

Das Blei zeigt in Berührung mit Säuren nicht die Erregbarkeit wie Zink und Eisen. Daher zersetzt es weder in Berührung mit verdünnter Schwefelsäure das Wasser, noch vermag es der Chlorwasserstoffsäure, das Chlor zu entziehen und den Wasserstoff auszutreiben. **Bleioxydsalze** können daher mittelst metallischen Bleis nur gebildet werden dadurch, dass eine andere Verbindung als das Wasser dazu den Sauerstoff hergiebt, z. B. Salpetersäure oder die Luft. Der Sauerstoff der Luft trägt besonders zur Bildung der Bleioxydsalze bei, wo das Blei mit Essigsäure und Kohlensäure in Berührung ist. Derselbe Stoff ist bei der Bildung von Chlorblei thätig, wenn das Blei mit Chlorwasserstoffsäure befeuchtet wird. Der Wasserstoff dieser Säure entwickelt sich nicht; es wird vielmehr Sauerstoff aus der Luft aufgenommen und Wasser gebildet, wodurch denn das Chlor veranlasst wird, sich mit dem Blei zu Chlorblei zu vereinigen.

Kohlensaures Bleioxyd.

Es kommt im Mineralreich in farblosen, durchsichtigen Krystallen vor und heisst **Weissbleierz**. Sehr davon, dem äussern Ansehn nach, verschieden ist dasjenige kohlensaure Bleioxyd, welches man auf dem Wege der Wahlverwandtschaft durch Ver-

Kohlensaures Bleioxyd.

204

mischen eines kohlensauren Alkalis mit der Auflösung eines neutralen Bleioxydsalzes erhält, obgleich beide gleiche Bestandtheile haben und aus

1 M.G. oder 112 Pfund Bleioxyd und
1 M.G. oder 22 Pfund Kohlensäure

zusammen gesetzt sind.

Die unter dem Namen Bleiweiss bekannte Malerfarbe ist ein kohlensaures Bleioxyd, welches je nach der Art der Darstellung theils verschieden zusammengesetzt ist, und theils auch verschiedene Eigenschaften hat.

Man kann zwei Sorten Bleiweiss unterscheiden, die chemisch durch den verschiedenen Gehalt an Kohlensäure von einander abweichen. Eine Sorte ist nämlich ein halbkohlensaures Bleioxyd bestehend aus

2 M.G. oder 224 Pfund Bleioxyd und
1 M.G. oder 22 Pfund Kohlensäure,

indess die andere Sorte noch 1 M.G. Kohlensäure mehr enthält, folglich mit № 204 rücksichtlich seiner Zusammensetzung übereinstimmt.

Ein halb-kohlensaures Bleioxyd ist das Holländische. Seine Darstellung beruht darauf, dass Essigdämpfe in Berührung mit Blei bei 36° R. so zerlegt werden, dass sie sowohl den Sauerstoff zur Bildung von Bleioxyd als auch die Kohlensäure zur theilweisen Sättigung dieses Oxyds hergeben. Die Gegenwart des Sauerstoffs der Luft soll sich hierbei mehr hindernd als fördernd beweisen, was jedoch nicht glaublich ist, da die Sauerstoffung des Bleis auf Kosten der Essigsäure schwieriger vor sich gehen und kostspieliger sein muss als bei gleichzeitiger Sauerstoffeinwirkung.

Im Kleinen kann man sich diese Bildungsart des Bleiweisses sehr gut versinnlichen, wenn man in die innere Seite des Deckels eines Gährungsbottichs, worin sich Branntweingut befindet, eine blanke Bleiplatte befestigt. Nach 48 Stunden wird man sie mit Bleiweiss ganz überzogen finden. Man sieht hieraus zugleich, wie unzweckmässig und schädlich es wäre, sich bleierner Kühlröhren beim Branntweinbrennen zu bedienen.

Die zweite Weise das Bleiweiss zu fabriziren ist die Französische. Sie geht auf nassem Wege vor sich und giebt die neutrale Verbindung № 204 S. 519 und gründet sich auf die Erfahrung, dass schwache Essigsäure nur schwierig das kohlensaure Bleioxyd zerlegt, oder was dasselbe ist, die Kohlensäure eine solche Anziehung zu Bleioxyd hat, dass sie im Stande ist, dasselbe der Essigsäure zu entreissen. Lässt man daher in eine Auflösung von einfach-essigsaurem Bleioxyd, oder Bleizucker, Kohlensäure strömen, so wird man bald einen weissen Niederschlag von kohlensaurem Bleioxyd gewahr werden, der bis zu einer bestimmten Zeit zunimmt; dann aber nicht mehr, obgleich fortwährend Kohlensäure einströmt und noch Bleioxyd aufgelöst ist.

Wenn man bei diesen Versuchen auf alle Umstände Acht giebt, wird man bemerken, dass Bleizuckerauflösungen von verschiedener Stärke verschiedene Mengen Niederschlag geben. Mit je mehr Wasser jene verdünnt sind, desto mehr erhält man. So z. B. geben Auflösungen von

100 Pfd. Bleiz. u. 500 Pfd. Wssr.: 19 Pfd. kohlens. Blei
100 Pfd. Bleiz. u. 3000 Pfd. Wssr.: 48 Pfd. kohlens. Blei;

man erhält also beinahe $2\frac{1}{2}$ Mal mehr bei der 6fachen Wassermenge.

Zur Erklärung dieses Vorgangs dient, dass der Bildung des kohlensauren Bleioxyds ein gleichzeitiges Freiwerden der Essigsäure parallel geht, und dass dieses nur so lange dauert, bis eine Essigsäure von einer bestimmten Stärke entstanden ist, und somit Kraft genug hat, der Kohlensäure das Gleichgewicht zu halten. Bei wenig Wasser tritt natürlich dieser Zeitpunkt viel früher ein als bei viel Wasser. Daher wird denn auch bei geringer Verdünnung wenig, bei grösserer Verdünnung mehr Bleioxyd gefällt. Auch ist nicht zu vergessen, dass das Wasser eine Basis ist, die je nach dem Verhältniss ihrer Menge die sauren Eigenschaften der Essigsäure mehr oder minder neutralisirt.

Da nun der Bleizucker noch 1 M.G. Bleioxyd aufzulösen vermag, damit das basisch-essigsaure Bleioxyd bildend, so wendet man nicht den Bleizucker, sondern dieses Salz zur Fabrikation des Bleiweisses an. Die Kohlensäure wird durch Verbrennen von Kohlen dargestellt und durch eine mechanische Vorrichtung: die s. g. archimedische Schnecke in die Bleioxydauflösung gebracht. Der grosse Vortheil dieser Methode besteht darin, dass dabei keine Essigsäure zerstört wird und überhaupt nichts verloren geht, da man selbst das Auflösungsmittel des Bleioxyds in der Mutterlauge wiedergewinnt.

Da das kohlensaure Bleioxyd durch ein schwaches Glühen seine Kohlensäure verliert, so ist diess zugleich die aller vortheilhafteste Methode reines Bleioxyd zu technischen Zwecken im Grossen darzustellen. Es ist aber darauf zu sehen, dass das kohlensaure Bleioxyd durchs Auswaschen gut von Essigsäure befreit sei, sonst reduzirt diese in der Hitze Blei, und das Oxyd wird mit diesem verunreinigt.

Eine dritte Art das Bleiweiss darzustellen ist die neueste und zugleich die einfachste und wohlfeilste, weil alle dazu nöthigen Ingredienzien bis auf's Blei aus der Luft genommen werden. Diess geschieht durch die vermittelnde Einwirkung des Wassers. Es ist des Wassereinflusses auf das Blei bereits S. 499 Erwähnung geschehen, und auf diesen gründet sich die Darstellungsweise. Man lässt granulirtes Blei in einem Fasse, welches sich um seine Axe dreht, mit reinem Wasser befeuchtet, abreiben. Dadurch entsteht ein graues, feines Pulver, das Suboxyd № 198, welches nun feucht der Luft dargeboten, daraus noch Sauerstoff und Kohlensäure anzieht und sich in kohlensaures Bleioxyd verwandelt.

Das Abreiben des Bleis durch Umdrehung des Fasses macht die Sache doch etwas kostspielig wegen der dazu nöthigen, mechanischen Vorrichtungen. Ich glaube daher, man kann nach gehöriger Würdigung der S. 499 angeführten Versuche viel einfacher verfahren, wenn man eine Anzahl Bleikasten treppenartig über einander stellt und sie mit Blei anfüllt, welches gitterartig gegossen ist. Nun giesst man in den obersten Kasten reines, destillirtes Wasser und lässt es, wenn die Einwirkung erfolgt ist, in den zweiten laufen, von hieraus in den dritten, vierten, fünften und so fort. Jetzt ist der Bleiweiss-Bildungsprozess eingeleitet.

Es erzeugt sich Bleioxydhydrat, welches aus der Luft Kohlensäure aufnimmt. Jemehr man das Wasser circuliren und abwechselnd die Luft einwirken lässt, desto schneller wird es vor sich gehen. Da das gebildete Bleiweiss nicht am Blei haftet, sondern herunter fällt, oder doch von dem circulirendem Wasser abgespült wird, so fällt hier das der Gesundheit der Arbeiter so schädliche Abkratzen ganz weg. Eine Pumpe zum Aufbringen des Wassers ist die einzige hierbei nöthige Vorrichtung.

Bei der Anwendung dieser Bleiweiss-Sorten zum Malen stellen sich Unterschiede heraus, die theils ihren Grund in dem Bestandtheilverhältniss, theils in fremden Beimischungen haben. Das holländische oder halbkohlensaure Bleioxyd deckt am besten, vermuthlich weil es schwerer und folglich dichter ist als das Französische. Auch möchte ich jenem, wegen seines überschüssigen Bleioxyds, den Vorzug zur Oelmalerei geben, weil es sich viel besser und inniger mit dem Oele vereinigt und man bei einem solchen gewiss nicht die Erfahrung machen wird, dass die damit angestrichenen Gartenstühle und Tische abfärben, wie leider so häufig der Fall ist.

Der eben erwähnte Uebelstand hat aber hauptsächlich darin seinen Grund, dass das Bleiweiss mit Schwerspat und Kreide verfälscht ist. Diese beide bilden mit dem Oele keine chemische Vereinigung, daher die Trennung sehr leicht erfolgt. Das Oel wird, besonders bei langer Sonneneinwirkung vom Holz eingesogen und die Farbe bleibt pulverförmig zurück, die nun an die Kleider eines

Jeden sich ansetzt, der damit in Berührung kommt. Die unschädlichste Beimischung ist schwefelsaures Bleioxyd.

Auf diese Beimischungen muss man bei der Bleiweissprobe Rücksicht nehmen. Ganz reines kohlensaures Bleioxyd löst sich in verdünnter Salpetersäure vollständig auf unter Entwicklung von Kohlensäure. Bleibt demnach bei einem Ueberschuss an Salpetersäure, auch nach der Verdünnung mit Wasser, ein weisser, pulveriger Rückstand, so ist diess ein Beweiss, dass es entweder mit Schwerspat oder schwefelsaurem Bleioxyd gemengt ist, denn beide sind in der Säure unauflöslich.

Ein Bleiweiss, welches bloss mit Kreide verfälscht ist, löst sich klar in Salpetersäure auf. Hier muss also die Untersuchung noch weiter gehen, um sich von dem Vorhandensein des Kalks zu überzeugen. Man sättigt demnach die salpetersaure Auflösung eines solchen Bleiweisses mit Ammoniak, bis etwas niederzufallen beginnt, setzt etwas Essigsäure hinzu und lässt Schwefelwasserstoffgas im Ueberschuss hinein strömen, dieses fällt das Blei als Schwefelblei; der etwa vorhandene Kalk dagegen bleibt aufgelöst und kann nun durch kohlensaures oder oxalsaures Kali gefällt werden.

Etwas umständlich ist diese Prüfungsweise; vielleicht entspricht die folgende wegen ihrer schnellen Ausführbarkeit am besten dem Zweck.

Diese neue Bleiweissprobe setzt die Kenntniss folgender Thatsachen voraus. Wenn man gleiche Mengen kohlensaures Bleioxyd und kohlensauren Kalk, jede für sich, in Salpetersäure auflöst, so entwickeln sie **ungleiche** Mengen Kohlensäure, nämlich bei:

100 Gran kohlens. Bleioxyd 16 Gran Kohlens. und
100 Gran kohlens. Kalk 43 Gran Kohlens.,

was nicht auffallen kann, da das M.G. des Bleioxyds (= 112) von dem des Kalks (= $28\frac{1}{2}$) so sehr verschieden ist.

Da hierbei die Kohlensäure entweicht, so folgt, dass wenn sich z. B. 100 Gran kohlensaures Bleioxyd in vorher genau gewogener Salpetersäure aufgelöst haben, ein Gewichtverlust von nur 16 Gran sich ergeben müsse, indess er beim Auflösen derselben Menge kohlensauren Kalks in derselben Menge Säure 43 Gran beträgt.

Man sieht hieraus, dass man durch blosses Auflösen des Bleiweisses in Salpetersäure seine Verfälschung mit Kreide entdecken kann. Man wiegt 100 Gran Bleiweiss ab und tarrirt sie gleichzeitig mit einem Becherglas, dessen 4ter Theil mit verdünnter Salpetersäure gefüllt ist. Nun bringt man das Bleiweiss nach und nach in die Säure und bemerkt, wenn alles aufgelöst ist und das Aufbrausen aufgehört hat, den Gewichtverlust. Beträgt er mehr als 16 Gran, so ist es (so fern es sich klar auflöst) bloss mit Kreide oder kohlensaurem Kalk verfälscht. Es ist hierbei nicht zu vergessen, das Papier, worauf sich das Bleiweiss befand, vor der Gewichtverlustbestimmung wieder auf die Wage zu legen, denn es ist ja mit tarrirt.

Beträgt der Gewichtverlust eines Bleiweisses, welches sich in Salpetersäure auflöst, weniger als 16 pCt., so ist diess kein Fehler, denn das holländische Bleiweiss muss wegen seines geringern

Gehalts an Kohlensäure, auch weniger an Gewicht verlieren beim Auflösen.

Die beste, einfachste und naturgemässeste Bleiweissprobe bleibt aber die, zu versuchen, wie sich das Bleiweiss als Malerfarbe selbst verhält. Man bestreicht damit zwei Bretter, legt eins in die Sonne, das andere in den Schatten. Behalten beide die gleiche Farbennüanze und färbt das der Sonneneinwirkung ausgesetzt gewesene nicht ab, so ist das Bleiweiss gut. Nimmt es dagegen im Lichte einen Stich ins Graue an, indess es im Schatten weiss bleibt, so ist es schon darum schlecht, weil ein Zimmer, dessen Täfelung mit dieser Farbe gestrichen ist, nach einiger Zeit helle und dunkle Stelle zeigt, je nach der Richtung, in welcher die Sonnenstrahlen darauf einwirkten. Auch macht schon das Taglicht einen Unterschied in der Farbe, daher bleiben die Stellen wo Gemälde hängen weiss, indess die Umgebung bald grau erscheint.

Die Arbeiter in Bleiweissfabriken werden durch ein grosses Uebel heimgesucht, die s. g. Bleikolik. Sie rührt nicht so wohl von dem Bleioxyd her, welches von den Arbeitern wirklich verschluckt wird und in den Magen kommt, sondern schon durch das blosse Inberührungkommen mit der Haut; wie man denn auch beobachtet hat, dass der häufige Gebrauch von Bleiweiss-Salbe gleiche Zufälle hervorbringt, und dass Anstreicher, die wohl sehr selten ihre weisse Oelfarbe mit verzehren, ebenfalls dieser Krankheit unterworfen sind.

Man ist so glücklich gewesen, in der Schwefelsäure nicht nur ein Heilmittel, sondern auch ein Präservativ gegen die Bleikolik und ihre Folgen zu entdecken. Sie wird in Form von Limonade getrunken und äusserlich mit Wasser verdünnt, zum Waschen angewendet. In letzter Beziehung kommt es besonders darauf an, ein schwefelsaures Bleioxyd zu erzeugen, welches nicht giftig ist. Man kann sich daher gleich darauf mit reinem Wasser waschen, denn die Zersetzung des Bleiweisses durch Schwefelsäure geschieht sehr schnell.

Wo Bleiweiss sich in Verbindung mit Oel auf der Haut befindet, wirkt die Schwefelsäure schwieriger ein. In diesem Fall muss erst durch Terpentinöl, Kleie und Seife die Farbe heruntergebracht und dann die Waschung mit Schwefelsäure vorgenommen werden.

Da manche der im Handel vorkommenden Schwefelsäuren arsenikhaltig sind, so darf zur Limonade nur reine, rektifizirte oder Nordhäuser Schwefelsäure genommen werden, sonst kann man in den Fall kommen, ein geringes Uebel gegen ein grösseres auszutauschen.

Wo die Folgen der Bleivergiftung sehr stark hervortreten, ist der innere Gebrauch von Schwefelmilch oder Schwefelblumen und der äussere in der Form von Schwefelleberbädern als sehr wirksam gefunden worden.

Die Mengenbestimmung des Bleis bei chemischen Analysen geschieht gewöhnlich durch Glühen und Wägen des kohlensauren Bleioxyds, welches mittelst kohlensauren Ammoniaks aus der Auflösung gefällt worden. Zu diesem Behufe muss der Niederschlag gut ausgesüsst und sehr sorgfältig vom Filter herunter genommen werden, weil sonst die Papierkohle Blei reduzirt und die Rechnung unrichtig macht. Will man bei Arbeiten die keine höchste Genauigkeit erfordern diese Unbequemlichkeiten umgehen, so kann man sich auch hier der schon so oft erwähnten Probe mittelst des Marmors bedienen. Man bereitet sich eine Probesäure aus reiner Salpetersäure, welche mit 4 Theilen reinen Wassers vermischt wird und ermittelt zuvor, wie viel Marmor z. B. 200 Gran derselben aufzulösen vermögen. Hierauf wägt man eben so viel Säure oder das Doppelte oder Dreifache ab (je nach der Menge des zu untersuchenden Bleiniederschlags) und bringt das gut ausgesüsste kohlensaure Bleioxyd zugleich mit dem Filter in die Probesäure und legt, nachdem sich alles aufgelöst hat, ein gewogenes Stück Marmor hinein und wartet, bis auch auf dieses die Flüssigkeit nicht mehr auflösend wirkt. Jetzt wird der Marmor wieder gewogen. Da man weiss, wie viel sich in der unvermischten Säure hätte auflösen müssen, so kommt das Weniger auf Rechnung des in der Säure aufgelösten Bleioxyds indem

$50\frac{1}{2}$ Gran Marmor
112 Gran Bleioxyd und
104 Gran Blei

anzeigen. Die beigegebene Tabelle wird für die meisten Fälle ausreichen.

Ein Bleiweiss, welches mit Schwerspat oder schwefelsaurem Bleioxyd gemengt ist, kann auf gleiche Weise auf seinen Gehalt an kohlensaurem Bleioxyd geprüft werden. Enthält es dagegen Kreide und andere in Salpetersäure auflösliche Verbindungen, so ist diese Probe nicht anwendbar, weil man diese sonst mit für Bleioxyd berechnen würde.

Tabelle für die Bleiprobe mittelst Marmor.

Marmor.	Blei.	Marmor.	Blei.
50,5	104,0	25,5	51,5
49,5	102,0	24,5	49,4
48,5	99,9	23,5	47,3
47,5	97,8	22,5	45,2
46,5	95,7	21,5	43,1
45,5	93,6	20,5	41,1
44,5	91,5	19,5	39,1
43,5	89,4	18,5	37,1
42,5	87,3	17,5	36,1
41,5	85,2	16,5	34,0
40,5	83,1	15,5	31,9
39,5	81,0	14,5	29,8
38,5	78,9	13,5	27,7
37,5	76,8	12,5	25,6
36,5	74,7	11,5	23,5
35,5	72,6	10,5	21,4
34,5	70,5	9,5	19 3
33,5	68,4	8,5	17,2
32,5	66,3	7,5	15,1
31,5	64,1	6,5	13,1
30,5	62,0	5,5	11,1
29,5	59,9	4,5	9,1
28,5	57,8	3,5	7,1
27,5	55,7	2,5	5,1
26,5	53,6	1,5	3,0

Es giebt auch eine Verbindung von kohlensaurem Bleioxyd mit Wasser oder vielmehr mit Bleioxydhydrat, die auf

1 M.G. oder 134 Pf. kohlensaures Bleioxyd

1 M.G. oder 121 Pf. Bleioxydhydrat

enthätt. Sie bildet sich unter den folgenden, eigenthümlichen Umständen, die man bei einem Versuch im Kleinen am besten beobachten kann. Eine reine blanke Bleischeibe wird in einer Glocke über Wasser aufgehangen. Durch die feuchte Luft bildet sich bald Suboxyd № 198 S. 511 auf der Oberfläche. Ist diess geschehen, so schabt man eine Stelle rein und legt die Bleischeibe in lufthaltiges, reines Wasser. Jetzt beginnt eine Art von Vegetation, welche die erwähnte Verbindung ist. Sie kann das Bleiweiss nicht ersetzen, denn sie deckt nicht. Damit diese Eigenschaft eintrete, ist es nöthig, dass das 1 M.G. Wasser durch 1 M.G. Kohlensäure ersetzt werde, wodurch dann einfach-kohlensaures Bleioxyd № 204 S. 519 entsteht.

Essigsaures Bleioxyd.

Mit Essigsäure befeuchtetes Blei saugt begierig Sauerstoff aus der Luft ein, und es bildet sich essigsaures Bleioxyd. Durch Auflösen der Glätte in so viel Essigsäure, dass das Lackmuspapier noch roth gefärbt wird, bildet sich dasselbe Salz, welches im Handel unter dem Namen Bleizucker, Saccharum saturni vorkommt. Seine Bestandtheile sind:

1 M.G. oder 112 Pfund Bleioxyd,
1 M.G. oder 51 Pfund Essigsäure und
3 M.G. oder 27 Pfund Wasser
daher ist 190 das M.G. des Bleizuckers.

Die Darstellung dieses Salzes im Grossen aus Essigsäure und metallischem Blei kann folgendermassen sehr leicht ausgeführt werden. Acht flache, hölzerne Gefässe werden mit Bleiabschnitzel gefüllt und treppenartig über einander gestellt, so, dass die Flüssigkeiten aus dem einen in das andere gezapft werden können. Das oberste Gefäss wird nun mit Essigsäure gefüllt und diese nach ½ Stunde in das zunächst stehende abgelassen. Wiederum nach ½ Stunde kommt die Säure ins 3te Gefäss, endlich ins 4te und so fort bis zum 8ten. Hiermit ist nun die Vorbereitung zur Fabrikation des Bleizuckers geschehen. Das mit Essigsäure angefeuchtete Blei hat während der Zeit, dass die Gefässe leer waren, so viel Sauerstoff absorbirt, dass sich, wenn man nun die Säure zum zweiten Mal aufbringt, auf der Stelle eine Bleizuckerauflösung bildet, die wiederum alle Gefässe passirend, so stark sein wird, dass sie zur Krystallisation abgedampft werden kann.

Der Hauptvortheil dieser Verfahrungsart besteht darin, so zu arbeiten, dass die Säure, welche in das oberste Gefäss gegossen wird und nach und nach alle anderen Gefässe passirt, von dem letzten als möglichst gesättigte Bleizuckerauflösung abgezapft wird, damit man nicht nöthig habe, diese noch einmal denselben Kreislauf machen zu lassen.

Das Verfahren mittelst der Bleiglätte den Bleizucker zu bereiten, wird gewöhnlich fehlerhaft ausgeführt, weil die gleichzeitige Bildung des basisch-essigsauren Bleioxyds dabei nur selten vermieden wird. Da dieses Salz nicht krystallisirt, so erhält man eine grosse Menge Mutterlaugen, die erst wieder durch Essigsäurezusatz in einfachsaures Salz oder Bleizucker verwandelt werden muss. Da nun aber der Arbeiter selten weiss, wie viel basisches Salz in der Mutterlauge befindlich ist, so trifft er auch nie das richtige Verhältniss der zuzusetzenden Essigsäure und so hängt das Gelingen des Ganzen immer vom Zufall ab. Um diesen Dämon auch aus diesem Zweige der chemischen Technik zu verbannen, ist eine genaue Kenntniss des Bestandtheilverhältnisses des basisch-essigsauren Bleioxyds erforderlich; sie wird dann zu einer sichern, immer gelingenden Fabrikationsmethode des Bleizuckers aus Glätte führen.

Das basisch-essigsaure Bleioxyd enthält 1 M.G. Basis oder Bleioxyd mehr als das einfachsaure Salz oder der Bleizucker, denn es besteht aus

2 M.G. oder 224 Pfund Bleioxyd und
1 M.G. oder 51 Pfund Essigsäure

und bildet sich immer wenn man Essigsäure oder Bleizucker mit überschüssigem Bleioxyd kocht. Hieraus folgt, dass, wenn ihm noch

1 M.G. oder 51 Pfund Essigsäure

zugesetzt werden, das einfachsaure Salz entstehen müsse. Durch einen Versuch im Kleinen kann man sich von der Richtigkeit dieser Angabe überzeugen.

Gesetzt 2 Pfund Essigsäure von beliebiger Stärke sollen ganz zur Bildung von einfach-essigsaurem Bleioxyd verwendet werden, so wird davon 1 Pfund abgewogen, mit etwas fein zerriebener

Glätte vermischt und unter Umrühren erwärmt. Wenn sich die Glätte bis auf die Unreinigkeiten aufgelöst hat, fügt man mehr hinzu und zwar so lange, als sich noch etwas auflöst und das blaue Lackmuspapier nicht mehr geröthet wird. Es hat sich nun basisch-essigsaures Bleioxyd gebildet. Man trennt es vom Bodensatz, süsst diesen aus und kocht alles bis zur Syrupconsistenz ein. Hierauf setzt man das noch übrige andere Pfund Essigsäure hinzu und wartet die Krystallisation ab. Es wird Bleizucker anschiessen und die Mutterlauge wird nach dem Verdampfen stets dasselbe Salz geben.

Man muss diesen Versuch nicht übereilen, weder durch zu rasches Erwärmen, weil sich dann Essigsäure verflüchtigt, noch durch zu schnelles und zu vieles Zusetzen von Bleioxyd, weil sich dann sechstel-essigsaures Bleioxyd bildet, welches das Resultat unrichtig machen würde.

Nach richtiger Würdigung dieses Versuchs wird man nun, wenn man anstatt der Pfunde Centner in Arbeit nimmt, diess Salz mit Leichtigkeit im Grossen darzustellen im Stande sein.

Die Kattundrucker gebrauchen dieses Salz zur Darstellung der essigsauren Thonbeize (s. g. Rothbeize), indem sie es zu gleichen Theilen, mit Alaun in Wasser aufgelöst, vermischen. Es fällt schwefelsaures Bleioxyd № 206 zu Boden und essigsaure Thonerde bleibt in Auflösung. Da sie es zu diesem Zwecke kaufen, so ist eine Bleizuckerprobe nicht ohne Werth.

Ein frisch bereiteter Bleizucker erscheint in wasserhellen Nadeln oder Säulen, die aber nach einiger Zeit einen weissen Anflug bekommen. Er muss einen säuerlichen Geruch haben und sich in reinem Wasser so wie in Weingeist vollständig auflösen. Mit Brunnenwasser giebt er aber eine milchige Auflösung und ein weisser Niederschlag sondert sich ab, der aus kohlensaurem und schwefelsaurem Bleioxyd besteht, indem die entsprechenden Salze des Wassers den Bleizucker so zersetzen. Er muss auch vollkommen trocken sein. Die Feuchtigkeit kann entweder vom Wasser oder vom beigemengten basischen Salze herrühren.

Wird Bleizucker in Räumen aufbewahrt, die mit Schwefelwasserstoffgas erfüllt sind, so läuft er schwarzgrau an. So schreckhaft auch für den ersten Anblick diese Veränderung erscheinen mag, so ist sie doch für die Anwendung des Bleizuckers ohne Folgen. Die Färbung rührt vom gebildeten Schwefelblei № 216 her, befindet sich nur auf der Oberfläche und fällt beim Vermischen mit Alaunauflösung zugleich mit dem gebildeten schwefelsauren Bleioxyd zu Boden.

Basisch-essigsaures Bleioxyd.

Kocht man eine Auflösung von

1 M.G. oder 190 Gran Bleizucker mit

1 M.G. oder 112 Gran Bleioxyd,

so bildet sich eine Auflösung von basisch-essigsaurem Bleioxyd; kocht man diese ferner mit noch

1 M.G. oder 112 Gran Bleioxyd,

so verwandeln sich diese in ein weisses Pulver, ohne sich aufzulösen. Diess ist ein Beweis, dass das auflösliche basisch-essigsaure Bleioxyd kein zweifach-, sondern ein einfach basisches Salz ist. Auch wird es durch den Zusatz von 1 M.G. Essigsäure wieder zu Bleizucker, was nicht sein könnte, wenn es 2 M.G. Bleioxyd mehr enthielte, denn alsdann könnte es nur durch Zusatz von 2 M.G. Essigsäure in Bleizucker übergehen.

Hiernach ergiebt sich für die Darstellung dieses Salzes im Grossen, dass auf

190 Pfund Bleizucker
112 Pfund Bleiglätte

genommen werden müssen. Da jedoch die Glätte viele Unreinigkeiten und auch kohlensaures Bleioxyd enthält, welches der Bleizucker nicht zu zersetzen vermag, so ist verhältnissmässig mehr zu nehmen.

Bei der Bereitung dieses Salzes im Grossen wendet man am zweckmässigsten Dampf an, den man geradezu in die Bleizuckerauflösung strömen lässt und setzt die zerstossene Glätte nach und nach hinzu. Würde man alle auf einmal hineinthun, so kann sie durch den Dampf nicht gehörig aufgerührt werden und bleibt am Boden liegen.

Ist man genöthigt über freiem Feuer zu arbeiten so ist gleichfalls ein immerwährendes Umrühren erforderlich, weil sich sonst am Boden des Gefässes sechstel-essigsaures Bleioxyd bildet, welches mit der Glätte zusammen so sehr erhartet, dass es nur schwierig loszumachen ist, wodurch die ganze Operation sehr gestört und verlängert wird. Rührt man dagegen immerwährend, so kann man den Bleizucker mit der ganzen Quantität Glätte zugleich in den Kessel thun, und die Vereinigung wird bei hinlänglichem Wasser noch viel eher erfolgen als Siedhitze eintritt.

Auf Zinn wirkt die Auflösung dieses Salzes

nicht, daher können zinnerne oder verzinnte Gefässe recht wohl zu seiner Darstellung angewendet werden.

Da Blei das Kupfer fällt, so kann die Verunreinigung mit Kupfer, welche durch den Kupfergehalt der Glätte so leicht geschieht durch Hineinlegen von blankgeschabten Bleiplatten vermieden werden, das Kupfer schlägt sich darauf nieder.

Lässt man in die Auflösung dieses Salzes Kohlensäuregas strömen, so fällt kohlensaures Bleioxyd nieder und die Mutterlauge enthält Bleizucker nebst feiner Essigsäure. Sie löst, wie sich erwarten lässt, mit Bleizucker gekocht, wieder so viel auf, dass von Neuem basisch-essigsaures Bleioxyd gebildet wird, welches abermals durch Kohlensäure in kohlensaures Bleioxyd und Bleizucker etc. zerlegt werden kann, und so immer fort.

Dieser, wie man sieht, recht interessante Zerlegungsprozess wird, wie schon S. 521 angeführt, im Grossen zur Fabrikation des Bleiweisses angewendet und liefert beinahe ein zu reines Produkt, so dass die Fabrikanten genöthigt sind, ihm schwefelsaures Bleioxyd zuzusetzen, um es dem gewöhnlichen Bleiweiss ähnlich zu machen.

Das basisch-essigsaure Bleioxyd ist erst, seitdem die Chromfarben Mode sind, ein den Färber interessirendes Salz. Er beizt damit Kattune oder druckt es auf, um es hernach mit chromsaurem Kali Chromgelb oder Chromorange zu färben. Seine Anwendung verdient in dieser Hinsicht vor dem Bleizucker den Vorzug. Theils weil es wohlfeiler zu stehen kommt, da Bleizucker theurer ist als Bleioxyd, theils weil es noch einmal so viel

Bleioxyd enthält als jener, und folglich mit zweifach-chromsaurem Kali sogleich neutrales chromsaures Bleioxyd № 68 S. 145 bildet, und mit einfach-saurem basisches № 69 vorausgesetzt, dass das Chromsalz nicht im Ueberschuss ist. Auch verbindet sich das basisch-essigsaure Bleioxyd viel leichter mit dem Kattunfaser als der Bleizucker, daher beim Reinigen des Gedruckten weniger verloren geht.

Nur eine Schwierigkeit zeigt sich bei diesem Salze, es behufs des Druckens so zu verdicken, dass auch feine Muster damit ausgeführt werden können. Es bildet nämlich mit Stärke und Gummi dicke Gerinsel, die sich gar nicht bearbeiten lassen. Das einzige Verdickungsmittel ist Leim, welcher aber beim Erkalten zu Gelée gesteht und erwärmt zu dünnflüssig ist. Genug es fehlt hier noch etwas.

Ein unauflösliches basisch-essigsaures Bleioxyd ist das schon S. 515 erwähnte s e c h s t e l - e s s i g s a u r e B l e i o x y d. Es ist merkwürdig wegen seiner Zusammensetzung, da es aus

6 M.G. oder 672 Pfund Bleioxyd,
1 M.G. oder 51 Pfund Essigsäure und
3 M.G. oder 27 Pfund Wasser

besteht.

Seine Bildung geschieht wenn man

1 M.G. oder 190 Pfund Bleizucker mit
5 M.G. oder 560 Pfund Bleiglätte

kocht, und das sich bildende weisse Pulver von den gröberen Unreinigkeiten absondert. Der Anwendung dieser Verbindung, anstatt der Glätte zu Glasuren, ist bereits S. 516 Erwähnung geschehen.

Auch dient es zur Bereitung des Leinölfirniss, wie unter „ölsaurem Bleioxyd" nachzusehen.

Schwefelsaures Bleioxyd.

In dem Verhalten der Schwefelsäure zum Blei treffen wir auf einen gewaltigen Unterschied, in Vergleich mit den anderen bisher besprochenen Metallen. Zink, Kadmium, Mangan, Chrom und Eisen lösen sich mit Leichtigkeit in verdünnter Schwefelsäure auf und bilden die verschiedenen Vitriole, welche wir schon kennen. Blei wird dagegen gar nicht angegriffen, wenn dabei der Sauerstoff der Luft ausgeschlossen ist, und hat dieser Zutritt, so bildet sich nur äusserst wenig und langsam schwefelsaures Bleioxyd.

Selbst andere Säuren, welche Blei auflösen, z. B. Chlorwasserstoffsäure und Salpetersäure werden durch beigemischte Schwefelsäure daran verhindert. Es ist nicht leicht der Grund aufzufinden, warum das Blei der Einwirkung der Schwefelsäure so kräftig widersteht. Darin, dass schwefelsaures Bleioxyd (welches sich hier bilden müsste) ein sehr schwer auflösliches Salz ist, kann er nicht liegen, denn das Bleioxydhydrat, welches so leicht bei Berührung von Blei, Wasser und Luft entsteht (vergl. S. 500), ist ebenso schwer auflöslich. Er muss demnach wohl tiefer gesucht werden und kann meines Erachtens in gewisser Hinsicht mit dem Verhalten des Eisens zur Salpetersäure (S. 384) zusammengestellt werden. Auch ist hierbei zu bedenken, dass Blei dem Wasserstoff weder den Sauerstoff noch das Chlor zu entziehen vermag, selbst nicht bei Gegenwart starker Säuren, was die andern Metalle so leicht thun.

Wie dem aber auch sei, so ist es für die Technik von der grössten Wichtigkeit; es beruht darauf die Darstellung der Schwefelsäure im Grossen zu dem beispiellos wohlfeilen Preise, der mit am meisten dazu beigetragen, dass andere Industriezweige so sehr in Flor gekommen. Denn sollten die ungeheuren Mengen von Schwefelsäure, welche jetzt verbraucht werden, noch, wie in frühster Zeit, in Glasapparaten fabrizirt werden, so würde sie wenigstens fünfmal theurer zu stehen kommen als jetzt.

Mit concentrirter Schwefelsäure, die 1,840 Eigenschwere hat, tritt das Blei in eine zersetzende Wechselwirkung. Es bildet sich Bleioxyd auf Kosten des Sauerstoffs der Schwefelsäure, die dadurch zur schwefligen Säure reduzirt wird, und das endliche Produkt ist schwefelsaures Bleioxyd. Es ist daher nicht möglich, die Schwefelsäure in Bleigefässen bis zu dem erforderten Grad der Stärke zu entwässern. Man darf eine Säure, die über 1,740 Eigenschwere hat, nicht mehr in Blei erhitzen, sonst leidet das Gefäss zu sehr und wird endlich zerstört.

Das schwefelsaure Bleioxyd wird zu den im Wasser unauflöslichen Salzen gerechnet. Es ist auch äusserst wenig, was sich auflöst. In concentrirter Schwefelsäure ist es auflöslicher. Sie nimmt ungefähr, wenn man beide absichtlich mit einander zusammen bringt und längere Zeit erhitzt, $\frac{1}{2}$ pCt. davon auf. Der grösste Theil scheidet sich beim Verdünnen mit Wasser wieder als ein weisses

Pulver № 206 aus, wie man bei jeder käuflichen Schwefelsäure beobachten kann, wenn man sie in Wasser giesst.

Das schwefelsaure Bleioxyd wird nicht absichtlich dargestellt. Es würde zu theuer kommen. Man gewinnt es als Nebenprodukt bei der Zerlegung des Bleizuckers mittelst Alaun um essigsaure Thonerde darzustellen. Sind die Auflösungen beider Salze vor dem Zusammengiessen gehörig geklärt, so erhält man einen schönen weissen Niederschlag, der gut gewaschen und getrocknet gar wohl als weisse Deckfarbe, anstatt des Bleiweisses, gebraucht werden kann. Die Erfahrung hat zwar gelehrt, dass diese Farbe mit der Zeit gelblich wird. Diesem wäre durch einen äusserst geringen Zusatz von Kienruss abzuhelfen, denn Schwarz giebt in der Verdünnung Blau, welches die gelbe Farbennüanze aufhebt. Da das blendende Weiss vom Auge schwer ertragen wird, so setzt man ohnehin meistens etwas Kienruss zu.

Da das schwefelsaure Bleioxyd ein neutrales Salz ist, so besteht es aus

1 M.G. oder 112 Pfund Bleioxyd und
1 M.G. oder 40 Pfund Schwefelsäure

und hat demnach 152 zum M.G. Diese Zahl ist darum besonders wichtig, weil man bei Analysen das Blei sehr häufig durch Schwefelsäure fällt, um es vom Zink, Kadmium, Mangan, Chrom und allen denjenigen Metallen zu trennen, die mit Schwefelsäure auflösliche Verbindungen bilden. Der Niederschlag wird auf einem Filter gesammelt, gewaschen, scharf getrocknet und gewogen. Nach seiner Menge wird der Bleigehalt berechnet, indem

152 Gran schwefelsaures Bleioxyd

104 Gran Blei

anzeigen. Dass das schwefelsaure Bleioxyd etwas in Wasser auflöslich ist, kommt bei technisch-chemischen Untersuchungen nicht in Betracht, da der dadurch verursachte Verlust beim Auswaschen äusserst unbedeutend ist.

Das schwefelsaure Bleioxyd verhält sich mit einem Ueberschuss an Kohle dunkelroth geglüht, wie schwefelsaures Kali und Natron. Es entwickelt sich nun Kohlensäure und keine schweflige Säure, und der Rückstand ist Einfach-Schwefelblei № 215 nebst Kohle.

Wendet man dagegen weniger Kohle an, so dass anfangs bei gelinder Hitze nur $\frac{1}{4}$ M.G. Schwefelblei entsteht, und $\frac{3}{4}$ M.G. schwefelsaures Bleioxyd unzersetzt bleiben und erhitzt hierauf stärker, so wirken beide Verbindungen auf einander: der Schwefel und die Schwefelsäure vereinigen sich zur schwefligen Säure und blosses Bleioxyd bleibt zurück.

Auf diesem Wege lässt sich also auch ein schwefelsaures Bleioxyd, welches wegen Verunreinigung nicht als Farbe zu gebrauchen ist, in Glätte verwandeln.

Chromsaures Kali zersetzt das schwefelsaure Bleioxyd durch Austausch der Bestandtheile. Es entsteht chromsaures Bleioxyd № 68 S. 145 und schwefelsaures Kali bleibt als Mutterlauge. Dieser Zersetzungsprozess wird von dem Kattundrucker auf dem Kattun selbst bewerkstelligt. Derselbe nimmt seine mit Bleibeize bedruckten Weissböden erst durch schwefelsaures Natron, wodurch schwefelsaures Bleioxyd auf dem Zeuge gebildet und zugleich verhütet wird, dass sich auf die weissen Stellen Bleisalz niederschlägt. Wird nun das Zeug in die chromsaure Kaliauflösung gebracht, so entsteht überall, da wo schwefelsaures Bleioxyd befindlich ist, Chromgelb und das Unbedruckte bleibt rein weiss.

Die Schwefelsäure giebt mit Kalk-, Baryt-, Strontiansalzen weisse Niederschläge, die durch Erhitzen mit chromsaurer Kaliauflösung nur wenig oder gar nicht gefärbt werden, sind sie mit schwefelsaurem Bleioxyd gemischt, so ist die Färbung bedeutend. Es kann also auf diese Weise ein weisses Pulver der Art sehr leicht und schnell als bleihaltig nachgewiesen werden. Geht eine solche gelbe Farbe durch Kochen mit Kalkwasser in Orange über, so gewinnt man dadurch die vollkommene Ueberzeugung von der Gegenwart des Bleisalzes, indem sich halb chromsaures Blei № 69 S. 145 bildet. Die Prüfung mit Schwefelwasserstoff oder noch besser, ein Erhitzen mit Einfach-Schwefelkalium ist jedoch noch sicherer.

In der Glühhitze schmilzt das schwefelsaure Bleioxyd und erstarrt beim Erkalten krystallinisch. Auch befördert es das Schmelzen von Thon- und Kieselverbindungen. Es ist daher ein sehr geeigneter Zusatz zu Glasuren, um so mehr, als es von allen in der Technik angewendeten Bleipräparaten dasjenige ist, welches für die Gesundheit ohne alle nachtheilige Folgen ist, es mag nun mit den Speisen in Berührung kommen oder nicht.

Wendet man eine etwas starke Hitze an, so zerlegt die Kieselsäure das schwefelsaure Bleioxyd, die Schwefelsäure geht, in schweflige Säure und Sauerstoffgas zersetzt, davon und kieselsaures Bleioxyd bleibt zurück und zwar als durchsichtiges, gelbliches Glas, wenn man

3 Pfund Quarzpulver und
6 Pfund schwefelsaures Bleioxyd

einer solchen Behandlung unterwarf. Es giebt nun mit Natron zusammengeschmolzen ein sehr gutes Glas.

Da das schwefelsaure Bleioxyd nur selten in einem grossen Massstabe als Nebenprodukt gewonnen wird, so möchte der Glasfabrikant auch nur selten Gelegenheit haben, diesen Prozess mit Nutzen auszuführen.

Salpetersaures Bleioxyd.

Blei und Salpetersäure verhalten sich zu einander wie Zink und Salpetersäure (S. 37). Es wird Bleioxyd auf Kosten der Salpetersäure gebildet, und dieses verbindet sich mit der unzersetzt gebliebenen Säure zu salpetersaurem Bleioxyd. Die Wechselwirkung ist ziemlich heftig und die rothen Dämpfe der salpetrigen Säure werden dabei in Menge sichtbar.

Da hierbei die salpetrige Säure erst aus dem Stickoxydgas gebildet wird (vergl. Einleitung in die technische Chemie 1836 S. 336) so folgt, dass

1 M.G. Salpetersäure
3 M.G. Sauerstoff
entzogen werden, um mit dem Blei
3 M.G. Bleioxyd
zu bilden, die nun von
3 M.G. Salpetersäure
aufgelöst werden. Es sind demnach
4 M.G. Salpetersäure
erforderlich um
3 M.G. salpetersaures Bleioxyd
darzustellen, indess man bei Anwendung von Bleioxyd oder Glätte 1 M.G. Säure spart, weil nun keine Säure zersetzt wird, daher sich auch keine rothe Dämpfe entwickeln.

Die Zusammensetzung dieses Salzes ist nach den eben angeführten Thatsachen nun schon zu errathen. Es besteht aus

1 M.G. oder 112 Pfund Bleioxyd und
1 M.G. oder 54 Pfund Salpetersäure
und hat die Zahl 166 zum M.G.

Es bildet weisse Krystalle. Krystallwasser ist nicht darin enthalten. Es wird durch Glühen zersetzt, indem es seine Säure verliert und Bleioxyd zurück bleibt. Da jedoch die Salpetersäure nicht ohne eine Basis bestehen kann und hier selbst das Wasser fehlt, woran sie sich halten könnte, so zerfällt sie dabei in Sauerstoffgas und salpetrige Säure. Aus diesem Grunde eignet sich dieses Bleisalz ganz besonders dazu, sich reine salpetrige Säure darzustellen. Es muss aber zu diesem Behufe durch scharfes Trocknen von allem anhängenden Wasser befreit sein.

Aus der wässrigen Auflösung wird das salpetersaure Bleioxyd durch Salpetersäure niedergeschlagen, mit Weinsteinsäure lässt sie sich aber vermischen, ohne dass etwas gefällt wird. Auch kann man Gummi zusetzen, ohne dass die Salpetersäure des Salzes auf dieses wirkt. Beides kommt dem Kattunfabrikanten zu statten, um auf Türkischroth gefärbten Kattun Chromgelb auszuätzen. Die weinsteinsaure Bleibeize wird aufgedruckt und das Bedruckte nach dem Trocknen in Chlorkalkauflösung getaucht. Der Chlorkalk wird durch die Weinsteinsäure zerlegt, es wird Chlor frei, welches das Roth zerstört und gleichzeitig Chlorblei auf die Zeugfaser niederschlägt. Wird jetzt das Zeug, nachdem es gespült worden, durch chromsaure Kaliauflösung genommen, so wird das Chlorblei zerlegt und in chromsaures Bleioxyd verwandelt.

Chromgelb auf

207 Türkischroth.

Eine salpetersaure Bleioxydauflösung wird in der Kälte nicht durch Marmor zerlegt. Enthält sie dagegen freie Säure, so löst sich der Marmor so lange unter Aufbrausen auf, bis alles wieder neutral ist. Diess ist also das einfachste Mittel, die Neutralität einer solchen Auflösung zu prüfen, auch beruht darauf die S. 530 angegebene Bleiprobe mittelst Marmor.

Es giebt aber auch noch ein Mittel an die Hand, Wismuth von Blei zu scheiden. Setzt man zu der Auflösung beider Metalle in Salpetersäure gepulverten Marmor oder reinen kohlensauren Kalk, so wird alles Wismuthoxyd gefällt und das Blei bleibt aufgelöst, welches man hierauf mittelst Schwefelwasserstoffgas vom aufgelösten Kalk trennen kann, indem es als Schwefelblei niederfällt, indess nun der Kalk in Auflösung bleibt.

Halb-salpetersaures Bleioxyd.

Ausser dem neutralen Salze bildet die Salpetersäure noch 3 Verbindungen mit dem Bleioxyd, und zwar im Ueberschuss, daher man sie basische Salze nennt. Unter diesen interessirt uns nur das halb-salpetersaure Bleioxyd, welches aus

2 M.G. oder 224 Pfund Bleioxyd und
1 M.G. oder 54 Pfund Salpetersäure

besteht und dargestellt wird, indem man

1 M.G. oder 166 Pfund salpetersaures Bleioxyd mit

1 M.G. oder 112 Pfund Glätte

und hinlänglichem Wasser so lange kocht, bis sie sich aufgelöst haben.

Ich glaube dieses Salz könnte, da es ein auflösliches ist, und 1 M.G. Bleioxyd leicht an die organische Faser absetzt, in der Färberei benutzt werden, so z. B. um Wolle mit Bleioxyd zu beizen und diese hernach chromgelb zu färben. Es hat nämlich nicht wie die essigsauren Bleisalze die unangenehme Eigenschaft, die Wolle zu schwärzen, (was vom Schwefelgehalt der Wolle herzurühren scheint), sondern sie bleibt weiss und giebt auch hernach mit chromsaurem Kali ein recht schönes Gelb. Zwar hat diess Gelb immer ein etwas pulveriges Ansehn, allein es könnte doch einmal ein Modeartikel werden, da sich darauf alle Farben eben so leicht und mit denselben Mitteln ausätzen lassen, wie auf Kattun (Vergl. S. 150.)

Phosphorsaures Bleioxyd.

Ist eine leicht schmelzbare Verbindung, die wegen ihrer Unauflöslichkeit in schwachen Säuren, besonders nach der Schmelzung, sich sehr zur Darstellung von Glasuren, anstatt des Bleioxyds oder der Glätte empfiehlt. Auch liesse es sich anstatt des

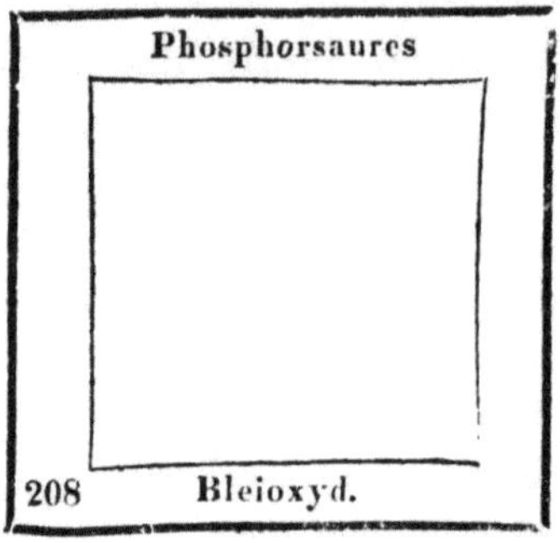

Bleiweisses und des schwefelsauren Bleioxyds zur Malerfarbe anwenden, da es mit Oel vermischt, nicht wie das erstere giftig ist, und auch nicht gelb wird, wie das schwefelsaure Salz.

Rein wird das neutrale phosphorsaure Bleioxyd № 208, welches aus

2 M.G. oder 224 Pfund Bleioxyd und
1 M.G. oder 72 Pfund Phosphorsäure

besteht, erhalten, wenn man

2 M.G. oder 278 Pfund Chlorblei mit
1 M.G. oder 131 Pfund phosphorsaurem Natron zerlegt. Das Bleisalz wird in heissem Wasser aufgelöst und nun die Auflösung des phosphorsauren Salzes hinzugefügt und der Niederschlag gut ausgewaschen. Chlorblei verdient den Vorzug vor salpetersaurem Bleioxyd, theils weil es wohl-

feiler ist, theils aber auch um die Bildung von einem Doppelsalze zu verhüten, welches z. B. phosphorsaures Bleioxyd und salpetersaures Bleioxyd zusammen bilden.

Unrein, aber sehr anwendbar zum technischen Gebrauch für Glasuren etc. wird es erhalten durch Vermischen von Harn mit einem Bleisalz. Lässt man den Harn vorher faulen und wendet Chlorblei zu seiner Zerlegung an, so erhält man als Mutterlauge eine schwache Salmiakauflösung, welche mit Kalk destillirt, auf Ammoniak zu benutzen wäre.

Kieselsaures Bleioxyd.

Kieselsäure und Bleioxyd geben zusammen ein leichtflüssiges Gemisch. Da nun Quarz, Sand und Flintensteine nichts weiter sind als Kieselsäure, und der Töpferthon ebenfalls eine grosse Menge davon enthält, so stellt jeder Töpfer, indem er seine Waare mit Bleioxyd glasirt, diese Verbindung dar. Wenigstens entsteht sie da, wo Geschirr und Glasur sich zunächst berühren.

Aber diess ist nicht genug um die Bleiglasur gefahrlos zu machen, denn glasirt man ein Thongefäss mit gewöhnlicher Bleiglätte, ohne weiteren Zusatz, so erhält man ein Geschirr, dessen Anwendung in der Küche mit Gefahr für die Gesundheit verbunden ist. Nicht nur Säuren, sondern auch Fette lösen das Bleioxyd auf. Daher wird nicht allein Sauerkohl, welcher in solchen Gefässen zubereitet wird, bleihaltig, sondern auch die Bratensauce, ja selbst die Rinde des darin Gebackenen nimmt Bleioxyd auf.

Ganz anders ist dagegen das Verhalten, wenn

sich das Bleioxyd in chemischer Verbindung mit der Kieselsäure befindet, wenn nämlich die Glasur aus kieselsaurem Bleioxyd besteht. In diesem Fall ist keine Gefahr mehr vorhanden, da die in der Küche gebräuchlichen Säuren so wenig wie die Fette diese Verbindung zu zersetzen vermögen.

Das kieselsaure Bleioxyd wird dargestellt durch Zusammenschmelzen von

1 M.G. oder 112 Pfund Bleioxyd mit
6 M.G. oder 96 Pfund Quarzpulver.

Wenn es ruhig fliesst wird es ausgefüllt und, fein gemahlen, zur Glasur verwendet.

Da es nicht ohne Schwierigkeiten ist, den Quarz oder Feuerstein zu pulvern, so bedient man sich des reinen Sandes oder noch zweckmässiger der Glasscherben. Durch diese kommt noch etwas Alkali in die Glasur, was der Schmelzbarkeit sehr förderlich ist.

Aber dessen ungeachtet ist diese Glasur noch zu strengflüssig für Töpferwaaren, daher man sie nur bei Steingut anwendet, welches eine grössere Hitze erträgt und der Einwirkung stärkerer Säure ausgesetzt ist. Man muss also eine an Bleioxyd reichere anwenden. Da schwächere Auflösungsmittel wie Essig und Salzwasser eine chemische Verbindung von

75 Pfund Bleiglätte mit
24 Pfund Kieselsäure oder Sand

durchaus nicht angreifen, so kann der Töpfer diese Verbindung zum Glasiren anwenden, was um so mehr geschehen sollte, da sie bei der Hitze der Töpferofen recht gut schmilzt.

Auch ein magerer, d. h. an Kieselsäure sehr

reicher Thon giebt mit Bleiglätte eine gute, unschädliche Glasur, wenn man auf

50 Pfund Bleiglätte

20 Pfund magern, trocknen Thon

nimmt und beide durch Schmelzen vereinigt, hierauf mahlt und schlämmt.

So viel man auch gegen die Anwendung der Bleiglätte zur Glasur geschrieben hat und so viel auch Vorschriften gegeben worden zu unschädlichen Glasuren, so wird der gewöhnliche Töpfer doch schwerlich seinen alten Weg verlassen, der zu bequem ist. Er ist nur, wie so viele Menschen indirekt zu bessern, nicht durch Nehmen desjenigen, was er bereits besitzt, sondern dadurch, dass man ihm das Neue besser giebt. Es müssen demnach diese Glasuren in Glashütten oder chemischen Fabriken bereitet und zu einem so billigen Preis in den Handel gebracht werden, dass der Töpfer es vortheilhafter findet, diese anstatt der Glätte anzuwenden. Es ist nicht nöthig, dass die Regierung sich um alles bekümmere, eine zu strenge Vormundschaft hemmt die selbstständige Entwickelung, aber diesen Gegenstand könnte sie wohl auf eine wirksamere Weise als bisher in Betracht ziehen, und selbst durch Geldopfer Fabriken veranlassen das Obengesagte zu verwirklichen.

Ausserdem dass die Kieselsäure das Bleioxyd unauflöslicher macht, hat ihr Zusatz auch noch einen andern Nutzen. Sie verhindert, dass das Bleioxyd, welches in der Hitze so flüssig wird wie Wasser, von der zu glasirenden Waare herunterläuft, wodurch es denn mitunter kommen kann, dass Stellen, wo die Hitze sehr stark einwirkte, fast wie unglasirt erscheinen.

Den Sand oder Quarz fein zu pulvern hat grosse Schwierigkeiten. Mit Hülfe des Bleioxyds geht diess leichter. Im Fall man daher den Sand zu solchen Gläsern oder Schmelzen gebraucht, die Bleioxyd zum Bestandtheil erhalten sollen, mengt man z. B.

2 Pfund Sand mit
1 Pfund Bleioxyd

und setzt es einer hellen Rothglühhitze aus, aber nicht zu lange, damit keine Schmelzung eintritt. Man erhält nun eine Masse von porösem Gefüge, die sich leicht pulvern lässt.

Der Schmelz auf den Zifferblättern unserer Uhren hat zum Hauptbestandtheil Blei- und Zinnoxyd. Man schmelzt z. B.

10 Loth reines Blei mit
3 Loth reinem Zinn

zusammen und brennt es so lange unter der Muffel, bis es in weisses farbloses Oxyd verwandelt ist. Dieses wird darauf mit

10 Loth Quarzpulver
2 Loth kohlensaurem Natron und
7 Gran Braunstein

zusammen geschmolzen, fein zerrieben und geschlämmt. Man trägt diess Pulver auf Gold- oder Kupferblech auf, brennt es unter der Muffel des Probirofens darauf fest, schleift alsdann und polirt.

Das Bleioxyd verbindet sich sehr leicht mit dem Glase zu farblosen Gemischen von denen sich mehrere durch einen schönen Klang auszeichnen. Die englischen Weingläser sind ein solches Bleiglas. Auch das Flintglas erhält seine vorzüglichen optischen Eigenschaften vom Bleioxyd. In beiden Fällen ist es an seinem Ort, aber nicht zu billigen ist es, dass man fast allem Glase, welches in England bereitet wird, Bleioxyd zusetzt. Diess ist der Grund, dass eine Menge chemischer und pharmazeutischer Präparate bleihaltig sind, weil sie es aus dem Glase, worin ihre Bereitung geschieht, aufnehmen.

Ein Bleiglas taugt auch nicht zur Verfertigung physikalischer Instrumente. Wenn es vor der Glasbläserlampe geschmolzen wird, nimmt es braune und schwarze Farben an, weil das Bleioxyd durch die Kohle der Oelflamme zu Suboxyd und auch wohl zu metallischem Blei reduzirt wird.

Schmelzt man ein solches bleioxydhaltiges Glas mit Pottasche zusammen, so findet man unten im Tiegel das Blei im metallischen Zustande. Hieraus folgt, dass man sich bei der chemischen Untersuchung von Gläsern mit Bleigehalt nie der Platintiegel bedienen muss, da sich das reduzirte Blei mit dem Platin vereinigt und den Tiegel durchlöchert. (Vergl. S. 498.)

Oelsaures Bleioxyd.

Das Bleioxyd löst sich bei Siedhitze in Oel auf und bildet damit ölsaures Bleioxyd, welches, wenn das Oel damit gesättigt wurde, eine feste pulverisirbare Masse bildet. Enthält ein solches Oel, welches man ein trocknendes nennt, z. B. Leinöl, auch nur etwas Bleioxyd aufgelöst, so bekommt es die Eigenschaft noch schneller zu trocknen. Der gewöhnliche Leinölfirniss ist ein bleioxydhaltiges Leinöl. Seine Darstellung ist wegen der glasigen Beschaffenheit der Glätte mit Schwierigkeiten verbunden, weil dadurch ihre Auflöslichkeit erschwert wird. Auch hier kann sie durch das S. 515 erwähnte sechstel-essigsaure Bleioxyd ersetzt werden. Mit diesem lässt sich der Leinölfirniss äusserst schnell und leicht bereiten.

Auf Oel, z. B. Baumöl, ist das metallische Blei von auffallender Wirkung, welche unabhängig von der Luft erfolgt. Stellt man in eine Flasche von weissem Glase eine blankgeschabte Bleiplatte, giesst die Flasche voll Baumöl, verstopft sie mit einem Korkstöpsel und setzt sie der Wirkung der Sonnenstrahlen aus, so zeigt sich folgende Umänderung. Nach und nach überzieht sich das Blei mit einer käsigen Masse, die zum Theil zu Boden fällt, während das Oel seine Farbe verliert und wasserklar wird. Endlich hört die Wirkung auf. Das Oel ist nun für mehrere Zwecke brauchbarer als vorher. Namentlich erhält es sich länger ohne zähe zu werden, daher Uhrmacher das obige Verfahren anwenden, um sich ein Oel zum Einschmieren des Räderwerks zu verschaffen.

Wirkt Oel beim Zutritt der Luft auf Blei, so entsteht Bleioxyd, welches sich in dem Oel auflöst und damit eine zähe Masse bildet. Bleigefässe dürfen also nicht zum Aufbewahren von Oel benutzt werden.

Bleioxyd-Kali.

Zum Kali, Natron etc. verhält sich das Bleioxyd wie eine schwache Säure, daher entsteht durch

Kochen beider mit Wasser eine bleioxydhaltige Auflösung. Sie ist aber sehr alkalisch, indem

13 Pfund Kali oder
11 Pfund Natron
dazu gehören, um
1 Pfund Bleioxyd

aufzulösen.

Kalkmilch mit Bleioxyd gekocht löst noch weniger auf. Diese Auflösung schwärzt Haare, Nägel, Horn und Wolle. Sie kann also höchstens dazu dienen, Hornkämme zu färben, denn sie als Haarfärbungsmittel anzuwenden, ist um so weniger rathsam als dieses Mittel sich als entschieden schädlich erwiesen hat, man müsste denn durch Schwefelwasserstoff die schädliche Wirkung des Bleis wieder aufheben (Vergl. Einl. in die techn. Chemie, Berlin 1836, S. 217). Um die Auflösung des Bleioxyds in Kalkmilch zu erleichtern, kocht man anstatt der Glätte Bleizucker mit derselben, es bildet sich dann gleichzeitig etwas essigsaurer Kalk, dessen Gegenwart nichts schadet, wenn man z. B. eine solche Mischung zum Färben von Pferdehaaren anwenden wollte.

In alkalischen Auflösungen, welche Bleioxyd enthalten, bewirkt schwefelsaures Natron keinen weissen Niederschlag. Um es zu entdecken oder abzuscheiden bedient man sich am besten des Schwefelwasserstoff-Ammoniaks, wodurch man noch unglaublich geringe Mengen mit den Nüanzen von № 217 sichtbar machen kann.

Braunes Bleioxyd.

Wird auch Bleisuper- oder -hyperoxyd genannt, da es dem Manganhyperoxyd entspricht und von allen Bleioxyden den meisten Sauerstoff enthält. Es ist nämlich ein Zweifach-Sauerstoffblei und besteht aus

1 M.G. oder 104 Pfund Blei und
2 M.G. oder 16 Pfund Sauerstoff
giebt die Zahl 120 als sein M.G.

Es wird dadurch gebildet, dass man dem gelben Bleioxyd Gelegenheit giebt, noch 1 M.G. Sauerstoff aufzunehmen. Diess geschieht z. B. durch Vermischen einer kochenden Auflösung von Bleizucker mit Chlornatron. Die klare Auflösung wird sogleich dunkelbraun, unter Abscheidung eines eben solchen Niederschlags. Er enthält etwas Chlorblei, welches ihm nach dem Auswaschen mit Wasser durch Kochen mit Salpetersäure entzogen werden kann.

Braunes Bleioxyd.

209

Auch aus der Mennige № 212 kann das braune Bleioxyd sehr leicht erhalten werden. Wird jene mit einem Ueberschuss von Salpetersäure gerieben, so geht die rothe Farbe in die braune über, es bildet sich eine Auflösung des gelben Bleioxyds in Salpetersäure, und braunes Bleioxyd scheidet sich ab. 1 M.G. Mennige wird nämlich so zersetzt, dass die 2 M.G. gelbes Bleioxyd, welche sie enthält, von der Salpetersäure aufgelöst werden, wodurch das damit verbundene 1 M.G. braunes Bleioxyd in Freiheit gesetzt und als in Salpetersäure unauflöslich zum Niederfallen bestimmt wird. Man wäscht es gut aus.

Die Mutterlauge, welche salpetersaures Bleioxyd mit Ueberschuss an Säure enthält, sättigt man vollends mit Bleiglätte und dampft ab bis zur Krystallisation, um das Bleisalz zu gewinnen.

Von dem anderen Bleioxyde unterscheidet sich dieses hinlänglich durch seine braune Farbe, besonders aber durch seine Unauflöslichkeit und Unveränderlichkeit in Salpetersäure, gerade so wie das Manganhyperoxyd. Auch bildet es wie dieses mit Chlorwasserstoffsäure Chlor und entwickelt beim Glühen gleichfalls Sauerstoffgas.

Das braune Bleioxyd ist für die chemische Technik ohne Nutzen, indem es nur durch seinen überschüssigen Sauerstoff wirkt und dieser viel wohlfeiler im Manganhyperoxyd zu haben ist.

Es lässt aber seinen Sauerstoff leichter fahren als dieses, daher sind seine Wirkungen oft auffallender und eigenthümlicher Art. So z. B. kommt es, mit Schwefel vermengt und dann heftig gerieben, zur Entzündung. Man hat diess zur Darstellung s. g. Streichzünder benutzt, ihr Transport ist aber mit Gefahr verbunden.

Das Verhalten zur schwefligen Säure ist nicht minder merkwürdig. Diess Gas wird davon rasch eingesogen, die braune Farbe des Oxyds verschwindet und eine weisse tritt an die Stelle. Es entsteht nämlich schwefelsaures Bleioxyd dadurch, dass der überschüssige Sauerstoff des Oxyds sich mit der schwefligen Säure zur Schwefelsäure verbindet, und diese

Braunes Bleioxyd und

210 schweflige Säure.

dann mit dem gleichzeitig entstandenen gelben Bleioxyd sich vereinigt.

Man benutzt diess Verhalten bei der Analyse von Gasarten, um z. B. schwefligsaures Gas von anderen Gasarten zu trennen. Es nimmt dasselbe mit solcher Schnelligkeit auf, dass eine beträchtliche Erhitzung entsteht, die, wenn das Gas aus reinem schwefeligsauren Gas besteht, sich bis zum Glühen steigern kann.

Auch gegen Ammoniakflüssigkeit verhält es sich sehr eigenthümlich, indem es den Stickstoff des Ammoniaks zu Salpetersäure oxydirt, daher bildet sich unter Verschwinden der braunen Farbe salpetersaures Bleioxyd.

Das braune Bleioxyd bildet mit Säuren keine Salze, denn es verhält sich zu ihnen nicht wie eine Basis. Dagegen aber entwickelt es den Charakter einer Säure, besonders gegen das gelbe Bleioxyd, mit dem es sich zum röthlichen Bleioxyd № 211 vereinigt. Säuren, namentlich Salpetersäure, scheiden es aus dieser Verbindung wieder aus.

Röthliches Bleioxyd.

Ist ein Anderthalb-Sauerstoffblei und wird auch Sesqui-Oxyd genannt, was dasselbe bedeutet, indem es auf 1 M.G. Blei $1\frac{1}{2}$ M.G. Sauerstoff enthält, oder aus

2 M.G. oder 208 Pfund Blei und

3 M.G. oder 24 Pfund Sauerstoff

zusammen gesetzt ist. Es ist noch nicht lange, dass man Mittel gefunden hat, es für sich darzustellen, wiewohl man seine Existenz schon als einen Bestandtheil der Mennige vermuthete. Man stellt es durch Zusammenbringen von Bleioxydnatron mit Chlornatron dar. Eine Bleizuckerauflösung wird so lange mit Natronauflösung vermischt, bis davon die

211

Curcumafarbe rothbraun gefärbt wird. Es ist nun essigsaures Natron entstanden, unter Abscheidung des Bleioxyds. Man trennt sie durch Filtriren und löst das Bleioxyd in Natronauflösung bis zur vollkommenen Klarheit auf. Diese wird nun mit Chlornatronauflösung vermischt, ohne Anwendung von Wärme. Sehr bald bildet sich ein gelber Niederschlag, der sich schnell zu Boden setzt, und nach dem Auswaschen und Trocknen die Farbe von № 211 annimmt.

Seine nähern Bestandtheile sind:

1 M.G. oder 112 Pfund gelbes Bleioxyd und

1 M.G. oder 120 Pfund braunes Bleioxyd

daher zerfällt es auch, mit Salpetersäure behandelt, in diese. Das gelbe Oxyd löst sich dann in der Säure auf, und das braune scheidet sich ab. Hieraus sieht man, dass es sich genau so verhält wie das schwarze Manganoxyd № 30 S. 85, dem es auch, seiner Zusammensetzung nach, vollkommen gleicht.

Schon durch dieses Verhalten gegen die Salpetersäure unterscheidet es sich hinlänglich von dem gelben und braunen Bleioxyde. Hierzu kommt nun noch seine Unauflöslichkeit in Kali- und Natronauflösung, was noch einen besondern Unterschied vom gelben Bleioxyd begründet, welches sich ziemlich leicht darin auflöst.

Rothes Bleioxyd.

Wird gemeinhin Mennige (von Minium) genannt, und bildet unter diesem Namen einen bedeutenden Handelsartikel, der besonders seiner Farbe wegen Anwendung findet und in England von ausgezeichneter Schönheit fabrizirt wird. Diess geschicht in eigenen Oefen, wo man fein gemahlene und geschlämmte Bleiglätte bis zur Rothglut erhitzt und dann durch Verschliessen der Züge äusserst langsam erkalten lässt. Bei dieser Gelegenheit nehmen

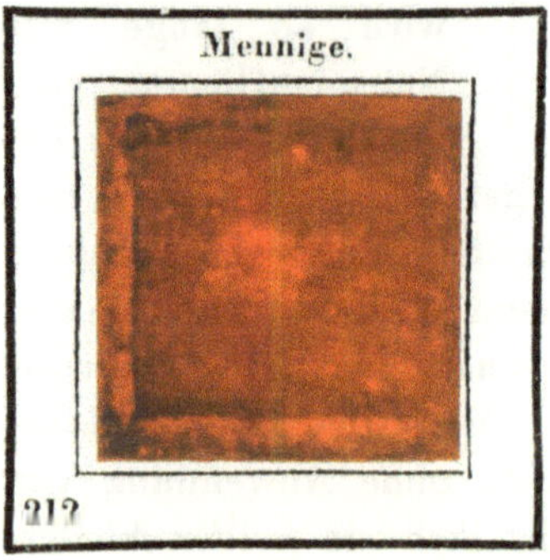

3 M.G. gelbes Bleioxyd
1 M.G. Sauerstoff

auf, so dass also die Mennige aus

3 M.G. oder 312 Pfund Blei und
4 M.G. oder 32 Pfund Sauerstoff

zusammenges. ist, daher 344 ihr M.G.

Dieses Bestandtheil-Verhältniss entspricht dem des Mangan- und Eisenoxydoxyduls, daher man die Mennige recht wohl Bleioxydoxydul nennen könnte, wenn für das gelbe Bleioxyd der Name Bleioxydul gewöhnlich wäre.

In sehr starker Essigsäure ist die Mennige als Ganzes auflöslich, und bildet damit eine wasserklare Flüssigkeit, die, in Kaliauflösung gegossen, ein *orangefarbenes* Oxyd fallen lässt. Mit Wasser anstatt Kaliauflösung vermischt fällt braunes Oxyd nieder.

Salpetersäure und Chlorwasserstoffsäure liefern mit der Mennige verschiedene Produkte,

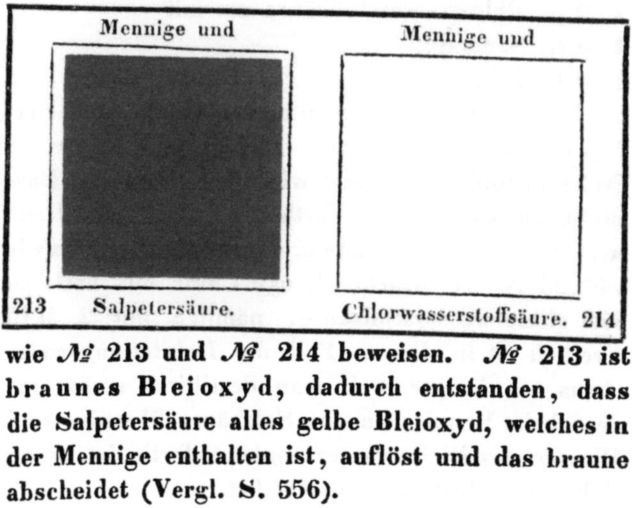

wie № 213 und № 214 beweisen. № 213 ist *braunes Bleioxyd*, dadurch entstanden, dass die Salpetersäure alles gelbe Bleioxyd, welches in der Mennige enthalten ist, auflöst und das braune abscheidet (Vergl. S. 556).

Dagegen ist № 214 *Einfach-Chlorblei* dadurch gebildet, dass die Mennige mit Chlorwasserstoffsäure übergossen, in Blei und Sauerstoff zerfällt. Es entsteht *Einfach-Chlorblei* auf der einen und Wasser auf der andern Seite, indess sich gleichzeitig *Chlorgas* entwickelt. Ist die Säure mit viel Wasser verdünnt, so bleibt das Chlor in dem Wasser aufgelöst und äussert seine bleichende Wirkung.

Man hat diess als ein vortheilhaftes Verfahren

angepriesen, um sich Chlorwasser zum Bleichen zu bereiten. Dagegen ist aber sehr Vieles einzuwenden. Denn es erfordert

1 M.G. oder 344 Pfund Mennige

3 M.G. oder so viel Pfund Chlorwasserstoffsäure als hinreichend sind, um 151½ Pfund Marmor aufzulösen, um die Mennige zu zersetzen und ausserdem noch

1 M.G. Chlorwasserstoffsäure um mit

1 M.G. Sauerstoff

1 M.G. Chlor

zu bilden. Wenn man also nicht absichtlich Chlorblei bereiten will, wobei alsdann das Chlor als Nebenprodukt betrachtet wird, so kann diese Darstellungsweise keine Vortheile gewähren. Denn man erhält bei Anwendung des Manganhyperoxyds № 23 S. 69 dieselbe Menge Chlor mit halb so viel Chlorwasserstoffsäure, nämlich mit 2 M.G. Freilich ist in diesem Fall die Darstellungsweise etwas schwieriger, weil man destilliren muss, indess beim Vermischen von Salzsäure, Mennige und Wasser das Bleichwasser sogleich fertig ist, wenn sich das Chlorblei abgesetzt hat.

Ein anderer schlimmer Umstand ist, dass das mit Mennige bereitete Chlorwasser Chlorblei aufgelöst enthält, welches sich auf die Zeuge niederschlägt und die darauf zu bringenden Farben verdirbt.

Die Mennige ist, wie alle Bleioxyde, giftig. Sie sollte daher nur in der Oelmalerei angewendet werden und als Wasserfarbe höchstens bei Tapeten. Wegen ihrer Schönheit und Wohlfeilheit findet man oft Kinderspielzeug damit bemalt, was sehr unrecht ist, da die Kinder solches in den

Mund nehmen. Es soll sogar vorgekommen sein, dass unwissende oder gewissenlose Conditoren ihre Confitüren damit bemalten. In solchen Fällen ist die Sache sehr ernsthaft, und um einem solchen Mann nicht Unrecht zu thun, muss das wirkliche Vorhandensein der Mennige chemisch dargethan werden. Man kratzt zu dem Ende die Farbe ab und kocht sie ohne Weiteres mit starker Essigsäure. Das klare Abfiltrirte wird essigsaures Bleioxyd enthalten, wenn die Farbe Mennige war. Man beweist diess durch Hineinleiten von Schwefelwasserstoffgas, welches entweder einen braunen oder schwarzen Niederschlag von Schwefelblei № 217 und № 216 hervorbringen wird. Entsteht keiner, so war das Roth eine andere Farbe.

Blei und Schwefel.

Die gegenseitige Anziehung von Blei und Schwefel ist so gross, dass dünne Bleistreifen, wenn sie in Schwefelgas eingetaucht werden, unter heftigem Erglühen sich mit dem Schwefel vereinigen und Schwefelblei bilden.

Kehrt man den Versuch um und bringt festen Schwefel zu flüssigem, geschmolzenem Blei, so erfolgt die Vereinigung gleichfalls unter Feuerentwicklung. Woraus man entnehmen kann, dass die Entstehung des Feuers im Allgemeinen nicht immer vom Sauerstoff allein abhängig ist, sondern auch hervorgerufen wird, von solchen Stoffen, die, wie der Schwefel mit ihm die grösste Aehnlichkeit haben, worauf ich schon oft Gelegenheit gehabt habe aufmerksam zu machen.

Man kennt bis jetzt nur zwei Verbindungen

des Bleis mit Schwefel, welche zwei Sauerstoffungsstufen desselben entsprechen, es sind das Halb- und Einfach-Schwefelblei; den anderen Bleioxyden gleich gebildet hat man noch keine Schwefelverbindungen darzustellen vermocht. Dagegen giebt es aber solche, die wiederum nicht beim Sauerstoff vorkommen, z. B. das Viertel-Schwefelblei und das Fünffach-Schwefelblei. Von allen diesen ist es nur das Folgende, welches besondere Aufmerksamkeit verdient.

Einfach-Schwefelblei.

Kommt im Mineralreich gebildet vor und führt den Namen Bleiglanz № 197. Die Entstehungsweise des künstlichen ist eben beschrieben worden. Um es zu bilden reichen gleiche M.G. Blei und Schwefel hin, da aber Glühhitze dazu erfordert wird, so verflüchtigt sich etwas Schwefel, ehe die Verbindung erfolgt. Er muss demnach im Ueberschuss angewendet werden; man erhält alsdann eine Verbindung, die aus

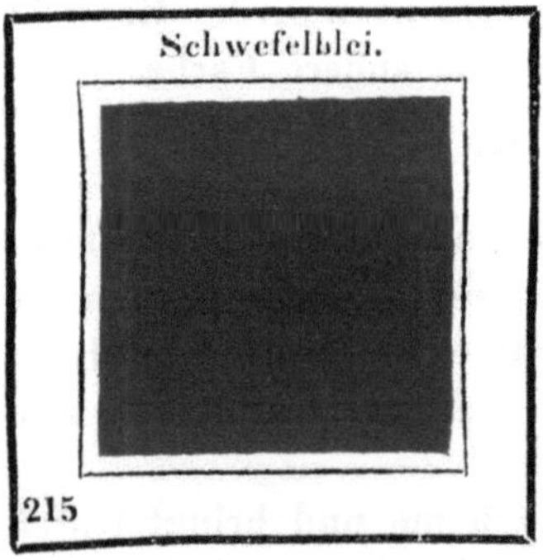

1 M.G. oder 104 Pfund Blei und
1 M.G. oder 16 Pfund Schwefel

besteht. Sie ist viel strengflüssiger als Blei und Schwefel für sich genommen, eine Eigenschaft, die bei mehreren Verbindungen des Schwefels mit leicht schmelzbaren Metallen wiederkehrt.

Beim Zutritt der Luft erhitzt, bewirkt der Sauerstoff eine Zersetzung. Der Schwefel verbrennt zu schwefeliger Säure, die entweicht und das Blei bleibt als Bleioxyd zurück, welches nun, mit Kohle oder Kohlenoxydgas in Berührung kommend, zu metallischem Blei reduzirt wird. Hierauf beruht die hüttenmännische Darstellung des Bleis aus dem Bleiglanz.

Mit Wasser geht das Schwefelblei keine Verbindung ein. Daher ist das auf nassem Wege dargestellte von № 215 chemisch nicht verschieden, wenn es auch in der Farbe abweicht, wie № 216 beweist. Es entsteht immer, wenn Schwefelwasserstoffgas in irgend eine Bleioxydauflösung geleitet wird, auch selbst dann, wenn die Auflösung überschüssige Säure enthält. Der Unterschied im Aeussern hat seinen Grund in der feinern Zertheilung. Dieser mag es auch zuzuschreiben sein, dass diess Schwefelblei unter Zutritt der Luft der Selbstentzündung unterworfen ist. Es sind Fälle vorgekommen, dass es im noch nicht ganz trocknen Zustande bei 40° R. zu glimmen anfing und darin fortfuhr, obgleich es in eine kältere Luft gebracht wurde. Es geht dabei in schwefelsaures Bleioxyd № 206 S. 510 über. Meines Erinnerns bedarf es wohl nicht, dass die Nichtachtung dieses Umstandes Feuersbrünste ver-

anlassen kann, daher es wohl auch nicht zu rathen ist, dasselbe als Farbmaterial anzuwenden.

Die Fällbarkeit des Bleis aus sauren Auflösungen durch Schwefelwasserstoff benutzt man, um es von Zink, Eisen, Mangan, Kobalt und Nickel zu scheiden, die alle nicht gefällt werden, wenn die Auflösung etwas überschüssige Salpetersäure enthält. Wenn man das so erhaltene Schwefelblei auf einem Filter sammelt, auswäscht und sorgfältig trocknet, so kann man aus seiner Menge die Menge des gefällten Bleis berechnen, indem

120 Gran Schwefelblei
104 Gran Blei

anzeigen. Da man aber wegen der Selbstentzündung sehr leicht um das Resultat seiner Versuche kommen kann und man auch nicht sicher ist, ob nicht Schwefel mit niedergefallen, was bei Gegenwart von Eisenoxyd immer geschieht, so verwandelt man es lieber in schwefelsaures Bleioxyd wie folgt.

Das gut ausgewaschene noch nasse Schwefelblei wird zugleich mit dem Filter so lange mit Königswasser behutsam erwärmt, bis nicht nur das Schwefelblei zersetzt, sondern auch das Papier des Filters zerstört ist. Nun dampft man zur Trockne ab und setzt vorsichtig Schwefelsäure im Ueberschuss hinzu und erhitzt so lange bis dieser verjagt ist. Was nun bleibt ist schwefelsaures Bleioxyd, aus dessen Menge man den Bleigehalt nach S. 542 berechnet.

Die dunkle Farbe von № 216 lässt erwarten, dass noch sehr geringe Mengen Blei durch Schwefelwasserstoff angezeigt werden, daher man ihn mit

Recht als ein sicheres Entdeckungsmittel oder Reagens für das Blei betrachtet. Die Grenze seiner Sichtbarmachung durch dieses Reagens ist bei einer Verdünnung von

1 Gran Bleisalz und
100,000 Gran Wasser.

Die Farbe ist hier aber nicht schwarz, sondern braun, und zwar in der Nüanze, wie ich sie hier unter № 217 beifüge.

Bleisalze und Schwefelwasserstoffblei	
Schwefelblei	Schwefelblei
217 verdünnt.	weniger verdünnt. 218

Von № 218 enthält das ganze Quadrat

$\frac{1}{500}$ Gran Blei,

von № 217

$\frac{1}{1000}$ Gran Blei,

was deutlich genug beweist, dass diess Erkennungsmittel ein sehr in die Augen fallendes, sicheres ist. Ich hätte hier noch viel grössere Verdünnungen auf dem Zeuge sichtbar machen können, wenn mich nicht die Erfahrung gelehrt, dass sie keinen Bestand haben. Man vergleiche nur Einleitung in die techn. Chemie. Berlin 1836, S. 211 № 105. Da ist ein Muster, welches auf dem ganzen Quadrat nur $\frac{1}{2000}$ Gran Blei enthält, aber die Färbung durch

Schwefelwasserstoff ist fast gänzlich verschwunden und Weiss ist an ihre Stelle getreten. Das Schwefelblei ist auf dem Zeuge durch Lufteinfluss oxydirt und zu schwefelsaurem Bleioxyd geworden.

Taucht man ein solches gefärbtes Stück Zeug in Chlorwasser oder in s. g. oxydirtes Wasser (welches eine Auflösung von Sauerstoff in Wasser ist), so erfolgt dieselbe Bleichung, indem das Schwefelblei entweder in Chlorblei oder schwefelsaures Bleioxyd übergeht. Man hat diess Verhalten recht verständig zu benutzen gewusst, um Gemälden, deren Bleifarben durch schwefelhaltige Ausdünstungen gelitten hatten, wieder einen hellern Ton zu geben, indem man sie nach Herunternahme des Firnisses mit oxydirtem Wasser befeuchtete. Da jedoch das Nachdunkeln der Gemälde nicht immer vom Schwefel herrührt, sondern von einer Einwirkung des Oels auf die Farben, besonders beim Einfluss des Lichts, so leuchtet ein, dass diess Mittel nicht immer helfen kann.

Der braune oder schwarze Bleiniederschlag durch Schwefelwasserstoff kann mit dem ähnlich gefärbten verwechselt werden, welchen er in neutralen Eisenauflösungen hervorbringt. Er ist aber sehr leicht dadurch zu unterscheiden, dass Säuren ihn vollständig zersetzen und auflösen, was mit der Bleiverbindung nicht geschieht. Dieser Unterschied ist darum wichtig zu wissen, weil man bei einer Untersuchung von Speisen und Getränken, die der Bleivergiftung verdächtig sind, sehr leicht auf einen kleinen Eisengehalt stossen kann und diesen dann für Blei nehmen könnte.

Die s. g. Hahnemann'sche Weinprobe, um

einen Bleigehalt im Wein zu entdecken, ist eine Auflösung von Schwefelwasserstoff in Wasser, welchem etwas Weinsteinsäure zugesetzt worden. Die Probe fällt folglich nur Blei nicht Eisen. Ihre Stelle wird sehr zweckmässig durch Schwefelwasserstoff-Ammoniak vertreten. Wenn dieses einen schwarzen Niederschlag in irgend einer Flüssigkeit hervorbringt, so kann man durch Zusatz von Weinstein- oder Essigsäure an dem Verschwinden oder Nichtverschwinden sogleich erfahren, ob man es mit Schwefeleisen oder Schwefelblei zu thun hat.

Manchmal fällt der Schwefel das Blei nicht mit brauner oder schwarzer, sondern mit rother Farbe, wenn man z. B. Fünffach-Schwefelkaliumauflösung, mit einer Bleioxydauflösung vermischt. Es wird nämlich alsdann nicht Einfach-, sondern Fünffach-Schwefelblei gebildet. Diess besteht aber nur einige Augenblicke und geht schnell in ein braunschwarzes Gemenge von Einfach-Schwefelblei und Schwefel über.

Durch Glühen von Einfach-Schwefelbhei mit Blei kann man noch mehr Blei mit Schwefel vereinigen, z. B. 4 M.G. Blei mit 1 M.G. Schwefel. Diese Verbindung ist zur Zeit noch ohne Bedeutung. Da sie aber trotz des körnigen Bruchs so weich ist, dass man sie mit dem Messer schneiden kann, so wird sie auch zu walzen sein um sie zu Gefässen zu verarbeiten. Gewiss verhält sich dieses Schwefelblei anders zu Wasser und zu den Säuren als das reine Blei, so dass eine gründliche Prüfung desselben in technischer Beziehung gewiss nicht ohne Nutzen sein wird. Denn es fehlt uns für viele Arbeiten im Grossen noch immer an geeigneten Gefässen die Wohlfeilheit mit Haltbarkeit verbinden. Es wäre schon genug, wenn das Blei unbeschadet seiner übrigen Eigenschaften nur härter gemacht werden könnte, da in grossen Fabriken der Bleiverlust durch Abreiben beträchtlich ist.

Blei und Chlor.

Mit Chlor verbindet sich das Blei, so viel man bis jetzt weiss, nur einmal zum Einfach-Chlorblei. Diess ist um so merkwürdiger, da die Verbindungen des Bleis mit dem Sauerstoff so mannichfaltig sind, und man auch mehrere Verbindungen des Schwefels mit dem Blei kennt.

Wie das Blei in seiner chemischen Wechselwirkung sowohl mit den Säuren als auch den Alkalien sich durch eine gewisse Langsamkeit, man möchte sogar Trägheit sagen, auszeichnet, so, dass man nie ein recht energisches Ineinanderwirken gewahr wird, wie es Zink, Eisen und andere Metalle so oft zeigen, ebenso träg und schwerfällig verhält es sich zum Chlor. Wenn Zink und Antimon, mit Chlorgas in Berührung kommend, sich entzünden und mit hellen Flammen zu Chlorzink und Chlorantimon verbrennen, so zeigt sich beim Zusammentreffen von Blei und Chlorgas nichts dergleichen. Es bildet sich zwar Chlorblei, aber langsam und ohne alle Feuerentwicklung.

Chlorblei.

Wenn Chlorwasserstoffsäure über Blei siedet, so entsteht Chlorblei unter Entwicklung von Wasserstoffgas. Das Blei wirkt also bei Siedhitze wie

Zink und Eisen auf die Chlorwasserstoffsäure zersetzend ein, indem es sich das Chlor aneignet und dadurch den Wasserstoff zum Entweichen zwingt. Bald hört aber diese zersetzende Wirkung auf, nämlich dann, wenn die Flüssigkeit mit Chlorblei gesättigt ist. Lässt man diess durch Erkalten heraus krystallisiren, so löst die Mutterlauge von neuem Blei auf und so fort. Diess geht Diejenigen an, welche bei technischen Arbeiten genöthigt sind, sich bleierner Gefässe zum Kochen von salzsäurehaltigen Flüssigkeiten zu bedienen.

Kalte Chlorwasserstoffsäure greift das Blei äusserst schwach an. Sie schützt es auch sogar vor der auflösenden Einwirkung der Salpetersäure, daher auch Königswasser auf Blei nicht die energische Wirkung hat wie auf andere Metalle.

Mit Bleioxyd bildet die Chlorwasserstoffsäure Chlorblei, ohne dass sich Gas entwickelt, denn nun findet der Wasserstoff der Säure Gelegenheit, sich mit dem Sauerstoff des Bleioxyds zu verbinden, wodurch neben Chlorblei gleichzeitig Wasser gebildet wird.

Will man absichtlich Chlorblei darstellen, so vermischt man die Auflösung von

1 M.G. Bleizucker und
1 M.G. Kochsalz

mit einander. Es scheidet sich unter Bildung von essigsaurem Natron das Chlorblei № 219 in einer käseähnlichen Masse ab,

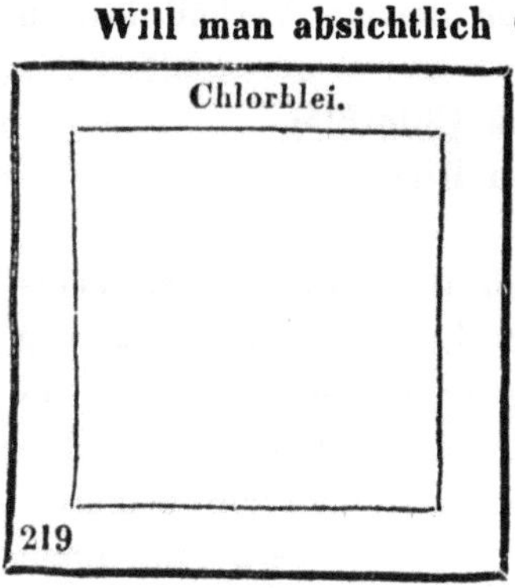

die man gut auswäscht und trocknet. Es ist bei dem Auswaschen zu beachten, dass dieses Salz nicht unauflöslich in Wasser ist, sondern

1 Pfund Chlorblei sich in
135 Pfund Wasser

auflöst. Um daher gewiss zu sein, ob es gut ausgewaschen sei, genügt nicht das Abdampfen der abfiltrirten Flüssigkeit. Man wird immer einen Rückstand, nämlich Chlorblei haben. Es kommt also darauf an, zu wissen, ob dieser Rückstand noch essigsaures Natron enthält. Diess erfährt man durch Erhitzen über einer Spirituslampe bis zum schwachen Glühen. Wenn noch Natronsalz vorhanden ist, so zersetzt sich dieses unter Abscheidung von schwarzer Kohle. Reines Chlorblei erleidet dagegen keine Schwärzung.

Als ein Einfach-Chlorblei kann diese Verbindung nur aus

1 M.G. oder 104 Pfund Blei und
1 M.G. oder 35,4 Pfund Chlor

bestehen, und 139,4 ist daher sein M.G. Erhält man also Chlorblei bei irgend einer Analyse, so ist sein Bleigehalt nach diesem Verhältniss zu berechnen, dass

$139\frac{4}{10}$ Gran Chlorblei
104 Gran Blei

entsprechend sind.

Chlorblei ist in Alkohol und sehr starkem Weingeist unauflöslich. Daher kann es sehr leicht von solchen Chlormetallen getrennt worden, die es nicht sind. Man hat Gelegenheit hiervon eine Anwendung zu machen, wenn man aus chromsaurem Bleioxyd Chlorchrom darstellen will. Man kocht es mit Chlorwasserstoffsäure, wodurch Chlorblei und Chlorchrom entsteht und verdampft beides bis zur Verjagung der überschüssigen Säure. Alkohol löst nun das Chlorchrom auf und das Chlorblei bleibt zurück.

Mit Bleioxyd vereinigt sich das Chlorblei in mehreren Verhältnissen. So z. B. entsteht eine dieser Verbindungen, wenn man

1 M.G. oder 58 Pfund Kochsalz mit
4 M.G. oder 448 Pfund Bleiglätte

und hinlänglichem Wasser, um einen Brei zu bilden, unter fortwährendem Umrühren erwärmt.

Es verschwindet alsbald die Farbe des Bleioxyds und das Ganze verwandelt sich in eine weisse, dicke Masse, die aus Natron und Bleioxyd-Chlorblei, in Verbindung mit Wasser, besteht. Das Natrium des Kochsalzes hat näml ch sein Chlor an eine entsprechende Menge Bleioxyd abgetreten und dafür von diesem Sauerstoff wieder empfangen und ist so zu Sauerstoffnatrium oder Natron geworden. Durch Wasser trennt man es von dem weissen Satz. Es enthält etwas Blei.

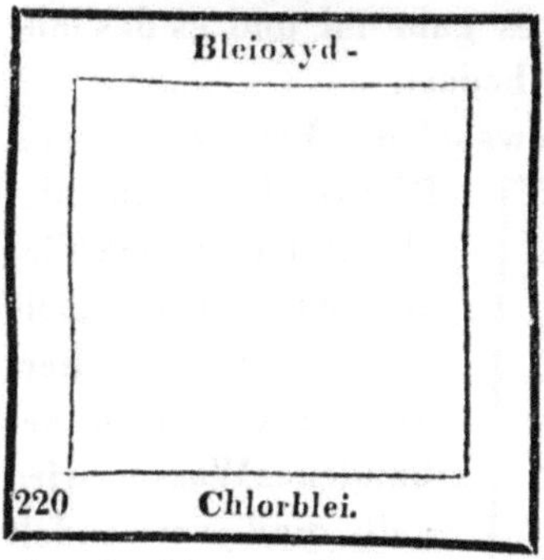

220

Als man früher diess Verhalten kennen lernte, glaubte man eine wohlfeile Methode aufgefunden zu haben, aus Kochsalz Natron darzustellen. Heut zu Tage, wo man zu zweckmässigeren gelangt ist, haben die erzählten Thatsachen keinen technischen

Werth mehr, wohl aber einen praktischen für die Haushaltungen. Die glänzende Oberfläche unserer irdenen Töpfe besteht nämlich grösstentheils aus Bleioxyd, welches mit Kochsalzauflösung in Berührung kommend, ebenso zersetzt wird, wie Bleioxydpulver, nur minder schnell, weil es sich in einem geschmolzenen Zustande befindet. Auch ist die Menge, welche sich jedesmal auflöst, sehr gering, woher es denn auch kommen mag, dass trotz des häufigen Gebrauchs solcher Töpfe keine schädlichen Wirkungen sich zeigen. Auf alle Fälle ist es aber zweckmässig, den Kochsalzzusatz, z. B. beim Rindfleischkochen in solchen Töpfen, erst dann zu machen, wenn es gahr ist und es des langen Siedens nicht mehr bedarf.

Wird die wohlausgewaschene Verbindung von Bleioxyd - Chlorblei № 220 in einem Tiegel bis zum Schmelzen erhitzt, so verliert es sein chemisch gebundenes Wasser, wird gelb und verwandelt sich in eine bekannte Malerfarbe, die im Handel unter dem Namen Casseler Gelb bekannt ist. Es kann auch dadurch erhalten werden, dass man

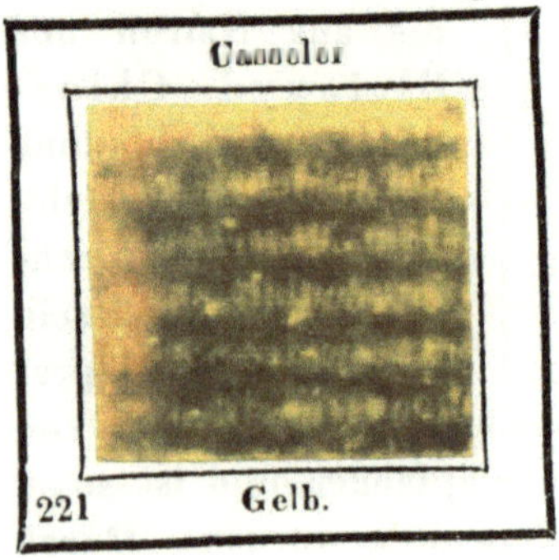

1 Pfund Salmiak mit
10 Pfund reinem Bleioxyd

bis zum Schmelzen erhitzt. Das Chlor des Salmiaks verbindet sich dann mit dem Blei zu Chlorblei und dieses mit dem unzersetztem Bleioxyd zu der gelben Verbindung № 221. Gleichzeitig reduzirt aber der Wasserstoff des Ammoniaks im Salmiak etwas Blei zu metallischem Blei, welches zu Boden sinkt.

Es ist also vortheilhafter, diese Farbe (die im Ganzen von sehr geringem Werthe für die Malerei ist), mittelst des Kochsalzes und der Glätte darzustellen, weil das Natron, welches man gewinnt, einen Theil der Kosten deckt und keine Bleiglätte zu Blei reduzirt wird.

Eine andere Verbindung von Chlorblei mit Bleioxyd bildet sich, wenn man eine siedend heisse Auflösung von Chlorblei mit Ammoniakflüssigkeit mischt. Sie ist ein weisses, unauflösliches Pulver, welches durch Schmelzen gelb wird und noch keine Anwendung gefunden hat.

Vom Zinn und seinen Verbindungen.

Moses kannte, wie das Blei, auch schon das Zinn, wie die Bibel beweist. Im Mineralreich ist es nicht häufig, auch nicht im metallischen Zustande vorhanden, sondern vorzugsweise mit Sauerstoff verbunden, als Zinnoxyd, welches den Namen Zinnstein führt. Aus diesem wird das Zinn durch einen einfachen Schmelzprozess in einem Gebläseofen mit Holzkohlen abgeschieden.

Im Handel hat man vorzugsweise zwei Sorten Zinn, das Englische und das Malakkazinn. Beide sind zufälligen und absichtlichen Verfälschungen unterworfen, daher für den Käufer eine gute Zinnprobe unentbehrlich ist.

Am schnellsten beurtheilt man die Güte des

Zinns nach der Schmelzprobe. Man giesst geschmolzenes Zinn in ein kleines Porzellanschälchen. Ist das Zinn rein, so ist seine Oberfläche spiegelblank, gleichsam polirt; enthält es aber Kupfer, Blei oder Eisen, so hat die Oberfläche eine matte, weisse Farbe mit noch matteren Flecken, die eine anfangende Krystallisation anzeigen.

Um nun zu erfahren, welche Metalle wirklich in einem solchen Zinn enthalten sind, dient die chemische Zinnprobe. Man löst es in Chlorwasserstoffsäure auf. Bleiben braune Flocken unaufgelöst, so zeugt diess von der Gegenwart des Arseniks. Aber auch, wenn diese nicht erscheinen, kann das Zinn Arsenik enthalten, weil es mit dem sich entwickelnden Wasserstoffgas davon ge gangen sein kann. Diess ist also, wie es S. 264 angegeben, auf Arsenik zu prüfen, was sehr leicht dadurch geschieht, dass man das Zinn, anstatt in einem offenen Gefäss, in einer kleinen Retorte auflöst, um das Gas auffangen zu können.

Kocht man einen Theil dieser Zinnauflösung mit etwas Salpetersäure und verdünnt sie hierauf mit Wasser, so kann man durch Cyaneisenkalium erfahren, ob Eisen oder Kupfer darin enthalten ist. Ein blauer Niederschlag zeigt Eisen an (vergl. № 192 S. 460), ein purpurfarbener Kupfer (№ 180) ein veilchenblauer sowohl Eisen als Kupfer. Der Niederschlag mit reinem Zinn dagegen ist weiss.

Blei entdeckt man dadurch, dass man einen andern Theil der Zinnauflösung mit schwefelsaurem Natron vermischt. Wenn ein weisser Niederschlag entsteht, so ist dies schwefelsaure Bleioxyd № 206 S. 541.

Wismuth entdeckt man im Zinn, wenn man es in Salpetersäure auflöst, etwas abdampft, um den grössern Theil der überschüssigen Säure zu entfernen und nun Wasser hinzufügt. Es wird ein weisses Pulver nieder fallen, welches basisch-salpetersaures Wismuth № 87 S. 179 ist.

Ein ganz reines Zinn stellt man sich aus reirem Zinnoxydhydrat № 224 dar, indem man es, innig mit Kohlenpulver gemengt, glüht. Der Sauerstoff geht in Verbindung mit der Kohle davon und das reduzirte Zinn findet sich im Grunde des Tiegels.

Das Zinn zeichnet sich durch Farbe und Luftbeständigkeit sehr vortheilhaft vor dem Blei aus. Es macht diesem seinen Aeussern nach den Uebergang des Bleis zu Silber, man könnte es daher ein veredeltes Blei nennen, wie es nicht minder als ein unvollkommenes Silber zu bezeichnen ist, dessen Stelle es auch immer vertreten muss, wo der theuere Preis des Silbers sich seiner Anwendung im Grossen entgegenstellt.

Es lässt sich zu dünnen Blättern auswalzen und schlagen, die unter dem Namen Staniol oder Zinnfolie im Handel sind. Die feinsten Blätter sind so dünn, dass 800 erst die Dicke eines Zolls ausmachen, so dass ein Quadratfuss nicht mehr als $1\frac{1}{4}$ Loth wiegt. Diese Blätter sind aber zum gewöhnlichen Gebrauch zu schwach, daher macht man die, welche zum Auslegen von Theebüchsen, Schubkasten etc. bestimmt sind, stärker. Noch stärkere wendet man zur Spiegelbelegung an, wobei es auch nicht darauf ankommt, ob das Zinn rein ist, wie in Frankreich im Grossen gemachte Erfahrungen bewiesen haben.

Das Stanniol ist ein vortreffliches Mittel die Einwirkung von Luft und Feuchtigkeit abzuhalten, ohne dabei die Bildung eines schädlichen Oxyds, wie das Blei, zu bedingen. Daher hat man sich desselben mit sehr glücklichem Erfolge bedient, um Sämereien auf langen Seereisen vor dem Verderben zu schützen. Man wickelt sie nicht unmittelbar darin ein, sondern umgiebt damit die gewöhnlichen Papierkapseln, worin die Samen befindlich sind. Auch Knollen und Zwiebeln kann man auf gleiche Weise besser conserviren, besonders aber Pfropfreiser, um beim Versenden das Wurzelende frisch zu erhalten. Uebrigens hätte man längst auf diese Anwendungsart fallen können, da uns die Chinesen ihren Thee, auf gleiche Weise verpackt, ja schon so lange wohlerhalten übersenden.

Beim Biegen giebt das Zinn einen eigenen Ton von sich, welchen man das Geschrei des Zinns nennt. Er wird immer schwächer, je öfter man an derselben Stelle biegt und hört zuletzt ganz auf. Diess weist auf die Ursache dieses Verhaltens hin. Es rührt nämlich von einem Zerreissen des Zusammenhangs der kleinsten Theile her. Daher hat nur gegossenes, krystallisirtes Zinn einen Ton beim Biegen, gehämmertes nicht, weil durch das Schlagen dieser Zusammenhang bereits aufgehoben ist.

Hiermit steht auch in Verbindung, dass zu Draht ausgezogenes Zinn nur wenig Zähigkeit besitzt und viel eher zerreisst, als es sich nach den anderen Eigenschaften des Zinns erwarten lässt.

Es ist daher auch schwierig, sich auf die gewöhnliche Weise einen ganz feinen Zinndraht zu verschaffen. Man gelangt dazu am einfachsten, wenn man eine erwärmte Thermometerröhre in geschmolzenes Zinn taucht und dieses mit dem Munde aufsaugt. Man kann sich so Zinndraht von sehr verschiedener Dicke darstellen, je nach dem Durchmesser der Röhre.

Die Eigenschwere des Zinns ist 7,293; also ein Gefäss, welches so gross ist, dass es voll wird von

1000 Pfund Wasser, nimmt
7293 Pfund Zinn

auf, wenn es im geschmolzenen Zustande hineingegossen wird. Durch Hämmern und Walzen nimmt seine Dichtigkeit, also seine Eigenschwere, zu, aber nicht so bedeutend wie beim Zink (S. 3).

Durch die Wärme dehnt sich das Zinn ziemlich bedeutend aus, so dass ein Zinnstab, welcher bei 0° R. 460 Fuss lang ist, bis zu 80° R. erhitzt, sich um 1 Fuss verlängert.

Die Temperatur, bei welcher das Zinn giessrecht ist, ist die, bei welcher die Oberfläche spiegelhell erscheint; denn, wird dasselbe stärker erhitzt, so dass sie mit Regenbogenfarben spielt, oder schwächer, dass sie matt angelaufen ist, so ist in beiden Fällen die Festigkeit und der Glanz der Zinnwaaren am geringsten.

Das M.G. des Zinns ist = 59, indem es in diesem Gewichtverhältniss sich mit dem M.G. der andern Stoffe verbindet. Besonders deutlich zeigt sich diess bei seiner Vereinigung mit den Brennern: Sauerstoff, Schwefel und Chlor, indem

59 Pfund Zinn mit
8 Pfund Sauerstoff

59 Pfund Zinn mit — 59 Pfund Zinn mit
16 Pfund Schwefel — $35\frac{4}{10}$ Pfund Chlor

Einfach-Sauerstoffzinn, Einfach-Schwefelzinn und Einfach-Chlorzinn bilden.

Dieselbe Zahl wiederholt sich, wenn Metalle, z. B. Zink oder Kadmium, das Zinn aus seinen neutralen Auflösungen fällen, so dass

59 Pfund Zinn
gefällt werden können durch
32 Pfund Zink und
56 Pfund Kadmium,

was auch nicht anders sein kann, wenn das oben angegebene Bestandtheilverhältniss des Einfach-Sauerstoff-, Schwefel- und Chlorzinns das richtige ist.

Enthält dagegen das Zinn mehr von einem Brenner als ein M.G. wie es z. B. mit dem Zwiefach-Chlorzinn der Fall ist, worin 2 M.G. Chlor enthalten sind, so gebraucht man zur Abscheidung von 59 Zinn das Doppelte von Zink oder Kadmium, weil es kein Zweifach-Chlorzink und Zweifach-Chlorkadmium giebt, sich daher nur das Einfach-Chlormetall bilden kann.

Das Zinn selbst fällt 14 Metalle aus ihren Auflösungen, unter diesen Wismuth, Antimon, Arsenik, Blei, Kupfer, Quecksilber, Silber, Gold und Platin. Nicht gefällt werden Zink, Kadmium, Eisen, Kobalt und Nickel. Hieraus ist ersichtlich, dass das Zinn dazu dienen kann, die oben genannten fällbaren Metalle von den nicht fällbaren zu trennen. Besonders gilt diess für Wismuth und Antimon, die dadurch vollständig abgeschieden werden. Bei Blei geschieht diess nicht, wie schon S. 492 angemerkt worden. Auch bei Gold nicht, indem sich Goldpurpur bildet.

Wünscht man daher eine Legirung von Zinn und Antimon zu analysiren, so hat man nichts weiter zu thun als sie mit Chlorwasserstoffsäure zu kochen. Das Zinn löst sich auf und das Antimon scheidet sich zum grössten Theil in Form eines schwarzen Pulvers № 96 S. 193 ab. Das Antimon, welches sich aufgelöst haben könnte, wird nun noch durch Erhitzen mit reinem Zinn gefällt. Zieht man nun das Gewicht des abgeschiedenen Antimonpulvers von dem Gewicht der in Untersuchung genommenen Legirung ab, so zeigt diess die Menge Zinn an, welche in der Legirung mit Antimon verbunden war.

Zinn schlägt, wie gesagt, auch das Kupfer aus seinen Auflösungen nieder, hieraus folgt, dass das Einfach-Chlorzinn kupferfrei zu erhalten ist, wenn es mit einem Ueberschuss an Zinn gekocht wird, dass man ferner ein kupferhaltiges Zinn zur Bereitung dieses Salzes anwenden kann, in welchem Fall dann das Kupfer in Pulverform sich abscheidet und man endlich sich eines kupfernen Gefässes bedienen kann, dasselbe zu bereiten.

Der häufige Gebrauch zinnerner Kochgeschirre sowohl in der Haushaltung als auch in den Apotheken, macht eine genaue Kenntniss der Einwirkung verschiedener Flüssigkeiten und Salze darauf nothwendig. Denn wenn gleich das Zinn nicht so entschieden giftige Verbindungen bildet, wie das

Blei und Kupfer, so sind sie doch immer schädlich, verderben den Geschmack der Speisen und müssen, namentlich auf die Wirkungen der Arzneimittel, von Einfluss sein, da sie ja selbst als Arzneimittel Anwendung finden und finden können.

Im Fall das Zinn von einer Salzauflösung angegriffen wird, ist dreierlei zu unterscheiden:

1) es wird Zinnoxyd gebildet, welches sich in der Salzauflösung auflöst,
2) es wird Zinnoxydul oder Oxyd gebildet, welches sich nicht auflöst, also als Niederschlag zu Boden setzt, oder
3) es findet beides statt, so dass die Auflösung Oxydul enthält und sich Oxyd als Niederschlag abscheidet.

Beispiele für den ersten Fall, wo Zinn ohne Fällung von Oxyd aufgelöst wird, geben Alaun, Salmiak und zweifach-schwefelsaures Kali, wenn man ihre Auflösungen in zinnernen Kesseln kocht. Beim Alaun hat diess in Bezug auf Färberei nichts zu sagen, da ein Zinngehalt eher vortheilhaft als nachtheilig auf die Nüanze wirkt. Beim Salmiak ist diess anders, da er zu häufig als Arzneimittel gebraucht wird.

Beispiele für den zweiten Fall, wo kein Zinn aufgelöst wird, sich aber Zinnoxyd bildet, welches die Auflösung verunreinigt, geben Chlorbarium, Chlorcalcium, ein- und zweifach-kohlensaures Kali, schwefelsaures Kali und Natron, Bittersalz, Kochsalz und Boraxweinstein. Diese Auflösungen sind also durch Filtriren zinnfrei zu machen.

Für den dritten Fall, wo sowohl Auflösung des Zinns als auch Absetzung von Oxyd stattfindet, sind zweifach-weinsteinsaures Kali, weinsteinsaures Kali-Natron und ein Gemenge von Kochsalz und Salpeter anzuführen.

Gar nicht angegriffen wird Zinn von Borax, essigsaurem Kali, Salpeter, einfach-weinsteinsaurem Kali, essigsaurem und phosphorsaurem Natron, vorausgesetzt dass diese Salze neutral sind und keine freie Säure enthalten. Denn fast alle Säuren lösen das Zinn auf, selbst Pflanzensäuren. Man darf daher keine saure Früchte, wie Kirschen, in verzinnten Gefässen kochen; eben so wenig Sauerkohl und Speisen, die viel Essigsäure enthalten. Auch Essigdämpfe greifen das Zinn an. Daher findet man in Essig, welcher in Blasen mit zinnernem Helm und Kühlröhren destillirt worden, Zinnoxyd aufgelöst.

Man entdeckt das Zinn durch Chlorgoldauflösung, welche in den zinnhaltigen Auflösungen der genannten Salze einen violetten Niederschlag von Goldpurpur hervorbringt.

Diess ist ein Beweiss, dass sich das Zinn in der Auflösöng als Oxydul befindet. Denn das Zinnoxyd wird von Goldauflösung nicht gefällt. Daher muss man sich auch nicht bei Anwendung dieses einen Reagens zufrieden geben, wenn man sich überzeugen will, ob ein Arzneimittel zinnfrei sei. So giebt z. B. in Zinn gekochte Salmiakauflösung mit Chlorgold keinen Goldpurpurniederschlag, obwohl sie zinnhaltig ist. Sie enthält nämlich das Zinn als Zinnoxyd, welches man mit Schwefelwasserstoff als Schwefelzinn unter Zusatz von etwas Chlorwasserstoffsäure mit kaffeebrauner Farbe sichtbar machen kann (Vergl. Zinn und Schwefel).

Auf dem bekannten verzinnten Eisenblech befindet sich das Zinn in einem eignen Zustande der Krystallisation, welche durch abwechselnde Behandlung mit Königswasser und Kalilauge sichtbar gemacht wird. Es ist unter dem Namen Moiré métallique bekannt.

Nicht jedes verzinnte Eisenblech giebt eine gleich schöne Krystallisation, es kommt hier besonders auf die fremden Beimischungen des Zinns und auf die Art der Verzinnung an.

Taucht man, um das Eisenblech zu verzinnen, dasselbe in ein Zinnbad, welches aus

200 Loth reinem Zinn,
3 Loth Kupfer und
1 Loth Arsenik

zusammengesetzt ist, so erhält man, durch nachheriges Behandeln mit Säure und Lauge, die möglichst schöne Krystallisation des Moiré métallique.

Seine vollkommene Darstellung geschieht durch 7 aufeinander folgende Operationen:

1) Einlegen in Aetzkalilauge und Abwaschen,
2) Einlegen in Königswasser und Abwaschen,
3) Einlegen in Aetzkalilauge und Abwaschen,
4) schnelles Durchziehen durch Salpetersäure und Abwaschen,
5) Einlegen in Aetzkalilauge und Abwaschen,
6) Einlegen in Königswasser und Abwaschen,
7) Einlegen in Aetzlauge und Abwaschen.

Es kommt nämlich darauf an, dass nach einem jeden Einlegen in Königswasser das entstandene Zinnoxyd durch die Aetzkalilauge ganz entfernt werde, weil sonst Flecken entstehen. Der Nutzen eines schnellen Durchziehens durch Salpetersäure besteht darin, dass der unangenehme Metallschimmer, welcher durch eine eigene Spiegelung unter gewissen Winkeln die Figuren unsichtbar macht, abgestumpft werde.

Es ist recht zu bedauern, dass diese schöne Erfindung so ganz in Misskredit gerathen ist. Der Grund davon ist die schlechte Waare, womit das Publikum so häufig hintergangen wurde. Jeder Klempner glaubte sich berufen dieses Fabrikat darzustellen, und wenn ihm auch das Bloslegen der Krystallisation gelang, so fehlte es dann am Besten sie unverändert zu erhalten; am Lack. Ein solcher kann nur Copallack sein, aber man nahm Mastix- und Sandarackfirniss, der bald Risse bekommt, sich schnell abscheuert, so dass ein Präsentirteller oft schon in 6—8 Wochen unbrauchbar ist.

Es ist übrigens zu bewundern, dass das Moiré nicht schon längst erfunden wurde, da ein Jeder, der in einer neuen Kaffeemaschine Kaffee kocht, nach dem Ausspülen eine Menge Krystallblumen bemerken wird. Diess dient zugleich zum Beweise, dass der Kaffee das Zinn auflöst, auch wird Jeder, der gewohnt ist in Porzellan bereiteten Kaffee zu trinken, den auffallenden Geschmackunterschied sogleich bemerken.

Das Zinn ist erst bei Weissglühhitze flüchtig, daher lässt es sich viel leichter mit anderen Metallen zusammen schmelzen als Zink und Kadmium. Zu den Legirungen, welche eine Anwendung in der Technik finden, gehören Folgende:

Mit Zink vereinigt sich das Zinn leicht; zu

gleichen Theilen zusammengeschmolzen erhält man eine Legierung, die fast ebenso fest und haltbar ist wie Messing und eben so gut der Reibung widersteht. Ein Gemisch aus

2 Pfund Zinn und
3 Pfund Zink

dient zur Verzierung der kupfernen Röhren bei Dampfmaschinen, um sie gegen zu schnelle Oxydation zu schützen. Zum Verzinnen von Küchengeräthen darf es jedoch nicht gebraucht werden.

Schon darum taugt auch ein zinkhaltiges Zinn nicht zum Verzinnen, weil es keine glatte, sondern eine rauhe Oberfläche bildet und sehr bald den Glanz verliert, weil das Zink an der Luft anläuft.

Das unächte Silberpapier wird aus einer Zinkzinnlegirung bereitet. Es verliert aber auch bald sein schönes Ansehn.

Eine Verbindung des Eisens mit Zinn verdient die Aufmerksamkeit des Technikers. Sie besteht aus

58 Eisen und
42 Zinn

und bildet sich, wenn man Zinnquecksilber, welches man zur Spiegelbelegung braucht, in eisernen Retorten erhitzt, um das Quecksilber abzudestilliren. Das zurückbleibende Zinn verbindet sich alsdann mit dem Eisen. Die Verbindung ist spröde, schmilzt erst in der Weissglühhitze und hat die Farbe des Stahls. Wodurch sie sich aber besonders auszeichnet, ist, dass sie sich selbst in kochender Chlorwasserstoffsäure nur wenig, in Salpetersäure aber gar nicht auflöst; da doch ihre beiden Bestandtheile: Zinn wie Eisen in beiden

Säuren auflöslich sind. Es ist daher auch leicht einen Ueberschuss an Zinn davon durch die genannten Säuren zu trennen.

Wenn man unter einer Decke von Glaspulver

2 Pfund Eisenfeile mit

16 Pfund Zinn

zusammen schmelzt, so erhält man eine Legirung, die zum Verzinnen des Eisens angewendet, viermal haltbarer und einer schöneren Politur fähig sein soll als die gewöhnliche. Diess lohnte wohl des Versuchs, aber man braucht eine viel grössere Hitze zum Verzinnen als bei nicht eisenhaltigem Zinn, da das Gemisch erst durch eine Hitze, welche sich der Rothglut nähert, geschmolzen werden kann. Diess wird es aber auch wieder geschickt machen als eine Art Schlageloth zum Löthen solcher Weissblechröhren und Gefässe zu dienen, die einer Hitze ausgesetzt werden sollen, wobei das gewöhnliche Bleizinnloth schmilzt.

Wenn in diesem Fall das Eisen Zinn verbessert, so folgt daraus noch nicht das Umgekehrte, denn 2 pCt. Zinn dem Eisen zugemischt reichen schon hin es kaltbrüchig zu machen.

In inniger Berührung mit Zink oder Eisen wird das Zinn vor der auflösenden Wirkung solcher Säuren geschützt, die es für sich auflösen würden. Hiervon ist dann aber auch die nothwendige Folge, dass das schützende Metall dafür um so schneller von der Säure verzehrt wird. Diess ist namentlich der Fall, wenn man z. B. Eisenblech nur stellenweise verzinnt und dann in Chlorwasserstoffsäure legt, es wird viel früher zerfressen als ein solches, welches ohne alles Zinn in derselben Säure gleich lange befindlich war.

Diese Thatsachen leiten auf eine richtige Ansicht von dem Nutzen und Schaden der Verzinnung des Eisens.

Ist die Verzinnung gut, d. h. ist die ganze Oberfläche des Eisens mit Zinn bedeckt, so ist es ebenso als ob das ganze Gefäss von Zinn wäre und das Eisen ist mechanisch, gleichsam wie durch einen Firniss von Zinn, vor denjenigen Einflüssen geschützt, die ihm so leicht schädlich werden, dagegen auf das Zinn ohne Wirkung sind.

Ist dagegen die Verzinnung schlecht oder abgenutzt, so dass stellenweise das Eisen zu Tage kommt, so ist es schlimmer als ob die Oberfläche des Gefässes ganz Eisen wäre, denn nun beschleunigt das Zinn das Aufgelöst- und Zerfressenwerden des Eisens. Es muss daher zur Regel dienen, entweder gut oder gar nicht zu verzinnen.

In Berührung mit Kupfer ist es anders, da übernimmt das Zinn die entgegengesetzte Rolle. Werden nämlich beide zusammen gelöthet in Chlorwasserstoffsäure eingetaucht, so schützt das Zinn das Kupfer vor jedem Angriff. Da hierbei aber das Zinn das Opfer der Säure wird, so wäre es nicht vortheilhaft auf diese Weise Kupfer durch Zinn zu schützen. Schmelzt man jedoch beide zusammen, und zwar in dem Verhältniss, dass auf

100 Pfund Kupfer

3 Pfund Zinn

kommen, so hat man denselben Schutz durch das Zinn, ohne den gleichzeitigen Verlust. Es hat sich nämlich durch Versuche ergeben, dass

reines Kupfer . . . . 45 pCt.
zinnhaltiges Kupfer nur 17 pCt.

an Gewicht verliert, wenn sie gleichzeitig und gleichlange in Chlorwasserstoffsäure unter Zutritt der Luft befindlich sind.

Hieraus ist zu folgern, dass zinnhaltiges Kupfer besser zum Schiffbeschlag taugt als reines.

Zinn und Sauerstoff.

Man kennt drei Sauerstoffverbindungen des Zinns: ein Einfach-, ein Zweifach- und ein Anderthalb-Sauerstoffzinn, welche die Namen Zinnoxydul, Zinnoxyd und Sesqui-Zinnoxyd führen. Dieses Letztere entsteht aus der Vereinigung

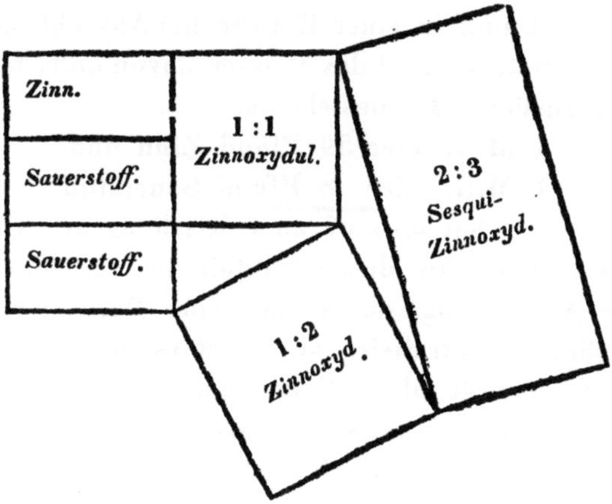

der beiden ersten, wie diess in dem Schema durch den Platz angedeutet ist.

Zinnoxydul.

Zinnoxydul.

222

Wird Zinn bei gelinder Wärme geschmolzen, so läuft die Oberfläche bunt an und es bildet sich endlich eine *graue Haut*, die s. g. *Zinnasche*, welche *Zinnoxydul* enthält. Es entsteht auch durch Auflösen des Zinns in Säuren und kann daraus im reinen Zustande abgeschieden werden. Zu dem Ende löst man Zinn in Chlorwasserstoffsäure bis zur Sättigung auf, und schlägt aus der klaren Auflösung durch kohlensaures Natron *weisses Zinnoxydulhydrat* nieder. Wird diess ausgewaschen, bei 40° R. getrocknet und in einer Retorte bei Ausschluss der Luft erhitzt, so geht das Wasser davon und № 222 bleibt zurück. Es besteht aus

1 M.G. oder 59 Pfund Zinn und
1 M.G. oder 8 Pfund Sauerstoff
hat also 67 zum Mischungsgewicht.

Es findet in dieser Gestalt in der Technik keine Anwendung, da es aber eine Basis ist, die die Säuren neutralisirt, so bildet es einige in der Färberei gebräuchliche Salze, nämlich das *schwefelsaure* und *essigsaure Zinnoxydul*, deren Darstellung beim Einfach-Chlorzinn angegeben ist.

Zinnoxyd.

Dem Blei gleich verbrennt das Zinn, bis zum Verdampfen an der Luft erhitzt, mit heller Flamme und es bildet sich **zweifach Sauerstoffzinn** oder **Zinnoxyd**, welches auch **Zinnsäure** genannt wird. Es besteht aus

Zinnoxyd.

223

1 M.G. oder 59 Pfund Zinn und
2 M.G. oder 16 Pfund Sauerstoff

hat also 75 zum Mischungsgewicht.

Giesst man Salpetersäure von 1,380 Eigenschwere auf Zinn, so verwandelt es sich unter heftiger Erhitzung und Entwicklung rother Dämpfe in ein weisses Pulver, welches gleichfalls Zinnoxyd ist und nach dem Auswaschen keine Salpetersäure enthält.

Dieses Zinnoxyd gebraucht man zur Darstellung des Emails, des Milchglases u. s. w. Es ist aber völlig unauflöslich in Säuren, selbst in Salpetersäure, daher es zur Bereitung der Zinnoxydsalze nicht geeignet ist.

Diese stellt man am zweckmässigsten aus

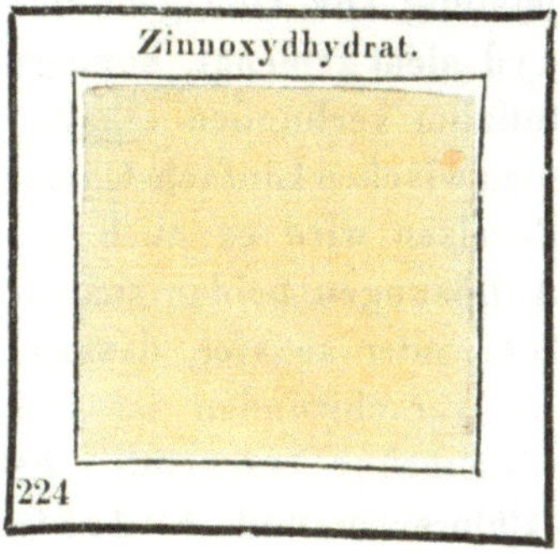

Zinnoxydhydrat.

224

Zweifach - Chlorzinn dar, indem man daraus mit Ammoniak Zinnoxydhydrat fällt und dieses nach dem Aussüssen in der Säure auflöst. Da das Zinnoxyd aber selbst sich mit Basen verbindet und diese sättigt wie eine Säure, so hat es selbst nur sehr schwache basische Eigenschaften und folglich bildet es keine neutrale Salze.

Da die Zinnoxydsalze vorzugsweise nur in der Färberei gebraucht werden und die Zinnoxydulsalze durch Luftberührung in Oxydsalze sich verwandeln, so wendet der Färber am zweckmässigsten zum Beizen der Zeuge Oxydulsalz an, indem dieses dann beim Trocknen durch den Sauerstoff der Luft in Oxydsalz übergeht.

Sesqui-Zinnoxyd.

Das Anderthalb-Sauerstoffzinn oder das Sesquioxyd besteht aus

1 M.G. oder 67 Pfund Zinnoxydul und

1 M.G. oder 75 Pfund Zinnoxyd

und es ist daher wahrscheinlich, dass wenn man

1 M.G. oder 94,4 Einfach-Chlorzinn und

1 M.G. oder 129,8 Zweifach-Chlorzinn,

beide in Wasser aufgelöst, zusammen mischt und mit

3 M.G. oder 151,5 kohlensaurem Kalk

im frisch gefällten Zustande schüttelt, die Zerlegung der Zinnsalze vollständig vor sich geht und man das Oxydul und Oxyd nicht gemengt, sondern zum Anderthalb Sauerstoffzinn verbunden erhält.

Durch Wechselwirkung zwischen Einfach-Chlorzinn und Anderthalb-Chloreisen wird es auch gebildet. Man giesst die Auflösungen beider zusammen, am besten gleiche M.G. oder so viel, dass die Farbe der Eisenauflösung verschwunden ist und ein schwacher Stich ins Blaugrüne erscheint. Es entstehen nun Einfach-Chloreisen und Anderthalb-Chlorzinn aus deren Auflösung man durch kohlensauren Kalk das Anderthalb-Sauerstoffzinn fällt. Man setzt vom Kalk etwas weniger zu als zur vollständigen Zerlegung des Zinnsalzes nöthig ist.

Dieses Oxyd verdient darum Erwähnung, weil es zur Darstellung des Goldpurpurs am geeignetsten ist.

Zinn und Chlor.

Entsprechend den drei Sauerstoffverbindungen des Zinns giebt es auch drei Chlorverbindungen: das Einfach-Chlorzinn, das Zweifach-Chlorzinn und das Anderthalb-Chlorzinn. Die beiden ersteren nennt man auch Zinnchlorür und Zinnchlorid.

Einfach-Chlorzinn.

Diese im reinen Zustande glasige Masse besteht aus

1 M.G. oder 59 Pfund Zinn und
1 M.G. oder 35,4 Pfund Chlor

bildet in Verbindung mit Wasser ein lange gekanntes und häufig gebrauchtes Salz, welches im Handel Zinnsalz heisst und früher salzsaures Zinnoxydul genannt wurde. Jetzt heisst es krystallisirtes Zinnchlorür, oder besser Einfach-Chlorzinnhydrat.

Es entsteht, wenn man auf Zinn Chlorwasserstoffsäure einwirken lässt, besonders bei Anwendung von Wärme. Es muss aber Zinn im Ueberschuss sein, sonst bildet sich durch den Einfluss der Luft auch Zweifach-Chlorzinn. Auch hat dieser

Ueberschuss noch einen andern Zweck, nämlich fremde Metalle, z. B. Blei, Arsenik und Kupfer niederzuschlagen.

Es entwickelt sich hierbei Wasserstoffgas, weil das Zinn der Chlorwasserstoffsäure das Chlor entzieht, um Chlorzinn zu bilden, in Folge dessen der Wasserstoff in Freiheit gesetzt wird. Hitze unterstützt diesen Zersetzungsprozess. Ebenso der Sauerstoff der Luft, indem er sich mit dem Wasserstoff der Chlorwasserstoffsäure zu Wasser verbindet und dadurch dem Chlor seine Vereinigung mit dem Zinn erleichtert.

Wegen dieses letztern Umstandes benutzt man bei einer fabrikmässigen Darstellung dieses Salzes sehr zweckmässig den Einfluss der Luft und kann sich zu diesem Behufe derselben Vorrichtungen bedienen, wie sie S. 532 für die Bleizuckerfabrikation beschrieben sind.

Für die Drucker ist das Zinnsalz von grosser Bedeutung und eine Menge Artikel würden nie ins Leben getreten sein, wenn dem Zinnsalz die Eigenschaft fehlte, leicht aus dem Zustand des Einfach-Chlorzinns in den des Zweifach-Chlorzinns überzugehen. Diess geschieht nämlich immer, wenn es mit Oxyden und Säuren in Berührung kommt, die leicht Sauerstoff abgeben, z. B. Eisen- und Manganoxyd und die Chromsäure und ihre Verbindungen. Die Folge davon ist, dass Eisen- und Manganoxyd sich in Oxydul und die Chromsäure sich in Oxyd verwandeln. Hat man nun das Zinnsalz mit Chlorwasserstoffsäure gemischt, mit den genannten Oxyden etc. in Berührung gebracht, die sich als Färbendes auf Kattun befinden, so bildet sich Einfach-Chloreisen und Mangan, so wie Anderthalb-Chlorchrom, die als im Wasser auflöslich, beim Auswaschen des Zeuges davon gehen, daher die Stelle, wo das Zinnsalz war, weiss erscheint. Unter № 35 S. 89 und № 73 und 74 S. 150 sind schon Beispiele dieser Wirkungsart des Einfach-Chlorzinns vorgekommen.

Dieselbe reduzirende Einwirkung äussert das Einfach-Chlorzinn auch auf die schweflige Säure. Es entsteht Zweifach-Chlorzinn einerseits und Schwefelzinn № 226 andererseits. Diess ist der Grund warum Zinnsalz mit Salzsäure (welche, wie die im Handel vorkommende schweflige Säure enthält) und Wasser keine klare Auflösung giebt, sondern eine vom Schwefelzinn braungefärbte. Jeder Drucker, der Zinnätzbeize bereitete, wird diese Erscheinung schon wahrgenommen und sich vielleicht gescheut haben, dieselbe anzuwenden. Eine solche Beize ist jedoch sehr brauchbar, wenn man ihr nur Zeit lässt sich zu klären und nur das Klare anwendet.

Mittelst des Einfach-Chlorzinns kann man sich am leichtesten, wo es auf chemische Reinheit nicht ankommt, verschiedene Zinnoxydulsalze darstellen. Man vermischt seine Auflösung mit der eines Kali- oder Natronsalzes, wo alsdann durch wahlverwandtschaftlichen Austausch der Bestandtheile sich das entsprechende Zinnsalz bildet. Auf diese Weise kann man mit schwefelsaurem Natron schwefelsaures Zinnoxydul und mit essigsaurem Natron essigsaures Zinnoxydul darstellen. Es sind auf

103 Pfund Zinnsalz
161 Pfund kryst. schwefelsaures Natron und
136 Pfund essigsaures Natron

zur vollständigen Zersetzung erforderlich.

Ein Einfach-Chlorzinn, welches mit salpetersaurem Zinnoxydul gemengt ist und von den Färbern Composition genannt wird, gebraucht man zum Scharlachfärben der Wolle. Es ist durch unzählige Versuche bewiesen, dass diese Verbindung dazu am geeignetsten ist, daher die Färber mit Recht auf eine kunstgerechte Bereitung derselben grossen Werth legen, die übrigens nicht immer gleich gut gelingt. Die Hauptsache dabei ist die Vermeidung aller Wärme, daher man das Gefäss, worin sich z. B.

2 Pfund Scheidewasser und
1 Pfund Salzsäure

befinden, in Eiswasser stellt und nun nach und nach dünn gewalztes Zinn hineinthut und mit dem Zusetzen von neuem Zinn so lange wartet, bis sich das früher hineingelegte aufgelöst hat.

Diese Verfahrungsart ist umständlich und erfordert viele Aufmerksamkeit. Viel besser, sicherer und leichter erreicht man seinen Zweck, dadurch dass man einen starken Zinnbolzen etwa 1 Zoll tief in das Säuregemisch hineinhängt. Es findet alsdann eine immerwährende, sehr rasche Auflösung statt, ohne dass Erwärmung eintreten kann. Denn die sich bildende Zinnauflösung sinkt als schwerer in der Flüssigkeit zu Boden und das Zinn kommt immer von Neuem mit dem Auflösungsmittel in Berührung, was, wenn es auf dem Boden des Gefässes liegt, nicht der Fall ist.

Zweifach-Chlorzinn.

Wie zum Sauerstoffgas, ebenso verhält sich das Zinn zum Chlorgas: es verbrennt darin und zwar mit rothem Lichte zu **Zweifach-Chlorzinn**, das demnach aus

1 M.G. oder 59 Pfund Zinn und
2 M.G. oder 70,8 Pfund Chlor

zusammengesetzt ist. Es dampft sehr stark beim Zutritt der Luft, ist seit langer Zeit unter dem Namen Liquor oder Spiritus fumans Libarii bekannt und wurde gewöhnlich dadurch dargestellt, dass man Zinn mit Einfach-Chlorquecksilber oder Quecksilbersublimat destillirte.

Auf eine wohlfeilere Weise wird es erhalten durch Erwärmen von

3 Pfund Zinnspänen mit
9 Pfund Schwefelsäure

in einem gusseisernen Gefäss. Beide wirken unter Entwicklung von schwefliger Säure und Schwefeldämpfen heftig auf einander, so dass man die Operation im Freien vornehmen muss und das Gefäss nur halb gefüllt sein darf. Man erhitzt nun bis zur Trockne, pulvert und mengt das Pulver mit

8 Pfund trocknem Kochsalz

und destillirt aus einer eisernen Retorte mit gläserner Vorlage das Zweifach-Chlorzinn über. Es enthält Chloreisen, Wasser und Chlorwasserstoffsäure und wird davon befreit, dass man es mit dem 3fachen Gewicht Schwefelsäure vermischt und aus gläsernen Retorten rektifizirt. Die hier im Rückstand bleibende Schwefelsäure kann von Neuem zum Auflösen des Zinns dienen.

Werden

2 Pfund Zweifach-Chlorzinn mit

1 Pfund Wasser vermischt,

so hört es auf zu dampfen und erstarrt zu einer krystallinischen in der Wärme schmelzbaren Masse, die sich in noch mehr Wasser zu einer klaren Flüssigkeit auflöst.

In dieser Form wird es von den Kattundruckern, z. B. zum Auflösen des Pariserblau (vergl. S. 456) angewendet. Da es zu diesem Zweck nicht ganz rein zu sein braucht, so stellt man es schon in Verbindung mit Wasser auf eine wohlfeilere Art dadurch dar, dass man in eine Auflösung von Einfach-Chlorzinn so lange Chlorgas strömen lässt, als es noch etwas aufnehmen will, und eine kleine Probe mit Goldauflösung keinen Goldpurpur mehr bildet. Denn nur Einfach- oder Anderthalb- nicht Zweifach-Chlorzinn färbt Goldauflösung roth.

Das Zweifach-Chlorzinn ist ein Feind alles Lebenden, ohne darum so giftig zu sein, wie Chlorquecksilber und Chlorgold. Es conserviren sich Thierstoffe und Präparate in einer Auflösung, welche aus

1 Pfund Zweifach-Chlorzinn und

20 Pfund Wasser

zusammengesetzt ist. Selbst die Schleimhäute, so wie Lunge, Leber, Milz etc. bleiben darin unverändert, ohne zu faulen. Wer von dieser Eigenschaft Gebrauch machen will, hat darauf zu sehen, dass das Salz kein Einfach-Chlorzinn enthalte, sonst trübt sich die Auflösung und es fällt Zinnoxydul nieder.

Es ist sehr wahrscheinlich, dass dieses Salz

anstatt des Quecksilbersublimats zur Verhütung des Trockenmoders des Holzes angewendet werden kann.

Anderthalb-Chlorzinn.

Seine Bereitungsart ist schon S. 592 angegeben.

Durch Zusammenmischen der Auflösungen von Einfach- und Zweifach-Chlorzinn wäre es am wohlfeilsten zu technischen Zwecken darzustellen und vielleicht nicht ohne Nutzen; wenigstens ist sein Verhalten gegen solche Farbstoffe zu versuchen, mit denen Zinn überhaupt brillante Farben giebt, wie z. B. Cochenille und Persische Beeren auf Seide und Wolle.

Zinn und Schwefel.

Es giebt ein Einfach- und Zweifach-Schwefelzinn, die dem Einfach- und Zweifach-Sauerstoff- und Chlorzinn entsprechend zusammengesetzt sind, also aus

1 M.G. od. 59 Pfd. Zinn u.	1 M.G. od. 59 Pfd. Zinn u.
1 M.G. od. 16 Pfd. Schwef.	2 M.G. od. 32 Pfd. Schwef.

bestehen, sie werden auch mit den Namen Zinnsülfür und Zinnsülfid belegt. Aus beiden ist das Anderthalb-Schwefelzinn zusammengesetzt, welches dem Anderthalb-Sauerstoff- und Chlorzinn entspricht.

Einfach-Schwefelzinn.

Es entsteht, wenn man Zinn mit Schwefel zusammen schmelzt, hierauf die Masse pulvert, mit seinem gleichen Gewicht Schwefel mengt und noch einmal bis zum glühenden Fluss erhitzt.

Es bildet sich ebenfalls wenn man in Zinnauflösungen, z. B. Einfach-Chlorzinn, Schwefelwasserstoffgas leitet, den braunen Niederschlag gut auswäscht und scharf trocknet. Dieser verschiedenen Entstehungsart gemäss ist auch die Farbe beider verschieden.

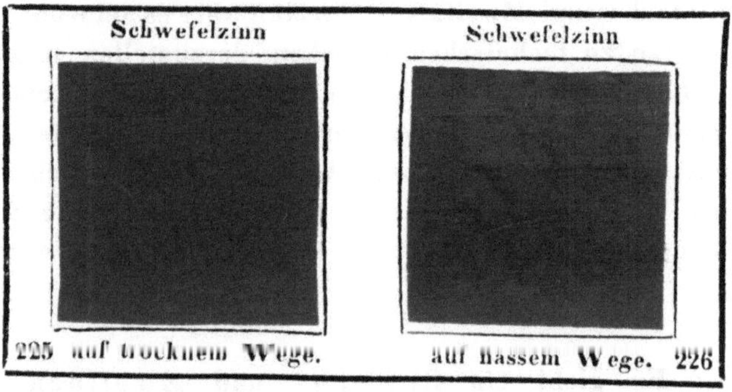

Auch ist es wahrscheinlich, dass № 226 Wasser enthält.

Soll das Zinn vollständig durch Schwefelwasserstoff gefällt werden, so muss die Auflösung einen Ueberschuss an Säure enthalten; hierdurch wird es möglich das Zinn von allen denjenigen Metallen zu trennen, die unter diesen Umständen nicht fällbar sind, z. B. Zink, Mangan, Eisen, Chrom etc.

Zweifach-Schwefelzinn.

Diese goldähnlich gefärbte Verbindung kommt unter dem Namen **Musivgold** im Handel vor und wird sehr häufig in der Malerei gebraucht zum Bronziren und dergleichen. Man schmelzt

Zweifach-Schwefel-
227 Zinn.

12 Zinn mit
6 Quecksilber zusammen, mengt es mit
7 Schwefelblumen u.
6 Salmiak

in einer Reibschale auf's Innigste und erhitzt es in einem gläsernen Kolben im Sandbade anfangs langsam, hernach, wenn sich keine nach Schwefelwasserstoff riechende Dämpfe mehr entwickeln, stärker bis zur Rothglut. Hierbei sublimiren sich Zinnober und Chlorzinn, indess das Musivgold am Boden in goldglänzenden Schuppen zurück bleibt.

Erhitzt man das Musivgold, so wird es zersetzt unter Entwicklung von Schwefel. Der Rückstand ist entweder Einfach- oder Anderthalb-Schwefelzinn. Es lässt sich jedoch auch ein Musivgold darstellen, welches sich bei der Bereitung **unverändert sublimirt.** Wenn man nämlich eine weingeistige Auflösung von Fünffach-Schwefelkalium mit einer weingeistigen Auflösung von Einfach-Chlorzinn vermischt, den gelben Niederschlag auswäscht, trocknet und in einer Retorte erhitzt, so sublimirt sich anfangs Schwefel und hernach Musivgold, welches mit **prächtig goldgelber**

Farbe den obern Theil der Retorte bedeckt. Es lässt sich in einer Glasröhre von Neuem sublimiren.

Vom Kupfer und seinen Verbindungen.

Man kannte das Kupfer früher als das Eisen. Die ältesten Waffen sind aus einem zinnhaltigen Kupfer verfertigt. Die Griechen und Römer erhielten hauptsächlich ihr Kupfer von der Insel Cypern, daher es den Namen Cyprium bekam, welcher später in Cuprum, Kupfer verunstaltet worden.

Im Mineralreich findet man das Kupfer sowohl gediegen als vererzt. Die vorzüglichsten Kupfererze sind der Kupferglanz, welcher ein Schwefelkupfer und der Malachit, welcher ein kohlensaures Kupferoxyd ist. Der Kupferkies ist eine Verbindung von Schwefelkupfer und Schwefeleisen, und wird wegen seines reichlichen Vorkommens, besonders zur Gewinnung des Kupfers benutzt.

Das Kupfer ist um so besser, je reiner es ist. Das im Handel vorkommende enthält Eisen, Blei, Nickel, Silber und die Metalle der Erden und Alkalien. Ein sehr geschmeidiges Kupfer, welches aus der Schweiz nach Frankreich eingeführt wird, ergab nach einer genauen Analyse folgendes Bestandtheilverhältniss in 10000 Gran:

9912 Gran Kupfer
38 Gran Kalium
33 Gran Calcium
17 Gran Eisen

und wird wahrscheinlich dadurch erhalten, dass man das gewöhnliche Kupfer erst mit $\frac{1}{3}$tel Salpeter in einem bedeckten Tiegel weissglüht und es hierauf noch einmal mit Weinstein umschmelzt.

Auch aus schwefelsaurem Kupferoxyd wird diess Metall dargestellt, indem man seine Auflösung mit Eisen in Berührung bringt. Ein solches heisst Cementkupfer.

Das Kupfer ist ungemein zähe und eins der geschmeidigsten Metalle, daher es sich nicht, wie Wismuth und Antimon, auf mechanische Weise in Pulver verwandeln lässt. Auf chemischem Wege geht diess aber nach folgendem Verfahren sehr gut. Man glüht kohlensaures Kupferoxyd, wodurch die Kohlensäure ausgetrieben wird und das Kupferoxyd in einem höchst aufgelockerten Zustand zurück bleibt. Leitet man nun über dieses Wasserstoffgas bei einer mässigen Hitze, so wird unter Wasserbildung der Sauerstoff aus dem Oxyd entfernt und metallisches Kupfer bleibt zurück.

Es ist sehr begreiflich, dass ein solches Kupferpulver ein ganz anderes Verhalten zeigt als man an Kupferfeile, Dräthen und Blechen zu beobachten gewohnt ist. Besonders auffallend ist sein Verhalten zum Schwefelpulver, mit welchem zusammengerieben es sich entzündet (Vergl. Kupfer und Schwefel weiter unten).

Hinsichtlich der Stärke übertrifft das Zink das Blei, es steht aber dem Kupfer bei Weitem nach. Beschwert man gleich dicke Dräthe ($\frac{78}{1000}$ Zoll im Durchmesser) von Blei, Zink und Kupfer mit Gewichten, so erfolgt das Zerreissen

des Bleidrahts bei 27 Pfund Beschwerung,
des Zinkdrahts bei 109 Pfund Beschwerung,
des Kupferdrahts bei 302 Pfund Beschwerung,

wonach man nun leicht den grossen Werth des Kupfers für die Technik abschätzen kann, da diese seine Stärke es erlaubt, die Gefässe und Apparate viel dünner zu arbeiten als aus Blei und Zink.

In Bezug auf die Anwendung des Kupfers anstatt Gusseisen springt aber der Vorzug noch mehr in die Augen, wie sich aus Folgendem ergiebt.

Durch die Wohlfeilheit des Gusseisens lässt man sich nämlich oft verleiten, seine Anwendung zu Opparaten dem theuerern Kupfer vorzuziehen und nicht selten mit Nachtheil. So findet man oft Dampfkessel die keine Spannung auszuhalten haben von Gusseisen. Der Aufwand an Brennmaterial ist hierbei aber viel bedeutender als wenn der Kessel von Kupfer wäre, denn dieses kann wegen seiner Stärke sehr dünn sein, indess Gusseisen schon eine beträchtliche Dicke haben muss, welche der schnellen Mittheilung der Hitze an den Kesselinhalt hinderlich ist.

Um diess noch anschaulicher zu machen führe ich in England gemachte Erfahrungen an. Wendet man zum Sengen der Kattune einen Halbcylinder von Gusseisen an, so muss dieser 5 Linien dick sein um die hierbei nöthige Rothglut auszuhalten, indess ein eben solcher von Kupfer nur $\frac{1}{4}$ Linien dick zu sein braucht. Diess ist nun von grossem Einfluss auf die zum Heizen nöthige Menge Brennmaterial und es hat sich ergeben, dass man bei Anwendung

des gusseisernen Halbcylinders 3 Tonnen,
des kupfernen Halbcylinders 1 Tonne

Steinkohlen nöthig hat, um 1500 Stücke Zeug zu sengen.

Glühendes Kupfer zersetzt nicht so leicht den glühenden Wasserdampf, wie das glühende Eisen (S. 350). Daher sind kupferne Dampfkessel weit weniger gefährlich als eiserne, deren Zerreissen nicht selten die Folge einer solchen durch das glühende Eisen bewirkten Wasserzersetzung ist.

In welcher Beziehung das Kupfer zu den Pflanzen steht ist noch nicht ermittelt. Seine Salze tödten sie schon in ganz kleiner Dosis, und dennoch findet man in den Aschen sehr vieler Pflanzen Kupferoxyd, obwohl in höchst geringer Menge.

Für Thiere und Menschen sind die Kupfersalze Gift; aber sie sind, äusserlich mit dem Körper in Berührung kommend, lange nicht so schädlich wie die Bleisalze. So z. B. trifft man bei Kupferschmieden grüngefärbtes Haar an, ohne dass dieser augenscheinliche Kupfergehalt derselben von schädlichen Wirkungen begleitet wäre.

Innerlich genommen sind dagegen die Kupfersalze sehr schädlich und der s. g. Grünspan, welcher sich in den kupfernen und messingenen Küchengeschirren in Berührung mit sauren Speisen so leicht erzeugt, hat schon manchen Menschen siech und elend gemacht, ja getödtet. Es ist daher hier wohl am Orte diesem Gegenstand einige Aufmerksamkeit zu widmen.

Kupfer, selbst blankes, wird von einer Kochsalzauflösung angegriffen, d. h. aufgelöst. Ebenso Messing. Es dürfen daher weder kupferne noch messinge Kessel und Kasserolen in der Küche in Anwendung kommen, wenn sie nicht gut verzinnt sind. Unsere lieben Hausfrauen müssen sich dieses merken und nicht, wie ich leider häufig genug gesehen, und wie noch geschieht, Fische, die bekanntlich besonders viel Salz erfordern, in messingenen Kesseln kochen.

Besonders auflösend wirkt der Essig auf das Kupfer, wenn gleichzeitig die Luft unter begünstigenden Umständen darauf einwirkt. Diese sind eine niedrige Temperatur. Stellt man einen blanken Kupferstreifen in Essig, so bildet sich, bei gewöhnlicher Stubenwärme, an der Grenze wo Luft, Essig und Kupfer zusammentreffen, ein blaugrüner Rand von essigsaurem Kupferoxyd. Bei 80° R., also bei Siedhitze hat die Luft nicht diese Wirkung. Daher wird auch mit Recht am meisten davor gewarnt, Speisen in kupfernen Gefässen erkalten zu lassen.

Der eben angeführte Versuch darf aber nicht unrichtig gedeutet werden und keineswegs dazu berechtigen, Essig in Kupfer zu kochen. Denn wenn sich hierbei auch der blaugrüne Rand nicht bildet, so folgt noch nicht, dass keine Auflösung stattgefunden. Zuvörderst muss man bedenken, dass eine geraume Zeit dazu gehört, ehe der Essig in dem Gefäss zum Kochen kommt, also während dieser Zeit die Luft einwirken kann und dann, dass zwar ein eben gescheuertes, ganz blankes Kupfergeschirr nichts an den Essig abgiebt; dagegen ein angelaufenes diess sogleich thut. Denn es wird beim Befeuchten mit dem Essig auf der Stelle blank, zum Beweise, dass er die, das Metall bedeckende, Oxydfläche auflöst.

Ich glaube nicht, dass es irgend eine Hausfrau giebt, die Suppe in einem Kupfertopf kocht. Es wäre diess auch sehr fehlerhaft, da Rindfleischsuppe Kupfer auflöst. Diess ist sogar der Fall bei Ausschluss der Luft, wenn man z. B. Knochengallerte in einem Papinianischen Topf von Kupfer bereitet. Ein solcher muss daher von Eisen sein.

Man hat die Erfahrung gemacht, dass Milch in warmen Sommertagen, in Kupfergefässen aufbewahrt, sehr viel später gerinnt (4 — 5 Tage später) als in Glas, Porzellan etc. Aber zugleich nimmt die Milch Kupfer auf und wird dadurch vergiftet. Gut verzinntes Eisenblech bleibt daher wohl das Beste zu diesem Zweck.

Lässt man ein Gemisch aus

2 Pfund Schwefelsäure und

2 Pfund Weingeist

über ein genau gewogenes Stück Kupferblech 6 Stunden lang sieden, so zeigt ein nachheriges Wägen des Kupfers keinen Gewichtverlust und die Flüssigkeit enthält kein Kupfer aufgelöst. Wiederholt man den Versuch aber öfter, indem derselben Säure immer von Neuem Weingeist zugesetzt wird, so erfolgt zuletzt eine Auflösung des Kupfers, weil nun die Säure immer wasserreicher wird. Auf alle Fälle ist aber das sich auflösende Kupfer so geringe, dass es in Bezug auf Gefässabnutzung nicht in Rechnung kommt. Daher hat man den gescheidten Gedanken gehabt, Aether, anstatt in Glasretorten, wie früher, in kupfernen Blasen zu destilliren, was viel gefahrloser ist und bei gleicher Güte ein viel wohlfeileres Produkt erzielen lässt.

Das M.G. des Kupfers ist = 32, d. h. in allen Verbindungen, welche das Kupfer mit den anderen Stoffen eingeht, kehrt dieses Zahlenverhältniss wieder, entweder einfach oder doppelt. Das M.G. des

Zinks, welches $= 32\frac{3}{10}$ ist, kommt also dem des Kupfers sehr nahe. Es ist diess um so merkwürdiger, da beide Metalle sich in ihren chemischen Wirkungen stets entgegengesetzt zu einander verhalten und das dem Zink so ähnliche Kadmium ein M.G. = 56 hat.

Das Kupfer fällt 11 Metalle aus ihren Auflösungen, unter diesen Arsenik, Antimon, Quecksilber, Silber, Gold und Platin.

Von der Fällbarkeit des Silbers durch Kupfer macht man eine sehr schöne Anwendung im Grossen. Es wird gold- und kupferhaltiges Silber in Schwefelsäure aufgelöst und mit der schwefelsauren Silberoxydauflösung werden dann Kupferbleche in Berührung gebracht. Es bildet sich nun schwefelsaures Kupferoxyd, indess das Silber sich als ein feines Pulver abscheidet.

Das eben erwähnte Zahlenverhältniss macht sich nun auch hier geltend, indem

32 Pfund Kupfer hinreichen um
108 Pfund Silber

von allem Sauerstoff und aller Schwefelsäure zu befreien und es in den metallischen Zustand zu versetzen, denn 156 Pfund schwefelsaures Silberoxyd enthalten

108 Pfund Silber in Verbindung mit
8 Pfund Sauerstoff und
40 Pfund Schwefelsäure, die sich mit
32 Pfund Kupfer

zu 80 Pfund schwefelsaurem Kupferoxyd vereinigen und in der Auflösung bleiben, indess die 108 Pfund Silber sich abgeschieden haben.

Gefällt wird das Kupfer aus seinen Auflösungen durch die meisten der vorhergehenden Metalle, z. B. Zink, Kadmium, Eisen, Blei und Zinn. Diese sind es daher auch, welche, mit Kupfer in innige Berührung gebracht, dasselbe vor dem Rosten und Zerfressenwerden schützen. Denn seine chemische Anziehungskraft für den Sauerstoff, das Chlor und ähnliche Brenner wird durch den Einfluss dieser Metalle völlig aufgehoben, aus Gründen, die bereits S. 8 u. f. entwickelt sind.

Daher ist ein mit Zink zusammengelöthetes Stück Kupfer im Meerwasser nicht dem Rosten unterworfen. Dadurch aber, dass es durch das Zink in diesen nicht rostenden Zustand versetzt wird, in welchem es also den Sauerstoff und in diesem Fall das Chlor abstösst, bekommt es eine Anziehung für andere Stoffe, die nicht minder schädlich sind. Es überzieht sich nämlich mit einer Kruste kohlensauren Kalks, woran sich, wie an Kalksteinfelsen Seethiere setzen und zwar in solcher Menge, dass das Schiff in seinem Laufe aufgehalten wird. Man war also schon auf dem Punkte diese Schutzkraft des Zinks, wovon man sich, besonders in England, so viel versprach, als für die Schifffahrt nutzlos zu betrachten, als man die Erfahrung machte, dass das Ansetzen der Kalkrinde mit der Fläche des angelötheten Zinks in Verhältniss steht und dass es eins giebt, wo weder Rost (Chlorkupfer) sich bildet, noch kohlensaurer Kalk sich ansetzt. Da dieses Verhältniss im Grossen schwer zu ermitteln ist, so wendet man nicht so viel Zink an, um das Kupfer gänzlich von der Chlorkupferbildung zu schützen. Es bildet sich alsdann nur eine dünne Rostschicht und das Ansetzen des Kalks und der Seethiere wird ganz verhindert.

Im Messing sind die verschiedenen, entgegengesetzten Eigenschaften von Zink und Kupfer zum Theil so ausgeglichen, als wenn ihre Vereinigung die Folge einer chemischen Durchdringung wäre. Daher finden wir weder die Eigenschaften des Zinks noch des Kupfers rein wieder, wohl aber neue.

Zu diesen gehört vielleicht auch die kürzlich in England gemachte Beobachtung, dass Eisen vor aller Wirkung des Meerwassers dadurch geschützt werden kann, wenn es mit Messing in Berührung gesetzt wird. Das Messing selbst soll dabei nicht angegriffen werden.

Ich habe diese etwas unwahrscheinliche Angabe geprüft durch einen Versuch mit Wasser, worin 4 pCt. Salz aufgelöst waren, so viel enthält ungefähr das Meerwasser. Eine blanke Eisenplatte war mit einer eben so grossen blanken Messingplatte zusammengebunden und tauchte bis zu $\frac{2}{3}$tel in die Flüssigkeit. Nach 12 Stunden war schon eine bedeutende Wirkung eingetreten, aber nicht in Uebereinstimmung mit der englischen Beobachtung. Es hatte sich vielmehr eine grosse Menge Eisenrost gebildet und an den Boden des Gefässes gelagert. Das Messing dagegen war unverändert.

Hiernach verhält sich also das Messing zum Eisen wie sich Zinn und Kupfer zu demselben verhalten, wenn sie sich in Salzwasser berühren und die englische Angabe wird zweifelhaft. Ich bin jedoch weit entfernt, nach dieser einen Erfahrung dieselbe für unwahr zu halten, da das Meerwasser ein ganz anderes Ding ist als Wasser mit 4 pCt.

Salz. Nichts hat in früherer Zeit den Naturwissenschaften mehr geschadet als das unverschämte Leugnen von Thatsachen, die mit den vorhandenen und mit den zur Gewohnheit gewordenen Ansichten nicht in Einklang waren und es gehörte eine grosse Beharrlichkeit des ersten Finders dazu, so lange mit eiserner Consequenz dasselbe zu behaupten, bis er Anerkennung fand.

Bei Anstellung des oben angeführten Versuchs ist mir etwas aufgefallen, was bei einer Wiederholung desselben im Grossen, Täuschungen veranlassen kann. Nimmt man nämlich nach 24 Stunden das Eisen aus dem Salzwasser, so ist es noch ziemlich blank, ohne dass sich gelber Rost darauf befindet, weil er, sobald er sich gebildet hat, nicht am Eisen haftet, sondern sich rasch zu Boden senkt. Hängt man daher eine solche Verbindung von Eisen mit Messing ins Meer, so ist es möglich, dass dasselbe Statt findet, so dass der Rost immer weggeführt wird und das Eisen blank bleibt. Es ist also nothwendig das zu einem solchen Versuch dienende Eisen vorher und nachher genau zu wägen: denn nur wenn kein Gewichtverlust sich ergiebt, ist es erwiesen, dass das Eisen nicht angegriffen wird.

Die Verzinnung ist für das Kupfer ganz etwas anderes als sie für das Eisen ist. Dort (S. 588) war sie nur als ein mechanisches Schutzmittel, gleichsam als Firnis zu betrachten, das sich sogar in ein die Auflösung des Eisens Beförderndes verwandelte, sobald Säuren einwirkten. Hier dagegen schützt das Zinn das Kupfer nicht nur mechanisch durch Ueberdeckung, sondern auch chemisch durch den Gegensatz, der in ihm durch Wechselwirkung aufgeregt wird.

Das Zinn verhält sich nämlich zum Kupfer, wie sich das Zink zum Kupfer verhält (Vergl. S. 17). Denn ebenso wie das Kupfer durch Zink vor Oxydation und Auflösung geschützt wird, so bewirkt dasselbe das Zinn, wenn es mit ihm in inniger Berührung ist. Und gleichwie dabei das Zink sich oxydirt und auflöst, so wird auch das Zinn oxydirt und aufgelöst zum Besten des Kupfers. Da nun Zinnsalze viel weniger schädlich wirken als Zinksalze, so hat man sehr richtig von zweien Uebeln das kleinste gewählt und verzinnt Kupfer zum Küchengebrauch, anstatt dass man es verzinkt. Hierzu kommt, dass Zinn in einer Menge Nahrungsmittel unauflöslich ist, worin sich Zink auflöst und es viel besser dem Rosten widersteht als das Kupfer.

Folgender Versuch wird meinen Lesern die Schutzkraft des Zinns recht deutlich machen.

Löthet man an das eine Ende eines Streifen Kupferblechs ein eben so grosses Stück Zinnblech und legt es gleichzeitig mit einem anderen eben so grossen Stück Kupferblech (ohne Zinn) und, ohne dass sie sich berühren, in verdünnte Salpetersäure, so geschieht Folgendes: Das Kupfer ohne Zinn löst sich auf. Das Kupfer mit Zinn dagegen bleibt durchaus unverändert, weil sich das Zinn statt seiner in der Salpetersäure auflöst und nur wenn es völlig verschwunden ist kommt die Reihe des Aufgelöstwerdens auch an dieses Kupfer.

Strenge genommen folgt aus diesem Versuch, dass ein kupfernes Gefäss auch dann noch nicht als unbrauchbar zu betrachten ist, wenn selbst die Verzinnung so schadhaft geworden, dass stellenweise das Kupfer durchschimmert. Denn so lange Zinn vorhanden ist, ist es geschützt. Sicherer ist es aber immer, die Verzinnung alsdann zu erneuern, besonders darum, weil Fette, die das Kupfer so leicht auflösen, sich an die Gegenwart des Zinns nicht kehren. Man kann diess an messingenen Leuchtern beobachten, auf welchen sich sehr schnell ölsaures Kupferoxyd bildet, obgleich das im Messing enthaltene Zink das Kupfer noch mehr schützen müsste als es das Zinn vermag.

Unter den Legirungen, welche das Kupfer mit anderen Metallen bildet, steht die mit Zink oben an. Man nennt sie im Allgemeinen Messing, giebt diesem aber, je nach dem verschiedenen Verhältniss an Kupfer und Zink verschiedene Benennungen. Im gewöhnlichen Messing sind auf

2 Pfund Zink

4 — 5 Pfund Kupfer

enthalten. Mehr Zink macht die Farbe des Messings blässer, mehr Kupfer röther. Aus diesem Grunde wird auch Messing durch Ammoniakflüssigkeit heller gefärbt, weil diese von der Oberfläche desselben Kupfer auflöst, und umgekehrt durch Essig dunkler, weil er Zink hinweg nimmt. In dem ersten Fall wird demnach die Oberfläche zinkreicher, im zweiten kupferreicher.

Wenn man glühendes Kupfer den Dämpfen des Zinks aussetzt, entsteht auf der Oberfläche Messing, das sich durch eine schöne Goldfarbe und grosse Luftbeständigkeit auszeichnet und zu vielen Luxusartikeln verarbeitet wird.

Seit man dem Messing eine schöne Farbe zu ertheilen im Stande ist, hat sein Verbrauch ungemein zugenommen. Besonders werden damit in grössern Städten die Läden verziert. Wenn aber alles massiv ist, so kommt es verhältnissmässig doch theuer. Auch hier hat man einen Ausweg zu finden gewusst. Man zieht das Messing auf Holz. Um z. B. anstatt eines massiven Messingstabes einen hölzernen mit Messing bloss überzogenen darzustellen, umgiebt man ihn mit Messingblech und lässt ihn wiederholt durch Zieheisen laufen, bis Holz und Metall sich innig vereint haben. Bei architektonischen Verzierungen wendet man einen starken Druck an, um das Messingblech mit dem Holz zu vereinigen. Es ist merkwürdig, dass man erst in neuester Zeit auf diese Vervielfältigung des Messings, wie ich sie nennen möchte, gekommen ist, da die s. g. Goldleisten zu Bilderrahmen doch schon so lange bekannt und in Gebrauch sind.

Ein Gemisch von Kupfer und Zinn hat Vorzüge vor der Anwendung beider Metalle einzeln. Es ist schöner von Farbe, polirfähiger, unveränderlicher an der Luft und wird auch viel weniger von Säuren angegriffen. Der allgemeine Name dafür ist Bronze, die man je nach dem verschiedenen Bestandtheilverhältniss und der damit in Beziehung stehenden Anwendung anders benennt als: Medaillenbronze, Kanonenbronze, Glokkenspeise, Spiegelmetall etc.

Die Bronze ist härter und leichtflüssiger als Kupfer. Durch Ablöschen der heissen Bronze in kaltem Wasser geschieht gerade das Umgekehrte als beim Stahl; sie wird nämlich so weich und dehnbar, dass man sie unter dem Hammer verarbeiten kann. Auf diese Weise werden die Zymbeln, Medaillen etc. verfertigt. Man macht sie durch Ablöschen hämmerbar und durch Glühen und langsames Abkühlen wieder hart. Eine Legirung aus

1 M.G. oder 59 Pfund Zinn und
8 M.G. oder 256 Pfund Kupfer

passt hierzu am besten.

Kupfer und Sauerstoff.

Je mehr wir uns den s. g. edlen Metallen, dem Silber, Gold und Platin nähern, desto mehr nimmt die Mannichfaltigkeit der Sauerstoffverbindungen ab, so dass wir beim Kupfer nur zwei zu betrachten haben: das Kupferoxyd und das Kupferoxydul, die ihrem Bestandtheilverhältniss nach im Schema folgende Stelle einnehmen:

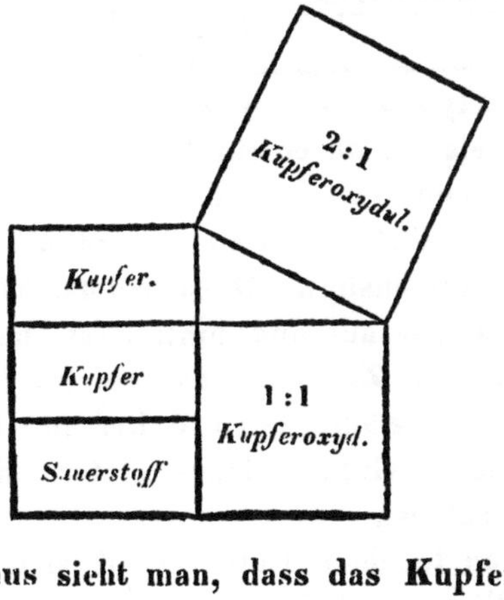

Hieraus sieht man, dass das Kupferoxyd ein Einfach-Sauerstoffkupfer, das Oxydul aber ein Halb-Sauerstoffkupfer ist, und dass demnach ihre Benennung nicht mit der der anderen Metalloxyde übereinstimmt. Das Kupferoxyd müsste demnach Kupferoxydul und das Kupferoxydul müsste Kupfersuboxyd genannt werden, wenn es überhaupt der Mühe lohnte, hier, wo nicht so leicht eine Verwechslung möglich ist, eine Aenderung vorzunehmen. Also bleibe es beim Alten.

Wenn man eine Kupferplatte auf glühende Kohlen legt, so bedeckt sie sich wie das Eisen mit einer schwarzen Kruste, die beim Daraufschlagen abspringt und Kupferhammerschlag auch Kupferasche genannt wird. In den Kupferwalzwerken wird viel davon gewonnen und an die chemischen Fabriken verkauft. Diese machen schwefelsaures Kupferoxyd daraus, wozu er sich auch ganz vorzüglich eignet, da er ein Gemenge aus Kupferoxyd und Kupferoxydul ist. Man sieht diess an der Wirkung, welche verdünnte Schwefelsäure darauf ausübt. Diese löst das Kupferoxyd mit blauer Farbe auf und hinterlässt das Oxydul im rothgefärbten Zustande, das zuletzt bei einem Ueberschuss an Säure noch weiter in Oxyd und Metall zerlegt wird, welches erstere die Säure gleichfalls auflöst.

Kupferhammerschlag.

228

Auch an feuchter Luft verhält sich das Kupfer dem Eisen ähnlich, es rostet und zwar mit

Kupferrost. 229

blau- grüner Farbe. Dieses Verhalten, welches das Kupfer als Küchengeschirr so gefährlich macht, ist nur dem Kunstliebhaber angenehm, da die Statuen aus Bronze durch den grünen Ueberzug, welchen sie an der Luft erhalten, ein wirklich schönes Ansehn bekommen. In allen anderen Fällen ist es ein grosser Uebelstand und beeinträchtigt die sonstigen guten Eigenschaften des Kupfers. Dieser Kupferrost, welchen man auch wohl Grünspan nennt (obwohl dieser Name eigentlich dem basischessigsauren Kupferoxyd zukommt), ist eine Verbindung von Kupferoxydhydrat mit kohlensaurem Kupferoxyd und lässt sich durch eine Säure, besser aber noch durch Ammoniakflüssigkeit, vom Kupfer herunter nehmen.

Kupferoxyd.

Das reine Kupferoxyd erhält man durch Glühen von salpetersaurem oder kohlensaurem Kupferoxyd. Minder rein wird es aus Kupferhammerschlag № 228 erhalten, wenn man diesen so lange bei Luftzutritt glüht, bis eine Probe mit verdünnter Schwefel-

Kupferoxyd. 230

säure behandelt, keinen rothen Rückstand mehr hinterlässt.

Das reine Oxyd besteht aus

1 M.G. oder 32 Pfund Kupfer und

1 M.G. oder 8 Pfund Sauerstoff

hat demnach die Zahl 40 zum M.G. und bildet in diesem Zahlenverhältniss die bekannten Kupferoxydsalze, indem es als eine starke Basis die Säuren vollkommen sättigt.

Mit Wasser vereinigt es sich zum Kupferoxydhydrat, welches, wie der Augenschein lehrt, auf eine sehr auffallende Weise in der Farbe vom wasserfreien Oxyd abweicht. Es kann, wie alle Oxydhydrate, wie ein wirkliches Salz betrachtet werden (vergl. Einl. in die techn. Chemie S. 96), worin das Oxyd die Basis, das Wasser die Säure ist, wie denn auch das Bestandtheilverhältniss ganz den chemischen Gesetzen gemäss ist, da es aus

1 M.G. oder 40 Pfund Kupferoxyd und

1 M.G. oder 9 Pfund Wasser

besteht.

Es bildet sich auf der Stelle, wenn man in reine Kaliauflösung die Auflösung von schwefelsaurem Kupferoxyd giesst. Das Kali bemächtigt sich der Schwefelsäure und ihre Stelle wird durch 1 M.G. Wasser ersetzt. Erhitzt man diess Gemisch, so verschwindet sehr bald die blaue Farbe

und an ihrer Statt erscheint das Schwarzbraun № 232, weil unter diesen Umständen das Wasser ausser Verbindung gesetzt wird und das Oxyd im wasserfreien Zustande zurück bleibt. Es weicht von dem durch Glühen erhaltenen № 230 rücksichtlich der Farbe ab. Nicht selten geht das Hydrat schon beim blossen Trocknen in dieses Oxyd über und schwärzt sich.

Es liegt diess in Umständen, deren Ursache noch nicht ermittelt ist, denn dasselbe Hydrat, nur auf einem anderen Wege erhalten, zeigt sich beständig.

Diess ist z. B. der Fall, wenn man es aus kohlensaurem Kupferoxyd oder aus dem Halb-Chlorkupfer durch Uebergiessen mit reiner Kaliauflösung darstellt. Das Kali entzieht die Kohlensäure und das Chlor und Wasser tritt an deren Stelle. Nach dem Auswaschen und Trocknen hat man nun ein schweres, körniges Pulver, welches seine Farbe nicht ändert.

Ein auf ähnliche Weise dargestelltes Hydrat kommt unter dem Namen **Bremerblau** im Handel vor und dient zur Zimmermalerei. Es wird aber immer wünschenswerther, dass es ganz daraus verbannt werden möge. Nicht nur die Maler, sondern noch mehr die Arbeiter, welche solche Wände abkratzen müssen, wenn sie neu bemalt werden sollen, leiden sehr davon. Es ist häufig vorgekommen, dass solcher Schutt auf den Düngerhaufen geworfen, vom Federvieh gefressen und dieses dadurch vergiftet wurde.

So lange man aber für ein altes Schlechtes, kein neues Besseres bieten kann, so lange bleibt es beim Alten. Es werden daher die Kupferfarben erst dann aufhören so häufig gebraucht zu werden, wenn man im Stande sein wird, den künstlichen Ultramarin schöner und wohlfeiler zu liefern als jene.

Die schöne blaue Farbe des Kupferoxydhydrats brachte mehrere Tuchfabrikanten auf den Gedanken, die weissen Tuche damit zu blauen, um ihnen den gelben Stich zu benehmen. Diess gelingt auch vollkommen, aber es hat grosse Nachtheile in seinem Gefolge. Wird nämlich ein solches Stück Tuch in heisses Wasser getaucht oder der Dampfhitze ausgesetzt, so verliert das Hydrat sein Wasser und wird braun wie № 232. Die Wollendrucker, welche ihre Farben durch Dampf auf solchem Tuche befestigen, waren lange über dieses Braunwerden in Verlegenheit, weil es nicht selten ihre schönsten Artikel verdarb, bis man endlich die zum Blauen angewandte Farbe als Kupferoxydhydrat erkannte. Es folgt hieraus, dass es nicht angewendet werden darf, auch ist es ganz entbehrlich, wenn man schwefelsauren Indig, in der Art wie es beim s. g. Sächsisch Blaufärben gebräuchlich ist, anwendet.

Schwefelsaures Kupferoxyd.

Diess ist der bekannte blaue Vitriol, auch Cypervitriol genannt, aus welchem alle Kupferpräparate dargestellt werden. Der im Handel vorkommende wird meistens durch Auflösen von Kupferasche № 228 S. 616 in Schwefelsäure dargestellt und enthält gewöhnlich etwas freie Säure und schwefelsaures Eisenoxydul. Auch trifft man solchen, welcher mit schwefelsaurem Manganoxydul verunreinigt ist.

Diess entdeckt man durch Ammoniakflüssigkeit. Ein reiner Kupfervitriol giebt damit eine völlig klar bleibende, lazurblaue Auflösung; ein unreiner dagegen setzt Eisen- oder Manganoxydhydrat als gelbbraun gefärbten Bodensatz ab. Durch öfteres Auflösen und Krystallisirenlassen kann man einen solchen Vitriol reinigen, der dann in schönen blauen Krystallen angeschossen erscheint, die aus

1 M.G. oder 40 Pfund Kupferoxyd
1 M.G. oder 40 Pfund Schwefelsäure und
5 M.G. oder 45 Pfund Wasser bestehen,
also die Zahl 125 zum M.G. haben.

Von diesem Wasser verliert der Kupfervitriol 2 M.G., wenn er an offener warmer Luft liegt. Er muss daher nach der Fabrikation bald verpackt und in verschlossenen Gefässen aufbewahrt werden. Diess Verwittern ist auch Ursache, dass die hübschen Körbchen, welche mit diesem Salze inkrustirt sind, in warmer Stubenluft bald ihre schöne blaue Farbe verlieren, indem die Krystalle unklar und hellblau werden. Man kann ihnen ihre Farbe wieder geben, wenn man sie mit einer Glasglocke bedeckt und in den innern Raum der Glocke Wasser zum Verdunsten stellt. Auch erhalten sich diese

Krystallisationen unverändert, wenn sie von vorn herein unter der Glocke aufbewahrt werden.

Setzt man einen Kupfervitriolkrystall längere Zeit einer Hitze von 80° R. aus, so verliert er all sein Wasser, behält aber seine Form und vertauscht seine blaue Farbe gegen eine weisse. Diess beweist, dass die blaue Farbe vom Wassergehalt abhängig ist, auch erscheint sie sogleich wieder, wenn der Krystall in Wasser eingetaucht wird.

Stellt man einen blanken eisernen Nagel in Kupfervitriolauflösung, so färbt er sich auf der Stelle roth, vom ausgeschiedenen Kupfer, welches nach und nach so zunimmt, dass es als rothes Pulver herunter fällt. Wendet man Wärme an, so geschieht diese Ausscheidung des Kupfers schneller und es bleibt zuletzt bloss Eisenvitriolauflösung übrig, ohne eine Spur von Kupferauflösung. Wenn man eine gewogene Quantität reinen Kupfervitriol anwandte, das auf diese Weise erhaltene Kupferpulver gut auswäscht, trocknet, wägt und den Gewichtverlust des Eisens sich gleichfalls gemerkt hat, so wird man finden, dass aus

125 Gran Kupfervitriol durch
27 Gran Eisen:
32 Gran Kupfer

abgeschieden worden sind. Beträgt das Kupfer weniger, so beweist diess die Verunreinigung oder Verfälschung des Kupfervitriols mit solchen Salzen, die nicht durch Eisen gefällt werden, z. B. mit Eisen- Zink- oder Manganvitriol.

Man kann demnach durch dieses einfache Mittel sich sehr rasch von dem grössern oder geringern Kupfergehalt der s. g. gemischten Vitriole, (die hauptsächlich Zink- und Eisenvitriol zum Bestandtheil haben) überzeugen, wenn man eine gewogene Menge im Wasser auflöst und so lange gelinde erwärmt, als sich noch Kupfer abscheidet. Diess wird dann gesammelt, getrocknet und dem Gewichte nach bestimmt. Um nun nach der erhaltenen Quantität Kupfer den wirklichen Gehalt des gemischten Vitriols an Kupfervitriol zu schätzen, legt man bei der Rechnung das oben angeführte Verhältniss zum Grunde, nach welchem

32 Gran Kupfer

125 Gran Kupfervitriol

entsprechend sind. Die nun durch Rechnung gefundene Menge Kupfervitriol wird von dem in Untersuchung genommenen Quantum gemischten Vitriols abgezogen, wodurch man erfährt, wieviel Zink- und Eisenvitriol darin enthalten ist.

Aus dem Ebenangeführten folgt, dass man nie Kupfervitriolauflösung in eiserne Gefässe bringen darf, sie werden davon noch schneller zerstört als durch eine Schwefelsäure von entsprechender Stärke. Blei eignet sich am besten zu den Gefässen, welche bei seiner Fabrikation nothwendig sind, und wenn gleich das Blei dieses Salz zerlegt und Kupfer fällt, so geschieht diess so langsam und unbedeutend, dass es im Grossen zu übersehen ist. Es hat diess darin seinen Grund, das die Bildung des schwefelsauren Bleioxyds, welche hier an der Stelle des schwefelsauren Kupferoxyds geschehen muss, wegen der Schwerauflöslichkeit des Bleis in Schwefelsäure überhaupt sehr schwierig erfolgt.

Das schwefelsaure Kupferoxyd kann schwefelsaures Zinkoxyd enthalten. Um eine solche Verfälschung oder Verunreinigung mit Gewissheit zu ermitteln, löst man

125 Gran kryst. schwefelsaures Kupferoxyd

in Wasser, versetzt die Auflösung mit eben so viel Chlorwasserstoffsäure und lässt so lange Schwefelwasserstoffgas hineinströmen als sich noch etwas braunes abscheidet. Diess ist Schwefelkupfer № 236. Die überstehende klare Flüssigkeit darf nun nichts Anderes als die beiden Säuren enthalten und muss daher ohne Rückstand verfliegen beim Erhitzen. Ist diess demnach der Fall, so ist der Kupfervitriol frei von Zinkvitriol. Bleibt dagegen ein Rückstand, so muss dieser auf Zinkoxyd untersucht werden.

Durch gelindes Glühen wird der Kupfervitriol nicht zersetzt, wohl aber der Eisenvitriol. Diess Verhalten giebt ein Mittel an die Hand, einen sehr eisenreichen Vitriol davon grösstentheils zu befreien. Beim Auflösen bleibt dann Eisenoxyd zurück.

Das schwefelsaure Kupferoxyd giebt mit Kohle geglüht verschiedene Zersetzungsprodukte, je nach dem Grade der Hitze. Mengt man es mit überschüssiger Kohle und wendet nur Dunkelrothglut an, so entwickeln sich schweflige Säure und Kohlensäure, und es bleibt ausser etwas Kohle metallisches Kupfer zurück, aber kein Schwefelkupfer.

Wiederholt man dagegen denselben Versuch bei einer stärkeren Hitze, so bleibt ausser Kupfer auch Schwefelkupfer zurück.

Die Ursache dieses verschiedenen Verhaltens liegt darin, dass bei einer schwachen Hitze die

Schwefelsäure nur 1 M.G. Sauerstoff an die Kohle abgiebt und daher gänzlich als schweflige Säure entweicht. Bei einer raschen, starken Hitze entsteht zwar anfangs auch bloss metallisches Kupfer und schweflige Säure, aber bald darauf bildet sich Schwefelkupfer durch die gleichzeitige Einwirkung des Kupfers und der Kohle auf die entstandene schweflige Säure, die ihren Schwefel an das Kupfer, ihren Sauerstoff an die Kohle abgiebt.

Wegen ihrer Wohlfeilheit versuchte man früher schon die Kartoffelstärke zur Weberschlichte anzuwenden. Es zeigte sich hierbei aber das Unangenehme, dass auf dem Gewebe beim Liegen leicht Schimmel etc. entstanden, die unvertilgbare Flecke hinterliessen. Ein Zusatz von schwefelsaurem Kupferoxyd beseitigt diess. Man löst in

275 Pfund Wasser
2 Pfund schwefelsaures Kupferoxyd auf, erhitzt diess bis zu 54° R. und rührt nun ein Gemenge von
35 Pfund Kartoffelstärke und
55 Pfund Wasser,

welches eine Wärme von etwa 26° R. hat, hinein und kocht, unter Umrühren, eine halbe Stunde bis alles klar ist.

Hiernach ist es sehr glaublich, dass der Kupfervitriol auch im Stande ist, den Brand im Weizen zu verhüten. Nach dem Vorschlag eines glaubwürdigen Mannes soll man den Abend vor dem Aussäen

400 Pfund Weizen mit einer Auflösung von
1 Pfund Kupfervitriol in
32 Pfund Wasser

befeuchten. Es ist nicht anzunehmen, dass eine so geringe Menge Kupfer dem Getreide schädliche Eigenschaften mittheilt, da wahrscheinlich das Kupfer gar nicht aufgenommen wird, sondern im Boden verbleibt.

Salpetersaures Kupferoxyd.

Entsteht, wenn man Kupferspäne mit Salpetersäure übergiesst, unter heftigem Kochen und Entwicklung rother Dämpfe. Es wird in der Druckerei als Zusatz zu den schwarzen Tafeldruckfarben angewendet. Man muss sich hüten seine Auflösung mit der des salpetersauren Ammoniaks zu mischen und abzudampfen, weil bei einer gewissen Concentration der Flüssigkeit eine heftige, gefahrvolle Verpuffung eintritt.

Im trocknen Zustande lässt es sich nicht gut aufbewahren, da die schön blaugefärbten Krystalle sehr leicht Feuchtigkeit anziehen und zerfliessen.

Kupferoxydul.

Kommt im Mineralreich vor und führt den Namen Rothkupfererz. Künstlich wird es dadurch gebildet, dass man 2 M.G. Kupferoxyd 1 M.G. Sauerstoff entzieht, so dass alsdann eine Verbindung entsteht, die aus 2M.G. od. 64P. Kupf. u. 1M.G. od. 8P. Sauerst. zusammengesetzt ist. Diess geschieht z. B. wenn

man Kupferblech mit Kupferoxyd umschüttet und in einem bedeckten Tiegel glüht. Die Bleche sind nun mit dem Kupferoxydul überzogen, was durch Biegen abspringt.

Sollte es sich darum handeln, diese das Glas schön roth färbende Verbindung in grösseren Quantitäten darzustellen, so geschieht dies am besten durch Zerlegung von Halb-Chlorkupfer mittelst wasserfreien kohlensauren Natrons im glühenden Fluss. Man löst Kupferoxyd in Chlorwasserstoffsäure, verdampft es zur Trockne und erhitzt es so lange in einer Retorte bis sich kein Chlor mehr entwickelt. Es ist jetzt aus Einfach-Chlorkupfer Halb-Chlorkupfer entstanden. Nun pulvert man es schnell und glüht ein Gemenge aus

10 Pfund Halb-Chlorkupfer mit

6 Pfund wasserfreiem kohlensauren Natron

in ein m bedeckten Tiegel bis zum Schmelzen.

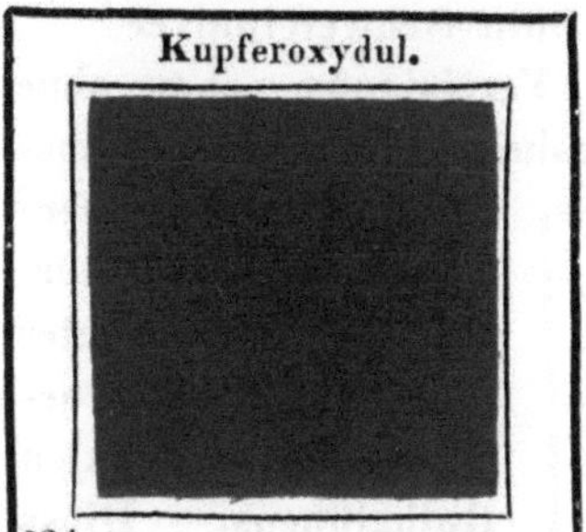

Kupferoxydul.

234

Die Masse wird nach dem Erkalten fein gepulvert und ausgelaugt, wo dann ein scharlachroth gefärbtes Pulver zurück bleibt, welches aber nicht diese Farbe behält, sondern in die von № 234 übergeht.

Es giebt in Verbindung mit Wasser ein gelbes Hydrat, welches sich durch Vermischen von Einfach-Chlorkupferauflösung mit Einfach-Chlorzinnauflösung sehr schnell darstellen lässt. Es geht aber an der Luft bald in Oxydhydrat № 231 über.

Kupfer und Schwefel.

Beide haben ein grosses Bestreben sich zu vereinigen. Daher erfolgt diese Vereinigung, bei günstigen Umständen, auch sehr rasch und unter den Erscheinungen des Feuers. Man kann diess sehr leicht beobachten, wenn man in einer unten zugeschmolzenen Glasröhre ein wenig Schwefel bis zur Dampfbildung erhitzt und in diesen Dampf einen Streifen äusserst dünnen Kupferblechs bringt. Es erfolgt nun dasselbe wie beim Erhitzen der Metalle in Sauerstoffgas, nämlich: Verbrennung, nur mit dem Unterschied, dass hier das Produkt ein Schwefelmetall, nämlich Schwefelkupfer ist.

Wendet man Kupfer und Schwefel, beide in Form des feinsten Pulvers und in dem Verhältniss an, dass auf

2 M.G. oder 64 Loth Kupferpulver
1 M.G. oder 16 Loth Schwefelpulver

kommen, so erfolgt die Vereinigung schon ohne alle äussere Wärmeanwendung durch blosses mechanisches Zusammenreiben in einem Mörser und zwar unter plötzlichem Hervorbrechen eines dunklen Rothglühens. Diess verbreitet sich durch die ganze Masse und hört erst auf, wenn sich alles in Halb-

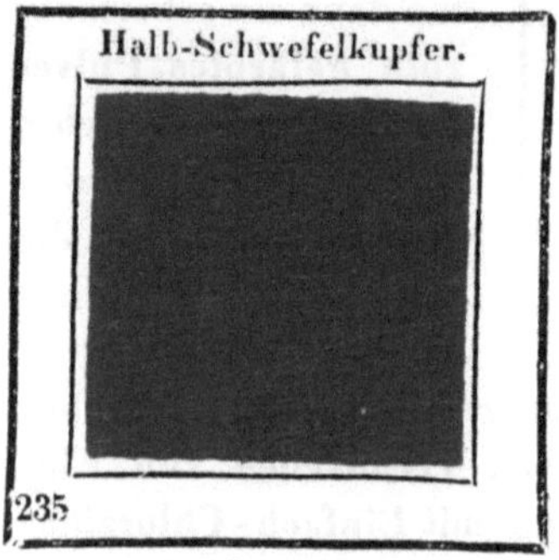

Schwefelkupfer № 235 verwandelt hat.

Um den eben angeführten Versuch mit Erfolg

anzustellen muss jenes Kupferpulver angewendet werden, dessen Darstellung S. 603 angegeben ist.

Auch das Schwefelpulver darf kein auf mechanischem Wege dargestelltes sein. So sind auch Schwefelblumen nicht fein genug. Man bedient sich der s. g. Schwefelmilch, dargestellt durch Vermischen einer Auflösung von Fünffach-Schwefelkalium mit einer Säure und Auswaschen mit reinem Wasser.

Von dem oben angegebenen Verhältniss beider darf man nicht abweichen und ebenso müssen beide Pulver vorher gut ausgetrocknet sein, wenn dieser interessante Versuch gelingen soll. Endlich ist auch noch zu berücksichtigen, dass die Mengung beider Pulver vorsichtig geschehen muss, ohne starkes Reiben und Stossen, weil sich sonst nur einzelne Parthien entzünden, die schon gleichförmig gemischt sind und sich die Entzündung nicht durch die ganze Masse verbreitet.

Ich habe mich darum bei diesem Gegenstande so lange verweilt, weil er das bis dahin einzige Beispiel ist, wo zwei feste Körper sich ohne Dazwischenkunft eines dritten durch blosses Mengen chemisch vereinigen.

Wenn man Kupferspäne oder Feile mit Schwefel erhitzt, erhält man ebenfalls Halbschwefelkupfer, welches aus

2 M.G. oder 64 Pfund Kupfer und
1 M.G. oder 16 Pfund Schwefel

besteht. Hat man altes Kupfer auf Vitriol zu verarbeiten so stellt man diese Verbindung dar, die im Flammenofen erhitzt zu basisch-schwefelsaurem Kupferoxyd verbrennt.

Das Einfach-Schwefelkupfer ist auf trocknem Wege nicht darzustellen, aber sehr leicht auf nassem, indem man Schwefelwasserstoffgas in schwefelsaure Kupferoxydauflösung strömen lässt, der Niederschlag ist anfangs schwarzbraun, wird aber beim Trocknen grünlich schwarz, wie № 236 es zeigt. Er geht nämlich nach und nach, besonders unter Einfluss der Feuchtigkeit, in schwefelsaures Kupferoxyd über.

Einfach-Schwefel-

236 kupfer.

Vom Quecksilber und seinen Verbindungen.

Mit dem Quecksilber beginnt die Reihe derjenigen Metalle, welche man edle nennt. Es sind solche, die durch den Einfluss der Luft und des Wassers nicht rosten und daher eine reine, blanke Oberfläche behalten. Auch gilt als chemisches Kennzeichen, dass die Oxyde dieser Metalle schon durch blosse Hitze reduzirbar sind, d. h. ihren Sauerstoff fahren lassen, wenn man sie glüht und dann als s. g. Metallkönige zurück bleiben.

Das Quecksilber des Handels enthält Kupfer, Blei, Zinn, auch wohl Arsenik und Wismuth. Diese sind ihm durch Salpetersäure zu entziehen, welche sie eher auflöst als das Quecksilber. Da jedoch die Säure nur äusserst langsam einwirkt, weil man sie verdünnt anwenden muss, so erreicht man seinen Zweck schneller, wenn man das Quecksilber mit Anderthalb-Chloreisenauflösung zusammen reibt. Hier findet eine sehr rasche Einwirkung statt, indem die fremden Metalle alle zu Einfach-Chlormetallen sich umwandeln. Silber kann man auf diese Weise nicht vom Quecksilber trennen, denn in diesem Fall geht es selbst in Halb-Chlorquecksilber über und das Silber bleibt darin.

Die Eigenschwere des Quecksilbers ist = 13,556; also ein Gefäss, welches 1000 Pfund Wasser fasst, kann 13556 Pfund Quecksilber aufnehmen.

Vor allen andern Metallen zeichnet sich das Quecksilber durch seine Leichtflüssigkeit aus. Nur bei sehr starker Kälte wird es fest, dass es sich hämmern und zu Gefässen verarbeiten lässt. Kommen diese aber in eine minder kalte Temperatur so schmelzen sie wie Eis und das s. g. lebendige Quecksilber ist wieder da.

Nicht minder merkwürdig ist die Flüchtigkeit des Quecksilbers. Beim Kochen löst es sich ganz in Dämpfe auf. Auch bemerkt man sein Verdunsten sehr deutlich in Barometern, welche in der Sonne gehangen haben. Während sie den Sonnenstrahlen ausgesetzt sind, verflüchtigt sich das Quecksilber in dem luftleeren Raum und schlägt sich beim Erkalten in Tropfen an die Wände des Glases nieder.

Aber auch an freier Luft oder im luftvollen Raum findet diese Verdunstung statt. Sie ist aber so unmerklich, dass lange Zeit dazu gehört, ehe man die Abnahme des Quecksilbers mittelst einer genauen Wage nachweisen kann. Viel schneller geschieht diese Nachweisung durch eine lebende Pflanze. Stellt man z. B. neben eine kleine Erbse von 1 Zoll Höhe ein Schälchen mit Quecksilber und bedeckt beide mit einer Glocke, so stirbt die Pflanze sehr bald ab, indess eine andere ebenfalls bedeckte (aber ohne Quecksilber) ruhig fortvegetirt.

Aus diesem einfachen Versuch, den ein Jeder leicht anstellen kann, ergeben sich äusserst wichtige Folgerungen für's gemeine Leben. Zunächst in Bezug auf Pflanzen in Treibhäusern. Man trifft kein solches Haus ohne Thermometer und zwar mit Recht. Was folgt aber daraus? Dass, wenn ein solches Thermometer zerbrochen und das Quecksilber verschüttet wird, die sämmtlichen Pflanzen sich immerwährend in einem Quecksilber-Dunst befinden, der nothwendig ihrem Gedeihen sehr hinderlich sein muss. Mancher Gärtner weiss oft gar nicht warum bei ihm alle Pflanzen verkrüppeln, indess sie bei seinem Nachbar gedeihen. Er müht sich vergebens ab seinen Nebenbuhler einzuholen, weil der Quecksilberdunst eines früher zerbrochenen Thermometers seine Treibhausluft verpestet. Es ist also den Thermometermachern hiermit die Aufgabe gestellt, eine neue Einfassung für Thermometer zu erfinden, welche im Fall des Zerbrochenwerdens ein Verschütten des Quecksilbers verhindern.

Da sich jetzt fast in jedem Hause Thermometer befinden, so werden auch jährlich eine Menge zerbrochen und das Quecksilber in den Stuben verschüttet. Diess vertheilt sich in die Ritzen des Fussbodens und verdunstet dort ungehindert. Solche Stuben enthalten also Quecksilberdunst, der nothwendig einer schwächlichen Person eben so schädlich werden muss, wie es eben von der Erbse angeführt worden.

Ich habe früher die Meinung ausgesprochen, dass Spiegel, wenn sie nicht an der Rückseite gefirnisst wären, eine Stube mit Quecksilberdunst erfüllen und die Luft ungesund machen müssten. Es waren mir damals keine Thatsachen für oder gegen bekannt. Jetzt habe ich mit verschiedenen Spiegelbelegungen Versuche angestellt und gefunden, dass sie mit Pflanzen zusammen unter einer Glocke gesperrt diese nicht tödten. Das Zinn verhindert also die Verdunstung des Quecksilbers.

Wie stark die Wirkungen sind, welche Quecksilber ausübt, wenn es in Masse verdunstet, davon liefert das mit 220 Personen bemannte englische Schiff Medusa ein auffallendes Beispiel. Einige Fässer mit Quecksilber waren geborsten und ausgelaufen und hatten sich unten in dem feuchten Schiffraum vertheilt. Die Meisten der Schiffmannschaft verloren ihre Zähne, bekamen heftigen Speichelfluss und zwei büssten ihr Leben ein. Alle am Bord befindlichen Thiere, wie Schweine, Schafe, Hunde, selbst Ratten unterlagen den verheerenden Wirkungen dieses Metalls.

Zu den vielen Dingen woran unsere Vorfahren mit Festigkeit glaubten, wenn sie es auch nicht beweisen konnten, gehörte auch, dass Quecksilber sich beim Kochen in Wasser auflöse und dass dieses Wasser wurmtreibende Kräfte habe. Da die damaligen Chemiker kein Quecksilber in solchem Wasser finden konnten, wurden die Gläubigen verlacht und das Wurmtreiben für Zufall gehalten. Man stützte sich vorzüglich darauf, dass

Quecksilber beim Kochen mit Wasser nichts an seinem Gewicht verliert. Allein dieser Schluss war falsch. Ebenso wie Moschus eine ganze Stube mit seinem Duft erfüllt, ohne das die Wage, worauf er liegt, einen Ausschlag giebt, ebenso kann Quecksilber, schon in höchst geringer Dosis, dem Wasser die genannte Eigenschaft mittheilen. Auch ist die Dosis nicht so klein, dass man sie nicht auf chemischem Wege entdecken könnte. Man giesst das, längere Zeit, mit Quecksilber gekochte Wasser von demselben ab, versetzt es mit etwas Salpetersäure und verdunstet es bei gelinder Wärme bis auf einen geringen Rückstand. Dieser enthält nun salpetersaures Quecksilberoxydul und wenn gleich in geringer Menge, so ist es doch so viel um sein Dasein durch Schwefelwasserstoff und Einfach-Chlorzinn ausser Zweifel zu setzen, die damit schwarzbraune Niederschläge erzeugen.

Die Verbindungen des Quecksilbers mit andern Metallen sind unter dem Namen der Amalgame bekannt. Das gebräuchlichste Amalgam ist das Zinnquecksilber, welches zum Belegen der Spiegel gebraucht wird. Auch wendet man das Zinkquecksilber zu verschiedenen Zwecken an. Bei seiner Darstellung muss man sich vor den Quecksilberdämpfen in Acht nehmen, daher bringt man das Zink erst zum Schmelzen und setzt alsdann das vorher erwärmte Quecksilber hinzu, anstatt beide zusammen zu erhitzen.

Wird bloss die Oberfläche eines Metalls mit Quecksilber überzogen, so nennt man diess Verquicken. Zink lässt sich leicht verquicken. Am besten gelingt es, wenn man auf die blanke Zinkplatte etwas Quecksilber bringt und hierauf Schwefelsäure hinzufügt, welche mit ihrem doppelten Gewicht Wasser verdünnt ist und nun mit einem Leinwandpinsel das Quecksilber über die ganze Oberfläche ausbreitet. Hierauf wäscht man die Platte gut ab.

Solche Zinkplatten lassen sich, wenn sie nur an der einen Seite verquickt sind, sehr gut zu Volta'schen Säulen anwenden, denn nun sind die Kupferplatten überflüssig, da die Quecksilberschicht sie vollständig ersetzt.

Mit diesem Verquicken wird hin und wieder, meistens aus Unwissenheit, ein grosser Missbrauch getrieben. So sah ich einen Bedienten von einem zerbrochenen Spiegel die Belegung abkratzen, um damit Silbergeschirr zu putzen. Er freute sich sehr über den schönen Glanz, den das Silber dadurch bekam, wurde aber nach einigen Tagen gewahr, dass alle Mühe umsonst gewesen, denn nun war die Oberfläche schmutzig grau geworden und er hatte die grösste Mühe das Quecksilber wieder herunter zu bringen.

Wenn Gold mit Quecksilber in Berührung kommt verquickt es sich sehr rasch und sieht aus wie Silber. Sehr häufig verquicken auf diese Weise goldene Ringe, die durch Reiben und Scheuern nicht mehr vom Quecksilber zu befreien sind. Es bleibt hier nichts anderes übrig, als das Quecksilber durch Hitze zu verflüchtigen, indem man den Ring auf glühende Kohlen legt oder über eine Spiritusflamme hält.

Zum thierischen Organismus hat das Quecksilber eine Beziehung ganz eigenthümlicher Art.

Es wird wie das Calcium und das Eisen sehr leicht in seine Säfte aufgenommen, aber nicht um wie diese gewissen Systemen, wie z. B. dem Knochen- und Blutsystem, zur Ernährung zu dienen und die Gesundheit befestigen zu helfen, sondern es richtet sie vielmehr zu Grunde und stört die Verrichtung der Organe. Es verweilt oft Jahrelang im Organismus unter steter Aeusserung seiner schädlichen Wirkung und Erzeugung oft unheilbarer Uebel. Man nennt solche Gifte die schleichenden Gifte und ihre Anwendung in der Medizin erfordert eine viel grössere Vorsicht als die zwar heftiger, aber doch gleichsam frei und offen wirkenden Metalle, wie z. B. Antimon und Zink. Sie werden nicht wie das Quecksilber in die Säfte aufgenommen, sondern meist mit convulsivischer Gegenwehr zuzück gewiesen und wieder ausgeworfen.

Quecksilber und Sauerstoff.
Quecksilberoxyd.

In der Luft und im Sauerstoffgas bleibt das reine Quecksilber unverändert. Bis zum Sieden an der Luft erhitzt wird es zu Quecksilberoxyd, ohne alle Feuerentwicklung. Man stellte es früher auf diese Weise dar. Es gehören aber Monate dazu um grössere Quantitäten zu bekommen. Daher wird es zweckmässiger durch Erhitzen des salpeter-

Quecksilberoxyd.

237

sauren Quecksilberoxyds erhalten. Es ist ein Einfach-Sauerstoffquecksilber, indem es auf

1 M.G. oder 101 Pfund Quecksilber
1 M.G. oder <u> 8</u> Pfund Sauerstoff
enthält, also 109 zum M.G. hat.

Durch Glühen zerfällt es in seine Bestandtheile, indem sich das Sauerstoffgas rasch entwickelt. Es war diess, ehe man das chlorsaure Kali kannte, der Weg sich schnell Sauerstoffgas zu verschaffen. Da man hierbei aber sehr leicht von den giftigen Quecksilberdämpfen zu leiden hat und überhaupt das Quecksilberoxyd sehr giftig ist, so ist es besser nicht damit zu experimentiren.

Auch durch den Einfluss des Sonnenlichts wird das Quecksilberoxyd zerlegt. Noch schneller geschieht diess, wenn zugleich ein Körper vorhanden ist, der den Sauerstoff anzieht, z. B. Oel. Setzt man z. B. ein Gemenge von

4 Loth Quecksilberoxyd und
32 Loth Leinöl

4 — 5 Monate lang den Sonnenstrahlen aus, so wird das Oel zu einem schönen, weissen Firniss und das Oxyd hat sich in laufendes Quecksilber verwandelt. Hierbei entwickelt sich kein Gas, zum Beweise, dass der Sauerstoff vom Oel aufgenommen wurde. Es ist sehr wahrscheinlich, dass dieser Firniss zu feinen Malereien vor demjenigen den Vorzug hat, der durch Kochen mit Bleioxyd bereitet worden.

Das Quecksilberoxyd ist eine starke Basis und bildet neutrale Salze, unter denen das Folgende für's gemeine Leben von Bedeutung ist.

Knallsaures Quecksilberoxyd.

Mit derjenigen Cyansäure, welche heftig verpuffende Verbindungen bildet und daher auch Knallsäure genannt wird (Vergl. Einl. in die techn. Chemie 1836 S. 363) vereinigt sich das Quecksilberoxyd zum s. g. Knallquecksilber. Es entsteht wenn Salpetersäure und Weingeist gleichzeitig auf das Quecksilber wirken und ist ein für die neuere Kriegskunst sehr wichtiges Salz. Es wird dargestellt, wenn man in einem geräumigen Gefäss

1 Loth Quecksilber mit

7½ Loth Salpetersäure von 1,380 Eigenschwere

bis zur Auflösung erwärmt und dann

10 Loth Weingeist von 0,85 Eigenschwere

hinzusetzt und mit einer gelinden Erwärmung fortfährt bis ein Aufbrausen entsteht. Die hierauf sich ablagernden grauweissen Krystalle sind das Knallquecksilber. Es wird ausgewaschen und am besten unter Wasser aufbewahrt, weil das trockne Salz sich schon durch Stoss, oft schon durch Reiben zwischen Papier entzündet und grosses Unglück anrichten kann.

Gebraucht man aber die Vorsicht es stets so feucht zu erhalten, dass etwa auf 10 Loth Knallquecksilber 3 Loth Wasser kommen, so ist seine Handhabung gefahrlos und es kann selbst auf einer Marmorplatte mit hölzerner Keule gerieben werden. Wenn bei diesem Reiben auch manchmal eine Verpuffung erfolgt, so ist sie bloss örtlich, verbreitet sich nicht durch die ganze Masse und bewirkt nur, dass der Reiber unter den Händen des Arbeiters etwas gehoben wird.

Dieser Umstand macht es möglich, dieses Salz als Zündkraut zur Füllung der Zündhütchen anzuwenden. Es werden.

5 Loth Knallquecksilber mit

3 Loth Schiesspulver und Wasser

zu einem Teige gemischt und in die Kupferhütchen gefüllt. Auch dieser Teig muss immer gehörig feucht erhalten werden.

Es ist nur eine sehr geringe Menge nöthig um den Kupferhütchen die volle Wirkung bei den s. g. Perkussionsgewehren zu ertheilen. Nach neuern in Frankreich gemachten Erfahrungen reichen nämlich:

2 Pfund Knallquecksilber zu 40000 Kupferhütchen, also zu 40000 Schüssen hin; diess giebt für 200 Pfund Knallquecksilber 4 Millionen Schüsse, was hinreicht um eine Armee von 100000 Mann damit auszurüsten.

Der Vortheil den diese Zündhütchen im Kriege gewähren ist, dass sie nie versagen, also die Zuversicht des Kriegers erhöhen, der sich im Augenblick der Gefahr mit Sicherheit auf seine Waffe verlassen kann, was beim gewöhnlichen Schiesspulver und den Schlössern mit Stahl und Stein nicht der Fall ist, wo im Allgemeinen unter 7 Schüssen einer versagt.

Dieses Versagen der Flinten rührt vorzugsweise von einem Verstopfen des Zündlochs her, durch die Unreinigkeiten, welche das Pulver beim Abbrennen zurück lässt. Beim Zündkraut aus Knallquecksilber geschieht aber dieses nicht, der Zündkanal bleibt immer rein.

Auch das mit chlorsaurem Kali bereitete

Zündkraut trifft der Vorwurf, dass es manchmal versagt, indem das beim Abbrennen desselben sich bildende Chlorkalium das Eisen rosten macht und den Zündkanal verstopft. Der Zündkanal müsste in diesem Fall von Platin sein.

Ein Hauptgrund der sich gegen das Zündkraut aus Knallquecksilber und für das aus chlorsaurem Kali anführen lässt, ist das es noch mancherlei unbekannte Umstände giebt, die das Verplatzen des ersteren und folglich das Losgehen der Gewehre bewirken, was bei letzterem nur durch heftigen Stoss geschieht. Man hat also bei diesem mehr Sicherheit als bei jenem.

Quecksilberoxydul.

Diese Verbindung ist ein Halb-Sauerstoffquecksilber, welches aus

2 M.G. oder 202 Pfund Quecksilber und
1 M.G. oder 8 Pfund Sauerstoff

besteht und dadurch gebildet wird, dass man das Quecksilberoxyd mit noch einmal so viel Quecksilber vereinigt als es schon enthält. Diess kann dadurch geschehen, dass man es in Salpetersäure auflöst und diese Auflösung mit einem Ueberschuss an Quecksilber kocht. Man hat nun eine Auflösung von salpetersaurem Quecksilberoxydul, woraus man durch Kali das Oxydul abscheiden kann. Man erhält

Quecksilberoxydul.

238

es aber auf diesem Wege nicht rein. Daher ist es zweckmässiger, der entsprechenden Chlorverbindung, dem Halb-Chlorquecksilber das Chlor unter solchen Umständen zu entziehen, dass es durch den Sauerstoff ersetzt wird. Diess geschieht, wenn man es mit überschüssiger Kaliauflösung zusammen reibt und das entstehende schwarze Pulver № 238 gut auswäscht.

Lässt man Quecksilber mit schwacher Salpetersäure längere Zeit in Berührung, so bildet sich ebenfalls Quecksilberoxydul, in Verbindung mit Salpetersäure. Es ist diess eine in der Medizin gebräuchliche Salzauflösung. Früher wurde diese äusserst giftige Auflösung zum Beizen der Hasenhaare, behufs des bessern Filzens benutzt. Jetzt hat man sie durch unschädliche Mittel zu ersetzen gesucht.

Dieses Salz giebt mit Ammoniakflüssigkeit vermischt einen schwarzen Niederschlag, der hauptsächlich aus Quecksilberoxydul besteht und von den Aerzten unter dem Namen Mercurius solubilis Hahnemanni angewendet wird.

Quecksilber und Chlor.

Dem Einfach- und Halb-Sauerstoffquecksilber entsprechend giebt es auch ein Einfach- und Halb-Chlorquecksilber, die auch die Namen Quecksilberchlorid und Quecksilberchlorür führen.

Einfach-Chlorquecksilber.

Es heisst im Handel Quecksilbersublimat und wird im Grossen dadurch bereitet, dass man schwefelsaures Quecksilberoxyd mit Kochsalz mengt und in Retorten erhitzt, wobei es sich als dichte, weisse Masse sublimirt. Die Zusammensetzung ist:

1 M.G. oder 101 Pfund Quecksilber und

1 M.G. oder 35,4 Pfund Chlor.

Es löst sich in Wasser, Weingeist und Aether auf, ist eins der stärksten Gifte und darum ein sehr wirksames Arzneimittel.

Das Einfach-Chlorquecksilber vereinigt sich mit vielen organischen Stoffen zu unauflöslichen Verbindungen, die ein ganz eigenthümliches Verhalten zeigen. So ist z. B. ein mit der Auflösung getränktes Stück Holz nicht jener Veränderung unterworfen, welche man Trockenmoder nennt; in Folge dessen oft die Schiffe sehr schnell zerstört werden. Man hat daher mit glücklichstem Erfolge das Schiffbauholz durch dieses Salz viel dauerhafter gemacht, obwohl unbekümmert um den Nachtheil, der daraus erwachsen kann, wenn man ein ganzes hölzernes Gebäude mit einer Substanz durchdringt, die zu den giftigsten gehört, die man kennt. Denn erstens müssen schon die Arbeiter bedeutend leiden, die mit solchem vergifteten Holze ein Schiff bauen und zweitens wird dergleichen Holz von alten Schiffen, was meistens nur noch zum Brennen tauglich ist, immerwährend Quecksilberdämpfe entwickeln, die einer armen Köchin, bei einem schlecht ziehenden Schornstein, sehr beschwerlich werden müssen. Dann endlich weiss nicht jeder, dass ein solches Holz vergiftet ist und kann es so unbewusster Weise vielfältig missbrauchen.

Auch mit thierischen Stoffen, besonders Eiweiss giebt das Einfach-Chlorquecksilber eine sehr innige Verbindung, die in Wasser unauflöslich ist. Diess ist äusserst wichtig. Man kann daher bei Vergiftungen durch Eiweisstrinkenlassen auf der Stelle das Gift unwirksam machen. Geschieht diess schnell genug, so kann der Mensch gerettet werden; denn das Chlorquecksilber-Eiweiss, welches hier entsteht, ist so gut wie unwirksam und bleibt es auch, wenn nicht gerade Kochsalz vorhanden ist, welches es auflöst. Es ist daher nöthig, nachdem möglichst viel Eiweiss getrunken worden, ein rasch wirkendes Brechmittel zu geben, um die entstandene Verbindung fortzuschaffen.

Um eine noch mögliche Rettung nicht durch eine zu geringe Dosis Eiweiss zu vereiteln, ist zu wissen, dass

100 Loth Chlorquecksilber-Eiweiss aus
93½ Loth trocknem Eiweiss und
6½ Loth Chlorquecksilber

bestehen und dass

93½ Loth trocknes Eiweiss in
558 Loth gewöhnliehem Eiweiss

enthalten sind, man also beim Verschlucken von etwa 6 Gran Chlorquecksilber an 3 Loth Eiweiss nehmen muss, um jene unschädlich zu machen. Ein Ei enthält 1½ bis 2 Loth Eiweiss.

Das Chlorquecksilber-Eiweiss fault nicht. Es verhält sich also wie das Holz, welches dadurch gleichfalls vor dem Vermodern geschützt wird. Da es ähnlich sich verhaltende Verbindungen mit dem thierischen Faserstoff eingeht, so wendet man die Chlorquecksilberauflösung an, um anatomische Präparate zu conserviren. Insofern diese alsdann später getrocknet aufbewahrt werden sollen, lässt sich nichts dagegen einwenden, denn sie sind gewiss vor Würmern sicher. Ebenso kann man dadurch das Fell ausgestopfter Thiere, die in Museen aufgestellt werden, absolut schützen. Aber zum Conserviren und Einbalsamiren der Leichname dieses Salz anzuwenden, will mir schon aus dem Grunde nicht zweckmässig erscheinen, weil diess oft unter den ungünstigsten Umständen und an den unpassendsten Orten geschehen muss und die Chlorquecksilberauflösung keineswegs den Gestank zerstört, was bei solchen Gelegenheiten doch so höchst wichtig ist. Hier ist gewiss die von mir im Steinkohlentheer entdeckte Karbolsäure diesem, so wie allen andern ähnlichen Präparaten vorzuziehen.

Halb-Chlorquecksilber.

Es entspricht dem Halb-Sauerstoffquecksilber, bestehend aus:

2 M.G. oder 202 Pfund Quecksilber und

1 M.G. oder 35,4 Pfund Chlor,

und wird auf ähnliche Weise wie jenes gebildet, indem man mit dem Einfach-Chlorquecksilber noch eben so viel Quecksilber verbindet als es schon hat, was dadurch geschieht, dass man Sublimat mit einem Ueberschuss an Quecksilber vermengt und der Sublimation unterwirft. Es erscheint als eine weisse Masse, die beim Zerreiben ein blassgelbes Pulver giebt, welches sich nicht in Wasser auflöst und auch nicht die giftigen Wirkungen äussert wie der Sublimat.

Es ist eins unserer besten und am sichersten wirkenden Arzneimittel und wird von den Aerzten unter den Namen Mercurius dulcis und Calomel verschrieben. Da es durch Entziehung von 1 M.G. Quecksilber in Sublimat verwandelt wird, so hat der Arzt alle die Zusätze zu vermeiden, die diess bewirken können, namentlich Chlor und Chlorwasserstoffsäure. Auch ein Salmiakzusatz kann schädlich werden, denn wenn man Calomel mit Salmiakauflösung kocht, entsteht eine Verbindung von Einfach-Chlorquecksilber mit Salmiak.

Quecksilber und Schwefel.
Einfach-Schwefelquecksilber.

Der bekannte Zinnober ist diese Verbindung, die aus

1 M.G. oder 101 Pfund Quecksilber und
1 M.G. oder 16 Pfund Schwefel

besteht. Es giebt aber noch eine ebenso zusammengesetzte, die jedoch nicht roth wie der Zinnober, sondern schwarz aussieht. Man erhält sie, wenn man in Einfach-Chlorquecksilberauflösung Schwefelwasserstoffgas strömen lässt. Der gebildete Niederschlag ist ganz schwarz, geht aber durch Erhitzen bis zur Sublimation in rothen Zinnober über.

Schwefelquecksilber Schwefelquecksilber

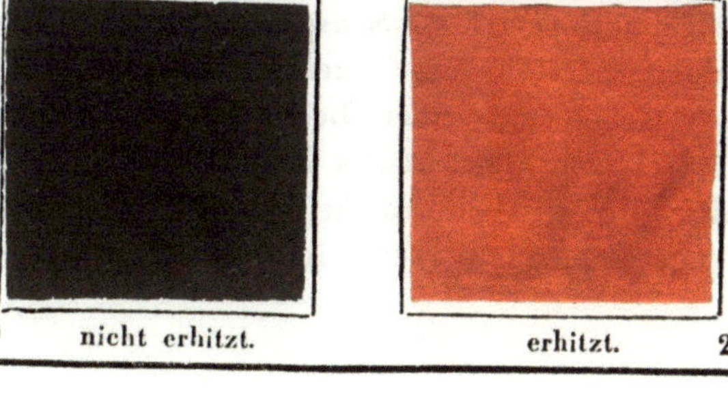

239 nicht erhitzt. erhitzt. 240

Hierbei bleibt das Bestandtheilverhältniss unverändert. Dieses Faktum steht in genauer Verbindung mit der Farbenveränderung, welche das Anderthalb-Schwefelantimon durch Erhitzen erleidet (S. 227).

Um die Bildung des Zinnobers recht schnell zu beobachten fällt man Einfach-Chlorquecksilber mit Ammoniak und übergiesst den weissen Niederschlag mit einer Auflösung von Schwefelwasserstoff-Ammoniak, welches mit Schwefel durch Digeriren in einer verschlossenen Flasche gesättigt ist, und stellt es an einen 40° R. warmen Ort. Anfangs bildet sich schwarzes Schwefelquecksilber № 239. Diess geht aber um so eher in rothes über, je concentrirter die Flüssigkeit ist. Durch öftere Wiederholung lernt man bald den Zeitpunkt kennen, wann die Farbe den höchsten Ton erreicht hat, und kann sonach wirklich verkäuflichen Zinnober produziren. Da er mit Schwefel verunreinigt ist, so muss ihm dieser durch Kaliauflösung entzogen werden.

Gewöhnlicher Zinnober soll auf folgende Weise dem chinesischen ähnlich gemacht werden können. Man mengt ihn aufs Innigste mit 1 pCt. Schwefelantimon und sublimirt. Hierauf wird er fein gerieben und zuerst mit Schwefelkalium, hernach mit Chlorwasserstoffsäure digerirt. Dann nach dem Auswaschen mit einer Leimauflösung vermischt, die $\frac{1}{4}$tel vom Gewicht des Zinnobers an Leim enthält. Mir will die vortheilhafte Wirkung dieser Menge Leim nicht recht einleuchten.

Halb-Schwefelquecksilber.

Diese dem Halb-Sauerstoff- und Halb-Chlorquecksilber entsprechende Verbindung ist aus
2 M.G. oder 202 Pfund Quecksilber und
1 M.G. oder 16 Pfund Schwefel
zusammengesetzt und entsteht, wenn man zu einem Quecksilberoxydulsalz Wasser und Schwefelwasserstoffgas bringt. Es hat die Farbe des Einfach-Schwefelquecksilbers № 239 S. 645 und geht in Zinnober über, wenn es erhitzt wird, indem sich gleichzeitig 1 M.G. Quecksilber abscheidet, zum deutlichen Beweise, dass es einen Ueberschuss an Quecksilber enthält.

Diess Verhalten des Schwefelquecksilbers und der Quecksilbersalze gegen Schwefelwasserstoff giebt hinreichende Mittel an die Hand dieses Metall aufzufinden und von andern zu unterscheiden.

Vom Silber und seinen Verbindungen.

Dieses so bekannte als beliebte Metall hat neben seinem äussern Werth als Geld auch einen innern, den ihm seine ausgezeichneten physikalischen und chemischen Eigenschaften verleihen. Schon durch seine Farbe und seinen Glanz zeichnet es sich von allen anderen Metallen aus, es hat die weisseste Farbe und nimmt die schönste Politur an. Dann ist es äusserst geschmeidig und dehnbar. So kann z. B. 1 Gran Silber zu einem halbkugelförmigen Gefäss verarbeitet werden, von solcher Grösse, dass es 480 Gran oder 2 Loth Wasser zu fassen vermag. Und ebenso kann ein einziger Gran in einen 400 Fuss langen Faden ausgezogen werden, ohne zu zerreissen.

Die **vollständige Fällbarkeit** des Silbers aus seinen Auflösungen durch Chlor, dient dazu, um sich **reines** Silber zu verschaffen. Mischt man z. B. eine kupferhaltige Silberauflösung mit einer Kochsalzauflösung, so fällt nur **Chlorsilber** nieder und das Kupfer bleibt aufgelöst. Wird nun dieses Chlorsilber wohl ausgewaschen und im noch feuchten Zustande unter Zusatz von etwas Salzsäure mit eisernen Nägeln in Berührung gebracht, so bildet sich an die Stelle des Chlorsilbers **Chloreisen** und das Silber scheidet sich ab. Ist alles Silber hergestellt, so liest man die noch unaufgelösten Nägel heraus, erwärmt das Silber mit Salzsäure und wäscht es dann mit Wasser aus.

Auch wenn man Chlorsilber in einem getrockneten Zustande nach und nach in kohlensaures Kali trägt, welches in einem Tiegel in glühendem Fluss erhalten wird, erhält man reines Silber, indem das Chlor vom Kali aufgenommen wird. Hierbei ist darauf zu sehen, dass man nach jedesmaligem Eintragen des Chlorsilbers die Masse umrühre und nie zu viel auf einmal eintrage, sonst läuft man Gefahr Chlorsilber zu verlieren, weil es leicht, unzersetzt den Tiegel berührend, hindurch fliesst.

Noch zweckmässiger ist das neuere Verfahren. Man mengt z. B.

3 Pfund Chlorsilber mit
1 Pfund Colophoniumpulver

füllt einen Tiegel damit an und erhitzt gelinde so lange bis die grüne Flamme verschwindet. Jetzt ist die Zerlegung geschehen, und man setzt etwas

Borax zu und schmilzt damit das Silber zusammen. Hierbei hat man nicht das Spritzen uud das Durchgehen durch den Tiegel zu befürchten, was beim Schmelzen mit kohlensaurem Kali so leicht stattfindet.

Das Silber ist leichter als Quecksilber und schwerer als Kupfer, wenn nämlich in ein Gefäss, welches voll wird von

8788 Pfund Kupfer und
13556 Pfund Quecksilber,

Silber gegossen wird, so gehen nur

10474 Pfund Silber

hinein. Da nun dieser Raum 1000 Pfund Wasser entsprechend ist, so drückt man die Eigenschwere des Silbers durch 10,474 aus.

Sein Mischungsgewicht ist = 108, eine für den chemischen Techniker zu grosse Zahl! Er kann daher nie daran denken, das Silber zu chemischen Zwecken zu benutzen, weil er eine verhältnissmässig zu grosse Menge in Anwendung bringen muss; denn man bedenke nur, dass 40 Pfund Kupferoxyd ebensoviel zu thun vermögen, als 116 Pfund Silberoxyd.

Das Silber ist weicher als Kupfer, erhält daher durch Vermischen mit diesem eine grössere Härte, wodurch es zum gewöhnlichen Gebrauch geschickt gemacht wird. Denn ganz rein wird das Silber nur zu chemischen Apparaten verarbeitet. Man berechnet das Silber nach Marken zu 16 Loth und drückt den Gehalt einer Silberkupferlegirung durch das Wort „löthig" aus. Das ganz reine Silber heisst 16löthig, eine Legirung dagegen

aus 15 Lth.	Silb.	u. 1 Lth.	Kupf.,	heisst 15löth.	Silb.,
— 14	—	— — 2	—	— 14	—
— 13	—	— — 3	—	— 13	—
— 12	—	— — 4	—	— 12	—

Ein Silber mit noch mehr Kupfer pflegt man nicht zu verarbeiten.

Man kann Kupfer sehr lange mit verdünnter Schwefelsäure, Salzsäure oder Essig kochen, ehe sich etwas Bedeutendes auflöst, ist es dagegen gleichzeitig mit Silber in Berührung, so erfolgt die Auflösung viel schneller. Das Silber wird dagegen nicht angegriffen.

Ebenso verhält sich Kupfer, welches mit Silber *zusammen geschmolzen* ist. Das Kupfer, welches sich mitsammt dem Silber auf der Oberfläche 12löthiger Löffel befindet, wird daher von Säuren schnell hinweg genommen, das Silber aber bleibt, wodurch dann die Oberfläche *silberreicher* und dadurch weisser wird. Hierauf beruht das *Weisssieden* der Silbermünzen und des Silbergeräths mit Schwefelsäure. Ein gewöhnlicher silberner Löffel kann daher Speisen vergiften, ohne dass man es ihm ansieht. Lässt man ihn z. B. über Nacht in einer sauren Speise, so zeigt er sich nach dem Herausnehmen *blanker* als zuvor, aber was wohl zu merken *auch leichter, er hat Kupfer verloren, das in die Speisen übergegangen ist.*

Dieser Gewichtverlust ist um so bedeutender je grösser der Kupfergehalt ist. So verliert 13löthiges Silber, in Essig gelegt, innerhalb 18 Tagen 7 pCt. an Gewicht. Es ist diess jedoch gesetzlich zu verarbeiten erlaubt. Nach dem eben erwähnten chemischen Verhalten hat es im Vergleich mit Neusilber, keine Vorzüge vor diesem, indem beide gleich stark von sauren Nahrungsmitteln angegriffen werden. Es ist also der Gebrauch des Neusilbers überall da zulässig, wo man sich bisher des 13löthigen Silbers bediente.

Das Silber fällt Gold und Platin aus ihren Auflösungen, daher ist es nicht schwierig, seine Oberfläche mit diesen Metallen zu überziehen. Man macht nur von der Vergoldung Gebrauch, die gewöhnlich auf trocknem Wege, mittelst Quecksilber, bewirkt wird. Das Quecksilber wird durch Erhitzen wieder verjagt, was aber nicht vollständig geschieht, so dass es zweckmässiger wäre, silberne Becher, ohne Hülfe des Quecksilbers zu vergolden.

Gefällt wird das Silber von den meisten der s. g. unedlen Metalle; unter diesen besonders leicht von Zink, Kadmium, Eisen und Kupfer. Diese zersetzen auch das unauflösliche Chlorsilber und scheiden das Silber daraus ab, sich selbst in Chlormetalle verwandelnd. Man wendet es daher zur Versilberung des Kupfers und Messings an. Am zweckmässigsten geschieht es in Verbindung mit Kochsalz und Salmiak, in deren Auflösung sich das Chlorsilber auflöst. Man mengt

1 Loth Chlorsilber
4 Loth Kochsalz und
4 Loth Salmiak,

rührt es mit Wasser zum Brei an und reibt damit den Messing. Diese Versilberung hat einen gelblichgrünen Stich, welchen man durch Abreiben mit weissem Weinstein leicht entfernt.

Wo man es vorzieht, das Kupfer durch Eintauchen in eine Silberauflösung zu versilbern, löst man z. B.

1 Loth Silber in
6 Loth Salpetersäure
von 1,25 Eigenschwere auf und setzt
64 Loth Wasser.

hinzu. In diese Flüssigkeit werden die polirten Kupfergeräthe rasch eingetaucht und dann gleich in Wasser gespült und getrocknet. Jetzt sieht das Metall schwarz aus, wird es aber mit Kreide abgerieben, so kommt das Silber zum Vorschein. Es ist aber noch sehr dünn darauf; man wiederholt daher das Verfahren 2 und mehrere Male.

Wesentlich nothwendig ist es bei dieser Art von Versilberung die Auflösung mit so viel Wasser zu verdünnen, wie oben vorgeschrieben und nur kurze Zeit mit dem Geräthe in der Flüssigkeit zu verweilen, sonst entsteht keine festhaftende Silberhaut, sondern Silberpulver, welches sich ablöst.

Beide Arten von Versilberung taugen nur da, wo das Metall diesen Ueberzug hauptsächlich des Ansehens wegen erhält. Soll dagegen ein solches Gefäss die Dauer eines verzinnten haben und zu ähnlichen Zwecken z. B. zum Kochen dienen, so ist es nicht dauerhaft genug. In diesem Fall wird das Kupfer mit Silber platirt, d. h. auf eine Kupferplatte wird eine Silberplatte gelegt, beide durch Walzen vereinigt und dann verarbeitet.

Die Versilberung ist für das Kupfer das, was die Verzinnung für das Eisen ist: ein mechanisches Schutzmittel gegen alles dasjenige, was das Kupfer oxydiren und auflösen könnte. Von einer Schützung durch chemischen Gegensatz kann hier ebensowenig, wie beim Eisen durch Zinn, die Rede sein, weil gerade das Gegentheil obwaltet und das Silber die Zerstörung des Kupfers beschleunigt, sobald dieses nur mit dem Zerstörungsmittel in direkte Berührung kommt.

Wenn also Kupfer ganz mit reinem Silber überdeckt ist, verhält es sich wie ein silbernes Gefäss, daher die silberplatirten Gefässe viel brauchbarer sind als solche, die ganz aus kupferhaltigem Silber gefertigt sind. Wenn aber das Silber an Stellen abgescheuert ist und das Kupfer schimmert durch, so wird durch die Gegenwart des Silbers dieses um so oxydirbarer und auflöslicher, weil Silber als der saure Pol das Kupfer basisch macht, welches daher begierig Sauerstoff und Säuren anzieht.

Das Silber kann mit Quecksilber verunreinigt vorkommen. Es ist diess sehr leicht mit Hülfe des Sonnenlichts zu entdecken. Löst man nämlich ein Quecksilberhaltiges Silber in Salpetersäure auf und mischt die Auflösung mit Kochsalzauflösung, so erhält man ein Chlorsilber, welches Chlorquecksilber enthält und sich am Sonnenlichte nicht schwärzt. Die Wirkung des Quecksilbers ist so gross, dass auf

1000 Pfund Silber schon
4 Pfund Quecksilber

hinreichend sind, um die Schwärzung zu verhindern. Selbst eine Beimischung von $\frac{1}{2}$ Tausendtheil Quecksilber kann man noch entdecken, wenn man anfänglich nur $\frac{1}{4}$ des aufgelösten Silbers durch

Kochsalzauflösung niederschlägt, womit dann schon das Quecksilber herausfällt.

Das meiste Blei des Handels ist silberhaltig. Um das Silber darin zu entdecken und seinem Gewicht nach zu bestimmen, löst man eine bestimmte Menge in reiner Salpetersäure auf und setzt dazu eine klare Auflösung von Chlorblei № 219 S. 571. Dieses Salz zerlegt das vorhandene salpetersaure Silberoxyd durch Bildung von Chlorsilber, welches niederfällt und nach dem Auswaschen und Trocknen einen Massstab für den Silbergehalt giebt, indem

143 Gran Chlorsilber
108 Gran Silber

anzeigen. Aus Auflösungen, welche kein Blei enthalten, kann man das Silber mit Chlorwasserstoffsäure oder Kochsalz fällen, da diese aber auch Bleisalze niederschlagen, so nimmt man hier anstatt ihrer Chlorblei, welches natürlich nicht zerlegend auf Bleisalze wirkt.

Silber und Sauerstoff.

Die Oberfläche des reinen Silbers bleibt rein und blank, selbst wenn es in Sauerstoffgas erhitzt wird. Bringt man es darin zum Schmelzen, so saugt es etwas von diesem Gase ein, welches beim Erstarren des Silbers wieder entweicht, wobei bisweilen ein Umherspritzen des Silbers bemerkt wird, daher man es das Spratzen des Silbers nennt. Es ist nicht klar, in welcher Verbindung sich hier Sauerstoff und Silber befinden, da es nicht als Silberoxyd sein kann, weil diess bei dieser Temperatur zerlegt wird.

Silberoxyd.

Wir haben hier nur diese eine Sauerstoffungsstufe des Silbers zu betrachten, die aus

1 M.G. oder 108 Pfund Silber und
1 M.G. oder 8 Pfund Sauerstoff

besteht und die Zahl 116 zum M.G. hat.

Es wird erhalten, wenn man Silber in Salpetersäure auflöst und die Auflösung mit Kalkwasser oder Kaliauflösung vermischt. Die Farbe ist graubraun, die aber am Lichte in Schwarz übergeht, unter Entweichung von Sauerstoff.

Das Silberoxyd findet keine Anwendung, aber seine Kenntniss ist nothwendig, weil es mit Ammoniak eine äusserst gefährliche Verbindung, das Knallsilber bildet. Man braucht es nur mit gewöhnlicher Ammoniakflüssigkeit zu übergiessen und einige Stunden in Berührung zu lassen, so ist das Knallsilber gebildet, welches als ein schwarzes Pulver erscheint. Es ist mit seiner Bereitung, selbst in kleinen Mengen, Lebensgefahr verbunden, denn im trocknen Zustande kann das Darauffallen eines Wassertropfens, oder das Wischen mit einer Federfahne, es zum Verpuffen bringen, wobei es mit beispielloser Heftigkeit alles zertrümmert, was sich in der Nähe befindet und keine Schranken gelten lässt.

Das Knallsilber entsteht auch, wenn man eine salpetersaure Silberoxydauflösung mit Ammoniakflüssigkeit im Ueberschuss vermischt, und wird abgeschieden wenn man nun Kaliauflösung hinzufügt. Es muss sich also jeder angehende Chemiker fest einprägen, niemals Silbersalze mit Ammoniak und

Ammoniaksalzen zusammen zu bringen, ohne auf's Aengstlichste auf seiner Hut zu sein. Denn in der Chemie ist das, was man im gemeinen Leben Muth zu nennen pflegt, nicht an seinem Platz, er muss durch Einsicht und Umsicht ersetzt werden, wo die fehlen wird der Tapferste zu Schanden.

Salpetersaures Silberoxyd.

Aus diesem Salze bereiteten unsere Vorfahren durch Schmelzen den Höllenstein, so genannt wegen seiner ätzenden Wirkungen.

Es wird dargestellt durch Auflösen reinen Silbers in Salpetersäure und Abdampfen bis zur Krystallisation. Es bildet wasserhelle Krystalle, die aus

1 M.G. oder 116 Pfund Silberoxyd und
1 M.G. oder 54 Pfund Salpetersäure

bestehen.

Es lässt sich auch aus kupferhaltigem Silber bereiten, wenn man die salpetersaure Auflösung desselben in einem Platin- oder Porzellangefäss einkocht und zum Schmelzen bringt. Das salpetersaure Kupferoxyd wird nun unter Blasenwerfen zersetzt, so dass beim Wiederauflösen der Masse Kupferoxyd zurück bleibt. Bei zu starker Hitze wird aber auch das Silbersalz zerlegt und Silber abgeschieden.

Das salpetersaure Silberoxyd wirkt ätzend auf thierische Körper, Haut, Horn, Nägel etc. und färbt sie schwarz. Es ist oft zum Wegbeizen der Warzen und Leichdörner empfohlen worden, erfordert aber eine sehr grosse Vorsicht bei der Anwendung, namentlich bei Leichdörnern. Kommt nämlich etwas salpetersaures Silber auf die

Nägel, was besonders bei denen der Fusszehen, die nicht selten über einander liegen, leicht möglich ist, so ist der Nagel unwiederbringlich verloren, er löst sich ab und es dauert sehr lange, ehe er durch einen gesunden wieder ersetzt wird.

Die schwarzbraune Farbe, welche dieses Salz den Pflanzen- und Thierstoffen mittheilt, wird besonders durch das Licht hervorgerufen und ist die ächteste die man kennt. Man wendet es daher zum Zeichnen der Wäsche an, indem man mit einer Auflösung von

2 Loth salpetersaurem Silberoxyd
2 Loth Gummi in
7 Loth Wasser

auf das Zeug schreibt oder zeichnet. Zuvor muss aber dieses an der zu zeichnenden Stelle mit einer Auflösung von

4 Loth kryst. kohlensaurem Natron
1 Loth Gummi in
16 Loth Wasser

getränkt und nach dem Trocknen geglättet werden.

Zeichendinte

241 auf Wäsche.

Bringt man die noch nasse Zeichnung in die Sonne, so fängt sie bald an sich zu bräunen und wird endlich schwarzbraun. Sie ist nun unzerstörbar und verträgt auch noch so häufige Wäschen, so wie die Einwirkung der Säuren und Alkalien. Dadurch jedoch, dass man das Silberoxyd auf dem Zeuge durch Chlor in Chlorsilber verwandelt und dieses nun mit Ammoniak behandelt, wodurch es aufgelöst wird, kann zwar auch diese Schrift vertilgt werden, allein es gelingt nur unvollkommen und meistens wird das Zeug selbst dabei zerstört.

Da es schwierig ist, mit einer farblosen Flüssigkeit auf weissem Grunde zu zeichnen, so vermischt man die Zeichendinte mit etwas Manganhyperoxyd № 31 S. 86, welches wegen seiner feinen Zertheilung sich leicht damit vermischen lässt und auf das Silbersalz nicht zersetzend wirkt.

Silber und Chlor.
Chlorsilber.

Das Silber zerlegt Chlorwasserstoffgas wie das Eisen den Wasserdampf zerlegt, wenn das Gas bei Glühhitze über Silber geleitet wird. Es bildet sich Chlorsilber und Wasserstoffgas entwickelt sich. Ebenso vereinigt sich das Silber auch direkt mit dem Chlor, wenn es im Chlorgase befindlich ist. Es geschieht ohne Feuerentwicklung. Man stellt das Chlorsilber gewöhnlich dadurch dar, dass man salpeters. Silberoxyd mit Chlornatriumauflösung vermischt. Es sondert sich ein weisser Niederschlag ab, der dem Licht ausgesetzt bald eine braune und endlich eine schwarze Farbe annimmt.

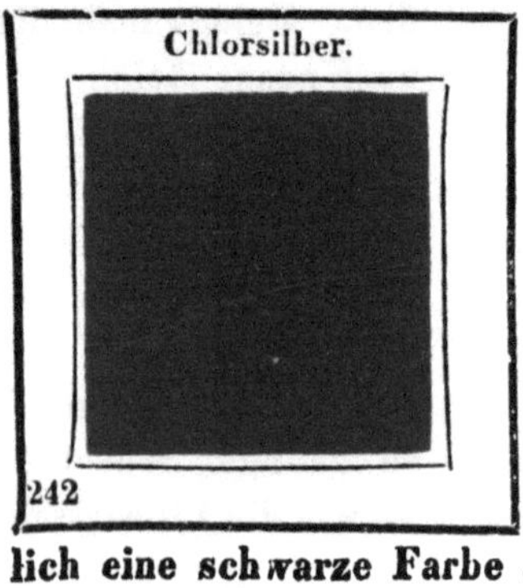

Diess Schwarzwerden des feuchten Chlorsilbers am Lichte beruht auf einer Zersetzung desselben. Es wird Wasser und Chlorsilber zerlegt, wodurch Silberoxyd und Chlorwasserstoffsäure entsteht. Daher röthet ein solches Chlorsilber nach der erfolgten Schwärzung die blaue Lackmusfarbe.

Das Chlorsilber, welches aus

1 M.G. oder 108 Pfund Silber und
1 M.G. oder 35,4 Pfund Chlor besteht,
also ein M.G. = 143,4

hat, bildet sich immer, wenn irgend ein auflösliches Silbersalz mit einer Chlormetallauflösung zusammengebracht wird. Es ist vollkommen im Wasser unauflöslich, daher diese Eigenschaft nicht nur dazu dient, das Silber von allen übrigen Metallen zu unterscheiden, sondern man wendet die Chlormetalle auch an um das Silber von allen anderen Metallen zu trennen, wie man umgekehrt die der Silbersalze dazu gebraucht, Chlor in Verbindung mit anderen Stoffen zu entdecken und abzuscheiden. Es kommt hierbei stets das M.G. des Chlorsilbers in Betracht, indem durch

$143\frac{4}{10}$ Gran Chlorsilber
108 Gran Silber
$35\frac{4}{10}$ Gran Chlor
$58\frac{7}{10}$ Gran Chlornatrium
$74\frac{6}{10}$ Gran Chlorkalium und
104 Gran Chlorbarium

angezeigt werden.

Silber und Cyan.

Cyansilber.

Das Cyansilber bildet sich äusserst leicht. Man braucht nur einen Glasstab mit salpetersaurer

Silberoxydauflösung zu befeuchten und in ein Gefäss zu halten, worin sich der Dunst der Cyanwasserstoffsäure oder Blausäure befindet, so wird er sogleich weiss vom gebildeten Cyansilber.

Wenn man diesen Versuch etwas abändert und mit einiger Aufmerksamkeit dabei verfährt, kann man sehr geringe Mengen Cyan oder Blausäure dadurch entdecken. Zerreibt man z. B. eine bittere Mandel, thut etwas davon in ein Uhrglas, befeuchtet es mit Wasser und bedeckt es nun mit einer Glasplatte, deren untere Seite mit ganz wenig salpetersaurer Silberoxydauflösung befeuchtet ist, so wird man bald an dem Weisswerden die Entstehung des Cyansilbers bemerken und daraus zugleich entnehmen können, dass die zerriebene bittere Mandel Blausäure aushaucht. Diess ist nur der Fall wenn sie mit Wasser angefeuchtet werden. Das trockne Pulver bildet kein Cyansilber. Auch verhindert ein Befeuchten mit starkem Weingeist das Entwickeln der Blausäure. Diess mögen sich Conditoren merken.

Die Nutzanwendung hiervon ist, dass man auf diese Weise sehr leicht in vergifteten Speisen und Getränken das Dasein der Blausäure nachweisen kann. Nur ist hierbei zur Vermeidung der Täuschung nöthig, die Merkmale zu kennen, wodurch sich das Cyansilber vom Chlorsilber unterscheidet, womit es leicht verwechselt werden kann.

Zuerst ist zu bemerken, dass nur eine concentrirte Chlorwasserstoffsäure einen Dunst bildet, der mit Silberauflösung weisses Chlorsilber giebt und dass dieses auch schon beim Einfluss des blossen Tageslichts schnell mit einer glänzend grauen Metallhaut sich bedeckt. Ist gewöhnliche Chlorwasserstoffsäure mit 3 — 4 Theilen Wasser verdünnt, so dass sie keinen Geruch mehr hat, so sind damit auch ihrer Verflüchtigung Gränzen gesetzt und mit dieser der Wirkung auf's Silbersalz. Die Blausäure dagegen ist äusserst flüchtig, wie schon der eben angeführte Versuch mit den bittern Mandeln beweist.

Um jedoch jeder Verwechselung zu begegnen stellt man den Versuch vor einem Fenster bei Einwirkung des Tageslichts an. Bleibt der sich bildende weisse Niederschlag mehrere Stunden unverändert weiss, so ist es Cyansilber was entstanden ist. Spielt er dagegen sogleich mit einer bläulichen Farbe, so ist es Chlorsilber, das im hellen Sonnenschein sich schnell bräunt, während diess beim Cyansilber viel später erfolgt.

Zu beachten ist noch, dass das Silbersalz, wenn es auf der Glasplatte eintrocknet, auch weiss aussieht, weil es krystallisirt; also nur die Reaktion in dem noch nassen Tropfen kann entscheiden, oder man bringt einen Tropfen reines Wasser darauf und sieht ob sich alles klar auflöst oder nicht.

Silber und Schwefel.
Schwefelsilber.

Der einzige Makel der am Silber haftet und seine guten Eigenschaften, Farbe und Glanz betreffend, beeinträchtigt, ist seine grosse Anziehung für den Schwefel, die andere Metalle nicht haben. Es bildet damit eine braune oder schwarze Verbindung, die immer sogleich entsteht, wenn es mit schwefelhaltigen Dünsten, oder gar mit Schwefelwasserstoffgas zusammen trifft. Dadurch werden die schönsten Silbergeschirre unansehnlich, und man ist genöthigt sie zu putzen. Das Silber tritt auf diese Weise mit den unedlen Metallen Blei, Eisen und Kupfer in eine Kategorie, denn mit dem Anlaufen dieser hat das Anlaufen des Silbers die grösste Aehnlichkeit, nur mit dem Unterschied, dass es dort vom Sauerstoff herrührt, indess hier der Schwefel Schuld daran ist.

Am meisten ist das Silber dem Anlaufen in einer Luft unterworfen, die mit thierischen Ausdünstungen erfüllt ist, z. B. in Wohnzimmern und Viehställen. Es dürfen daher Pferdegeschirre mit Silberbeschlag nicht in der Nähe vom Pferdestall aufbewahrt werden. In Häusern, wo Steinkohlen gebrannt werden, läuft das Silber auch sehr bald an, da sie meistens schwefelhaltig sind. Mehrere Nahrungsmittel, wie Eier und Seefische, enthalten Schwefel und schwärzen das Silber. Aehnliches ist der Fall mit Pilzen von denen gewisse Arten durch ihren Schwefelgehalt beim Kochen das Silber braun oder schwarz färben. Es ist diese Thatsache vielen Hausfrauen bekannt, die gewöhnlich mit den Pilzen zugleich einen silbernen Löffel kochen lassen und aus dessen Schwarzwerden den Schluss ziehen, dass solche Pilze giftig wären. So allgemein verbreitet diese Meinung auch ist, so ist ihr doch nicht beizupflichten; denn es giebt Giftpilze die nicht das Silber schwärzen, und andere schwefelhaltige, also das Silber schwärzende, die nicht giftig sind.

Dazu kommt, dass man diesen Versuch oft

ganz unrichtig anstellt. So sah ich den Schrecken einer Hausfrau, die Gift im Topfe zu haben glaubte, weil der gleichzeitig mit den Pilzen gekochte silberne Löffel schwarz geworden war. Bei näherer Untersuchung ergab sich jedoch, dass nicht die Pilze allein, sondern auch Zwiebeln mit gekocht waren. Diese schwärzen aber schon für sich allein das Silber, wie man sich leicht durch einen Versuch überzeugen kann. Auch ist es eine alte Erfahrung, dass Suppenlöffel sich schwärzen, wenn damit eine Suppe, welche Zwiebeln enthalten, aufgefüllt wird.

Gereinigt wird ein solches angelaufenes Silber durch Abreiben mit einem Brei aus Gyps und Essig; oder, was noch schneller wirkt, mit einer Auflösung von mangansaurem Kali S. 81. Hierbei kann man sich aber keiner Bürste bedienen, sondern nur eines leinenen Lappens, weil die Haare der Bürste vom Kali aufgelöst werden.

Vorzubeugen ist dem Anlaufen des Silbergeschirrs, welches nicht täglich gebraucht wird, z. B. silberne Frucht- und Zuckerkörbe, Leuchter u. dgl., dadurch, dass man sie mit einer schwachen Auflösung von Gummi Senegal überzieht. Diess hält vollkommen den Schwefel ab, schadet durchaus nicht dem schönen Ansehen und gewährt den Vortheil, dass man durch Waschen mit kaltem Wasser den Gummiüberzug sehr leicht herunternehmen kann.

Lässt man Schwefelwasserstoffgas in eine Auflösung von Silber streichen, so wird es als S c h w e f e l s i l b e r in schwarzbraunen Flocken gefällt, die

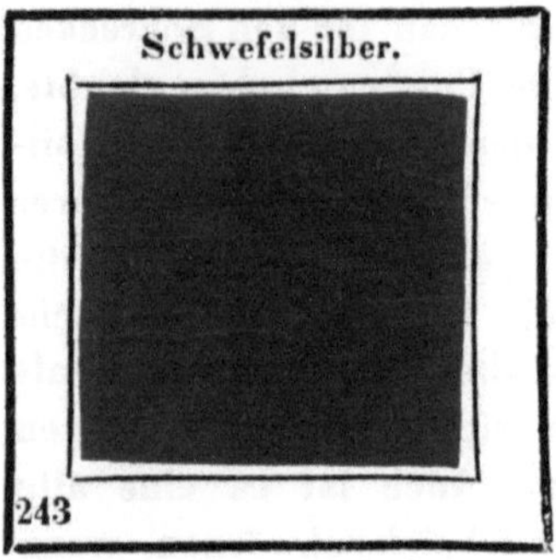

nach dem Trocknen mit der Farbe von № 243 erscheinen. Die Zusammensetzung ist

1 M.G. oder 108 Pfund Silber und
1 M.G. oder 16 Pfund Schwefel.

Dieselbe Verbindung kann auch auf trocknem Wege durch Glühen von Silberplatten mit Schwefel dargestellt werden, wie sie denn auch im Mineralreich vorkommt und den Namen Glanzerz führt. Merkwürdig ist diese Verbindung wegen ihrer Weichheit, da sie sich mit dem Messer schneiden und zu Münzen ausprägen lässt. Es erinnert diess Verhalten an das bereits S. 569 beschriebene Schwefelblei, welches sich ähnlich verhält.

Vom Gold und seinen Verbindungen.

Das Gold ist das dehnbarste und geschmeidigste Metall. Ein einziger Gran lässt sich zu einem Draht ausziehen von 500 Fuss Länge und giebt eine Platte von 56 Quadratzoll Oberfläche.

Diess beweist, dass die Theilchen des Goldes fester an einander halten als die irgend eines anderen Metalls, und um so merkwürdiger ist es, dass getrennte Goldtheilchen, z. B. Goldfeile sich nicht mit eben der Kraft suchen und zu vereinigen streben, selbst wenn die Umstände günstig sind. Erhitzt man nämlich Goldfeile in einem Tiegel, so vereinigen sich doch nicht alle Theile zu einer Masse, wenn sie auch vollkommen flüssig sind; mehrere Theilchen bleiben immer einzelne, abgeschiedene Tropfen. Man ist in diesem Fall genöthigt Borax hinzuzusetzen, der die Vereinigung schnell bewirkt.

Der Borax färbt, als Flussmittel des Goldes angewandt, dasselbe, wenn es auch noch so rein ist, blässer. Nicht immer ist eine solche Farbe dem Goldarbeiter erwünscht. Er beugt ihrer Entstehung vor, wenn dem Borax etwas Salpeter zugesetzt wird. Der Salpeter ertheilt nämlich dem Golde eine hochrothe Farbe, wirkt also der bleichenden Einwirkung des Boraxes entgegen.

Ist das Gold kupferhaltig und wird mit Borax geschmolzen, so verbrennt ein Theil Kupfer zur Schlacke und scheidet sich ab. Man beugt diesem durch Zusatz von Kohlenpulver vor.

Schmilzt man kupferhaltiges Gold mit Salpeter, so geschieht dasselbe, auch hier verbrennt das Kupfer und zwar durch die Säure des Salpeters und scheidet sich als Oxyd ab. Ein Zusatz von Kohle ist hier jedoch ohne alle Wirkung, so lange noch unzersetzter Salpeter vorhanden ist, dessen Säure die Kohle verbrennt und unwirksam macht.

Da die Goldschläger nur das feinste Gold verarbeiten können, denn ein versetztes Gold ist zu spröde, und es ihnen darauf ankommt, besonders für's Vergolden hochfarbige Goldblättchen darzustellen, so färben sie ihr Gold durch Schmelzen mit Salpeter. Enthält in diesem Fall das Gold Kupfer, so wird es durch das Schmelzen mit Salpeter davon gereinigt. Um auf diese Weise die Reinigung vollständig zu bewerkstelligen, ist mancherlei zu bemerken. Der Salpeter muss z. B. gerade dann auf das Gold geworfen werden, wenn dieses zu schmelzen beginnt und das Metall **muss sogleich ausgegossen werden**, wenn es dünn zu fliessen anfängt. Lässt man dagegen den Salpeter lange mit dem Golde im Fluss, so wird es wieder spröde, weil das aus dem Salpeter durch die Hitze entstandene Kali schon durch das Hinzukommen von etwas Kohle, die entstandene Schlacke wieder zu Metall umwandelt und das Gold verunreinigt.

Statt des Salpeters wendet man wohl auch zu demselben Zweck den **Quecksilbersublimat** an. Er wirkt viel sicherer, weil er kein Kali enthält und wenn er seine Wirkung gethan hat, gänzlich verdampft. Man muss sich aber vor den giftigen Quecksilberdämpfen in Acht nehmen. — Ich glaube, dass chlorsaures Kali am besten sowohl den Salpeter als auch den Sublimat ersetzen könnte; da es sich nach Abgabe seines Sauerstoffs in Chlorkalium verwandelt, welches auf das Gold ohne Wirkung ist.

Gewöhnlich wird ein so gereinigtes Gold in eiserne Eingussmodel gegossen. Diese dürfen aber nicht kalt sein, sondern so weit erhitzt werden, dass der Talg, womit sie angestrichen sind, **raucht**, ohne jedoch Feuer zu fangen.

Die Eigenschwere des Goldes ist = 19,258, also fast doppelt so gross als die des Silbers (S. 649).

Wünscht man reines Gold zugleich als ein feines Pulver zu erhalten, so löst man es in Königswasser auf, und verdünnt die Auflösung mit Wasser und mischt sie mit einer Auflösung von schwefelsaurem Eisenoxydul oder Eisenvitriol. Das Gold fällt dann als ein braunes Pulver nieder, das durch Reiben Goldglanz annimmt.

Man wendet dieses Pulver wohl zur kalten Vergoldung an; es taugt aber nicht so gut dazu, als das auf folgende Weise dargestellte. Man löst Gold in einem Königswasser auf, welches aus Salpetersäure und Kochsalz (anstatt der Salzsäure bereitet worden). Mit dieser Auflösung tränkt man Zeug, trocknet und verbrennt es. Die Asche ist ein äusserst feines Goldpulver mit Kochsalz gemengt, und wird behufs der Vergoldung mit schwachem Königswasser aufgetragen. Wendet man ein kupferhaltiges Gold zum Auflösen an, so erscheint nachher die Vergoldung röther.

Das Gold wird nach **Karaten** und **Grän** berechnet. Eine Mark Gold hat 24 Karat oder 288 Grän, denn das Karat hat 12 Grän. Ein 24karatiges Gold wird daher **Feingold** genannt, weil es keine fremde Metalle enthält. Ein 22karatiges Gold besteht dagegen aus 22 Karat Feingold und 2 Karat Silber oder Kupfer.

Man verarbeitet aber das Gold noch viel schlechter, besonders zu Schmucksachen. So findet man nicht selten 14karatiges Gold, welches demnach 10 Karat Silber oder Kupfer enthält. Eine solche Legirung ist sehr veränderlich, theils durch Schwefeldünste (beim Silbergehalt), theils durch den Sauerstoff (beim Kupfergehalt). Ein Ueberziehen mit Gummi ist auch hier, wie beim Silber (S. 663) ein sehr zweckmässiges Schutzmittel.

Gold und Sauerstoff.
Goldoxyd.

Das Goldoxyd ist ein bräunlich-schwarzes Pulver, welches schon durch den Einfluss des Lichts oder gelinder Wärme seinen Sauerstoff fahren lässt und zu Gold reduzirt wird. Es wird aus Chlorgoldauflösung durch Erwärmen mit Bittererde geschieden. Die gleichzeitig mit niederfallende Bittererde wird dem Goldoxyd durch Salpetersäure entzogen.

Es findet dieses Oxyd so keine technische Anwendung, kann aber für denjenigen, der seine Eigenschaft nicht kennt, eben so gefahrvoll werden wie das Silberoxyd. Es bildet nämlich mit Ammoniak das Knallgold eine äusserst gefährliche Substanz, von der alles das gilt, was ich bereits S. 655 beim Knallsilber angeführt habe.

Das Goldoxyd bildet mit Basen Verbindungen, in denen es sich wie eine Säure verhält. Dergleichen entstehen mit Kali und Natron, wenn man davon zu einer Chlorgoldauflösung so lange hinzufügt, bis ein Niederschlag zu entstehen beginnt. Die Farbe ist nun vom Hellgelb ins Dunkelbraune übergegangen, und die Mischung besteht nun aus Chlorkalium oder Chlornatrium, in Verbindung mit Goldoxydkali oder Natron.

Kocht man eine solche Verbindung mit Weingeist, so wird das Gold im metallischen Zustande abgeschieden. Dasselbe thun, auch ohne Weingeistzusatz, viele Metalle bei Anwendung von Siedhitze.

Mischungen dieser Art können daher sehr gut zur Vergoldung von Silber, Kupfer, Messing, Neusilber, Weissblech u. dgl. angewendet werden. Es ist aber in diesem Fall der Grad der Verdünnung sowohl als auch das Verhältniss von Alkali nicht gleichgültig, welches zur Goldauflösung hinzugesetzt wird. Auch muss es sehr rein sein, daher man sich am besten des zweifach - kohlensauren bedient.

Eine sehr gut und sicher wirkende Vergoldungsflüssigkeit ist diese: Man löst

1 M.G. oder 101 Gran Chlorgold in

13000 Gran Wasser auf

und setzt nach und nach

4 M.G. oder 373 Gran zweifach kohlensaures Natron hinzu, mit der Vorsicht, dass durch das Ueberbrausen der sich entwickelnden Kohlensäure nichts verloren gehe.

Das Chlorgold wird dargestellt wie es S. 691 angegeben.

Nach längerem Aufbewahren zersetzt sich diese Mischung, indem sich ein brauner Niederschlag bildet. Diess beeinträchtigt die Wirkung derselben bedeutend, man muss sie also möglichst frisch anwenden.

Bringt man von dieser Vergoldungsflüssigkeit in einem Gefäss von Porzellan oder emaillirtem Gusseisen zum Kochen und taucht einen Streifen blank gescheuertes Kupfer hinein, so erhält es nach einigen Minuten einen reinen Goldüberzug, der sehr fest haftet. Dasselbe geschieht mit Messing und Weissblech.

Um Silber zu vergolden umwickelt man es mit einem blanken Eisendraht, in diesem Fall schlägt sich das Gold gleichmässig und in hinreichender Menge darauf nieder.

Um Eisen, Stahl und Gusseisen zn vergolden muss eine Verkupferung derselben vorhergehen. Man taucht sie daher etwa $\frac{1}{2}$ Minute lang in eine schwache Kupfervitriolauflösung, spült und trocknet sie im warmen Sand. Werden sie nun in die heisse Goldflüssigkeit getaucht, so geschieht die Vergoldung vollkommen. Siedenlassen ist nicht nöthig, auch ist es nicht gut, wenn die Kupferhaut auf dem Eisen sehr stark ist, weil sonst nachher das Gold nicht ordentlich haftet.

Da die Vergoldungsflüssigkeit meistens kochen muss, so verdampft viel Wasser. Diess muss regelmässig ersetzt werden, sonst schlägt sich zuviel Gold auf einmal nieder, und man erhält anstatt eines gelben einen schwarzen Ueberzug, der sich leicht abreiben lässt.

Wer sich in einem grössern Massstabe mit dieser Vergoldungsweise beschäftigt, wird finden, dass sie die bisher übliche Feuervergoldung gar wohl ersetzen kann. Denn das Gold haftet sehr fest und lässt sich auch so dick aufbringen, dass es hernach auch noch die s. g. Färbung mit Kochsalz, Alaun und Salpeter verträgt. Auch erscheint auf vorher polirtem Metalle auch hernach der Goldüberzug mit vollkommenem Glanze.

Da der Flüssigkeit bei jeder Vergoldung Gold entzogen wird, so verliert sie dadurch an Wirksamkeit, und es nimmt zuletzt das Verhältniss an Natron so zu, dass diess den Erfolg unsicher macht. Man kann diess durch Zusetzen von kleinen Portionen Chlorgoldauflösung beseitigen.

Da hierbei aber ein Zuviel leicht sehr schädlich werden kann, so ist es gut eine so aufgefrischte Vergoldungsflüssigkeit vorher im Kleinen mit einem Kupfer- oder Messingstreifen zu probiren, um nicht eine werthvolle Arbeit zu verderben.

Ein übler Umstand ist, dass die Flüssigkeit beim Gebrauch mit fremden Metalloxyden überladen wird, die endlich den günstigen Erfolg beeinträchtigen. Hierbei bleibt nun nichts anderes übrig als aus einer unbrauchbar gewordenen Flüssigkeit das Gold wieder zu gewinnen. Diess geschieht durch Uebersättigen mit Salzsäure und Vermischen mit einer starken Auflösung von schwefelsaurem Eisenoxydul und ein Erwärmen von mehreren Stunden. Man erhält nun das Gold im metallischen Zustande gefällt und bereitet daraus, durch Auflösung in Königswasser, von neuem Chlorgold.

Das Goldoxyd vereinigt sich mit den Gläsern und Schmelzen zu schön purpurrothen Verbindungen. Am schönsten werden sie, wenn zugleich Zinnoxyd vorhanden ist. Daher wendet man dazu meistens Goldpurpur an, welcher durch Zusammenbringen von Einfach-Chlorgold mit Anderthalb-Chlorzinn entsteht.

Von den vielen Vorschriften den Goldpurpur darzustellen, ist die wohlfeilste und beste diese. Man giesst zu einer Auflösung von Anderthalb-Chloreisen so lange Einfach-Chlorzinnauflösung bis die gelbbraune Farbe des Eisensalzes verschwunden ist, und die Auflösung einen schwachen Stich ins blaugrüne erhalten hat. Mit dieser wird nun eine Goldauflösung gefällt. Der Niederschlag wird rasch ausgesüsst und vorsichtig getrocknet.

Da beim Zusammenmischen der Eisen- und Zinnauflösungen Anderthalb-Chlorzinn entsteht (S. 599), so beruht augenscheinlich die Bildung des Goldpurpurs auf das Vorhandensein dieses Salzes, wovon ein Theil dem Chlorgold etwas Chlor entzieht und sich in Zweifach-Chlorzinn verwandelt. Dieses tritt nun wahrscheinlich mit dem seines Chlors zum Theil beraubten Golde zusammen, beide tauschen durch die Zerlegung des Wassers, ihr Chlor gegen Sauerstoff aus (unter gleichzeitiger Erzeugung von Chlorwasserstoffsäure) und constituiren den Goldpurpur.

Besonders wird diese Farbe zum Porzellanmalen gebraucht. Man muss sie aber wohl bedeckt aufbewahren, damit kein Staub dazu kommt. Auch müssen die ätherischen Oele, welche man zum Anreiben des Goldpurpurs gebraucht, rektifizirt sein, damit sie nach dem Malen vollkommen verdunsten, und nichts Harziges zurückbleibe. Diess würde sich nämlich beim Einbrennen in Kohle verwandeln, wodurch Blei aus dem Fluss reduzirt wird, welches sich alsdann mit dem Gold verbindet und die Farbe verdirbt.

Gold und Chlor.
Chlorgold.

Das Gold verbindet sich in mehreren Verhältnissen mit Chlor, für uns hat jedoch nur das Einfach-Chlorgold Interesse, welches aus

1 M.G. oder 66 Pfund Gold und
1 M.G. oder 35,4 Pfund Chlor

zusammengesetzt ist. Es wird gebildet, wenn man Blattgold in Chlorgas erhitzt. Zum gewöhnlichen Gebrauch stellt man es sich aus Dukatengold dar, welches mit dem Vierfachen seines Gewichts Königswasser erhitzt wird. Nachdem das sich hierbei absondernde Chlorsilber von der Goldauflösung getrennt ist, wird sie so lange im Sandbade erwärmt bis sich eine dicke, krystallinische Salzhaut bildet und beim Neigen des Gefässes nur noch wenig von der rothen Flüssigkeit unter der Salzhaut hervorquillt. In diesem Zustande ist das Salz möglichst frei von Säure und Wasser. Ein stärkeres Erhitzen darf nicht stattfinden, weil alsdann Chlor entweicht und ein gelblichweisses, unauflösliches Pulver entsteht, welches ein Drittel-Chlorgold ist.

Vom Platin und seinen Verbindungen.

Erst seitdem man dieses Metall in so grosser Menge entdeckt hat, dass es zu grössern Gefässen verarbeitet werden konnte, ist es für den Techniker sehr wichtig geworden; denn es vereinigt in seiner Härte, Zähigkeit, Unschmelzbarkeit in gewöhnlichem Feuer und Unauflöslichkeit in den gewöhnlichen Säuren Eigenschaften die den anderen Metallen abgehen.

Vorzüglich dienen Platinretorten zum Entwässern der bereits in Bleigefässen bis zu einer Eigenschwere von etwa 1,780 abgedampften Schwefelsäure. Denn selbst von sehr starker Schwefelsäure wird das Platin nicht angegriffen.

Man sollte kaum glauben, dass trotz der jetzigen Wohlfeilheit der Schwefelsäure das theure Platin mit Vortheil zu diesem Zweck anzuwenden sei. Aber gerade die Anwendung des Platins macht es möglich die Schwefelsäure so wohlfeil herzustellen. Früher wendete man Glasretorten an, deren geringe Haltbarkeit die Schwefelsäure sehr vertheuerte und deren vorsichtige Heizung eine Menge Feuermaterial erforderte. Auch konnte man nicht so im Grossen arbeiten, wie es nöthig war und es mit einer Platinretorte möglich ist. Folgendes Beispiel mag diess erläutern.

Ein Schwefelsäure-Fabrikant in Frankreich schaffte sich eine Platinretorte an, die 5000 Rthlr. kostete. Sie ist von der Grösse, dass er täglich 4mal 300 Pfund, also 1200 Pfund Schwefelsäure fertig macht; diess beträgt auf die hundert Pfund Schwefelsäure noch nicht 2 Sgr. Zinsen!

In gewöhnlichen Tiegeln ist es schwer ein reines Glas, welches zu optischen Instrumenten dient, darzustellen, weil die schmelzende Glasmasse aus denselben etwas auflöst, und sie dadurch verunreinigt wird. Bedient man sich in diesem Fall der Platintiegel, so erhält man ein reines Glas.

Bei einer solchen Anwendung muss man aber sehr Acht haben, das Platin nicht mit solchen Stoffen zusammen zu bringen, welche es in der Hitze aufzulösen vermögen. Hierher gehören besonders Bleiglätte und Boraxsäure, beides Körper, die man wohl zur Darstellung optischer Gläser anwendet. Bleiglätte durchlöchert einen Platintiegel, wenn es darin erhitzt wird; und Boraxsäure die mittelst Schwefelsäure aus dem Borax dargestellt worden, greift im Glühen das Platin sehr an und durchlöchert es. Eine solche Boraxsäure enthält nämlich noch Schwefelsäure und beide zusammen haben die erwähnte nachtheilige Wirkung auf das Platin.

Ist dagegen die Boraxsäure rein von Schwefelsäure, in welchem Zustande man sie erhält, wenn man sich zu ihrer Abscheidung statt der Schwefelsäure der Salzsäure bedient, so wirkt sie nicht nachtheilig auf das Platin, nur muss man Sorge tragen, dass keine Kohle während des Glühens hinzukomme.

Das Platin ist wie das Gold weder in Salpetersäure noch in Salzsäure, wohl aber in dem Gemisch von beiden, nämlich im Königswasser auflöslich. Hat man viel Platin aufzulösen, so ist es am vortheilhaftesten das Königswasser aus

1 Theil starker Salpetersäure und
2 Theilen starker Salzsäure

zusammenzusetzen, indem ein Königswasser aus schwächeren Säuren, selbst in mehr als hinreichender Menge verhältnissmässig nicht so viel auflöst als eins aus starken Säuren.

Wird eine solche Platinauflösung so lange erhitzt, bis sich keine Dämpfe von Salpetersäure mehr entwickeln, so stellt sie eine Auflösung von Chlorplatin dar, das durch Abdampfen bis zur Trockne als eine rothbraune Masse erscheint, die aus

1 M.G. oder 48 Pfund Platin und
1 M.G. oder 35,4 Pfund Chlor

besteht.

Mischt man Auflösungen von Salmiak und Chlorplatin zusammen, so schlägt sich ein citronengelbes

Pulver nieder, welches eine Verbindung beider Salze ist und gewöhnlich **Platinsalmiak** genannt wird. Wird derselbe bis zum Glühen erhitzt, so verfliegen Chlor und Salmiak und das Platin bleibt im reinen Zustande als eine lockere schwammartige Masse zurück. Man nennt sie gewöhnlich **Platinschwamm** und sie zeigt das bereits (Einl. in die technisch. Chemie 1836 S. 85) beschriebene merkwürdige Verhalten gegen das Wasserstoffgas.

In unsern Oefen ist kein solcher Hitzgrad hervorzubringen, wodurch dieser Platinschwamm zum Korn zusammenzuschmelzen wäre. Die Platintheilchen haben aber die sehr gute Eigenschaft, dass sie sich in der Weissglühhitze wie das Eisen zusammen **schweissen** lassen. Hierdurch wird es möglich, das Platin zu Gefässen zu verarbeiten, die der stärksten Hitze widerstehen, ehe sie schmelzen. Die Eigenschwere ist = 21.500.

Der Platinsalmiak löst sich in Wasser auf. Tränkt man mit dieser Auflösung 3mal hintereinander Löschpapier und verkohlt es nach dem Trocknen in einem Platintiegel, so erhält man ein Pulver, welches noch viel leichter als der oben erwähnte Platinschwamm das Wasserstoffgas entzündet und diese Eigenschaft auch viel länger behält, also sehr gut bei den chemischen Platinfeuerzeugen gebraucht werden kann.

Das Platin lässt sich leicht mit anderen Metallen zusammenschmelzen. Wickelt man Platinblech mit denselben in Blechform zusammen, so vereinigen sie sich meistens schon vor dem Löthrohr. Solche Verbindungen sind aber wenig in Gebrauch, weil sie das Platin immer verschlechtern und nicht selten selbst einige ihrer guten Eigenschaften einbüssen. So werden 30 Th. Silber schon durch 1 Th. Platin merklich dunkler von Farbe, und ein Gemisch aus 11 Th. Gold und 1 Th. Platin sieht grauweiss aus wie schmutzig gewordenes Silber.

In einem Schälchen aus dem Gemisch von 1 Th. Platin und 2 Th. Kupfer kann man Vitriolöl abdampfen, ohne dass es merklich angegriffen wird, lässt man es aber 12 Stunden lang in erhitztem Vitriol, so löst sich das Kupfer auf und das Platin bleibt als schwarzes Pulver zurück.

Vielleicht wäre Nickelplatin ein brauchbares Gemisch. Es ist gelblich weiss, völlig dehnbar, sehr polirfähig und von der Schmelzbarkeit des Kupfers. Die Darstellung geschieht durch Zusammenschmelzen gleicher Theile.

Register.

Gedruckt bei C. Feister.

Verbesserungen.

Seite					
336	Zeile 10	von unten	lies	181 statt 121.
351	— 10	— oben	—	140 — 130.
382	— 5	— —	—	überschüssig statt überflüssig.
403	— 4	— —	—	Eisenoxydsalz statt Eisenoxyd.
404	— 11	— —	—	das statt des.
567	— 10	— —	—	Schwefelwasserstoff statt Schwefelwasserstoffblei.

Anmerk. Im Rahmen No. 177 S. 438 fehlt das Muster. Es ist mir nicht möglich gewesen das Einfach-Cyaneisen unverändert auf dem Zeuge zu befestigen.

Bei Fragen zur Produktsicherheit wenden Sie sich bitte an:
If you have any questions regarding product safety,
please contact:

Walter de Gruyter GmbH
Genthiner Straße 13
10785 Berlin
productsafety@degruyterbrill.com